Prozessstabile additive Fertigung durch spritzerreduziertes Laserstrahlschmelzen

Vom Promotionsausschuss der Technischen Universität Hamburg
zur Erlangung des akademischen Grades

Doktor-Ingenieur (Dr.-Ing.)

genehmigte Dissertation

von
Philipp Kohlwes

aus
Ostercappeln

2024

1. Gutachter: Univ.-Prof. Dr.-Ing. Claus Emmelmann
2. Gutachter: Univ.-Prof. Dr.-Ing. Prof. h.c. mult. Ingomar Kelbassa

Tag der mündlichen Prüfung: 16.02.2024

Light Engineering für die Praxis

Reihe herausgegeben von

Claus Emmelmann, Hamburg, Deutschland

Technologie- und Wissenstransfer für die photonische Industrie ist der Inhalt dieser Buchreihe. Der Herausgeber leitet das Institut für Laser- und Anlagensystemtechnik an der Technischen Universität Hamburg. Die Inhalte eröffnen den Lesern in der Forschung und in Unternehmen die Möglichkeit, innovative Produkte und Prozesse zu erkennen und so ihre Wettbewerbsfähigkeit nachhaltig zu stärken. Die Kenntnisse dienen der Weiterbildung von Ingenieuren und Multiplikatoren für die Produktentwicklung sowie die Produktions- und Lasertechnik, sie beinhalten die Entwicklung lasergestützter Produktionstechnologien und der Qualitätssicherung von Laserprozessen und Anlagen sowie Anleitungen für Beratungs- und Ausbildungsdienstleistungen für die Industrie.

Philipp Kohlwes

Prozessstabile additive Fertigung durch spritzerreduziertes Laserstrahlschmelzen

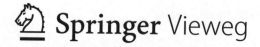 Springer Vieweg

Philipp Kohlwes
Institut für Laser- und Anlagensystemtechnik
(iLAS)
Technische Universität Hamburg
Hamburg, Deutschland

ISSN 2522-8447   ISSN 2522-8455   (electronic)
Light Engineering für die Praxis
ISBN 978-3-662-69081-9   ISBN 978-3-662-69082-6   (eBook)
https://doi.org/10.1007/978-3-662-69082-6

Die Deutsche Nationalbibliothek verzeichnet diese Publikation in der Deutschen Nationalbibliografie; detaillierte bibliografische Daten sind im Internet über https://portal.dnb.de abrufbar.

Diese Arbeit entstand in Kooperation mit der Fraunhofer-Einrichtung für Additive Produktionstechnologien IAPT in Hamburg.

Planung/Lektorat: Alexander Grün
Springer Vieweg ist ein Imprint der eingetragenen Gesellschaft Springer-Verlag GmbH, DE und ist ein Teil von Springer Nature.
Die Anschrift der Gesellschaft ist: Heidelberger Platz 3, 14197 Berlin, Germany

Das Papier dieses Produkts ist recycelbar.

Kurzfassung

Das selektive Laserstrahlschmelzen (PBF-LB/M) bietet aufgrund kurzer und schlanker Wertschöpfungsketten zur endkonturnahen Bauteilfertigung, der Möglichkeit zur Realisierung resilienter Fertigungslinien sowie dem hohen Maß an möglicher Bauteilkomplexität mittels eines ressourcenschonenden Herstellungsprozesses ein enormes Potenzial für derzeitige sowie zukünftige Prozessketten. Zur Erschließung weiterer Märkte werden ständig Innovationen im Bereich einer noch produktiveren Prozessführung erarbeitet, die häufig mit einem immer höheren Energieeintrag pro Zeit einhergehen. Dies resultiert jedoch zumeist in einer erhöhten Menge an unerwünschten Prozessnebenprodukten, wie zum Beispiel Prozessspritzern, wobei diese den Aufschmelzprozess nachteilig beeinflussen und durch eine instabile Prozessführung zu herabgesetzten Bauteileigenschaften führen.

Die vorliegende Forschungsarbeit soll darüber Aufschluss geben, wie die Prozessstabilität als Maß für die Qualitätssicherung mit der Spritzerintensität korreliert und welche Einflussgrößen diese beeinflussen. Innerhalb dieser Arbeit wurde zunächst ein methodisches Vorgehen zur Quantifizierung der Prozessinstabilitäten auf Basis der resultierenden Anzahl an Prozessspritzern entwickelt, wobei diese Methodik in mehreren darauffolgenden Schritten dazu verwendet wurde, um gezielt die Auswirkungen einiger ausgewählter Einfluss- und Stellgrößen im Kontext der PBF-LB/M-Prozessstabilität zu untersuchen und innerhalb einer Potenzialanalyse zur spritzerreduzierten Prozessführung zu bewerten. Dabei wurden neben den grundlegenden Prozessparametern (Schichtstärke, Fokusdurchmesser, Laserleistung, Scangeschwindigkeit, Hatch-Abstand und der Gasstromwinkel) auch der vorherrschende Umgebungsdruck in der Prozesskammer, das verwendete Inertgas, einige Eigenschaften des Pulvermaterials sowie die Auswirkungen unterschiedlicher Laserstrahlformen hinsichtlich der resultierenden Anzahl an Prozessspritzern untersucht. Weiterführend wurde eine Wirtschaftlichkeitsanalyse durchgeführt, die sich sowohl mit Potenzialen zur Steigerung der Produktivität der einzelnen Stellgrößen als auch mit einer Kostenbetrachtung anhand eines Fallbeispiels in unterschiedlichen Szenarien beschäftigt.

Es konnte nachgewiesen werden, dass die Spritzerbildung häufig spezifischen Trends folgt, die nicht notwendigerweise im Zielkonflikt mit einer wirtschaftlichen Prozessführung stehen. Beispielsweise konnte gezeigt werden, dass die Aufbaurate keinen unmittelbaren Einfluss auf die resultierende Spritzerbildung hat und die Verwendung einer angepassten Partikelgrößenverteilung des Pulvermaterials nicht nur die aufzuwendenden Materialkosten signifikant reduzieren kann, sondern dies auch zeitgleich mit einer geringeren Anzahl an Prozessspritzern einhergeht.

Abstract

Selective laser beam melting (PBF-LB/M) offers enormous potential for current and future manufacturing process chains due to short and fast value chains for near-net-shape component production, the possibility of implementing resilient process lines, and the high degree of possible component complexity by means of a resource-saving manufacturing process. In order to exploit further markets, innovations are constantly being developed in the area of even more productive processes, which are often accompanied by an even higher energy input per time. However, this usually results in an increased amount of undesirable process by-products, such as process spatter, which adversely affects the melting process and leads to reduced component properties due to a more unstable process behavior.

The present research work is intended to provide information on how process stability as a benchmark of quality assurance correlates with spatter intensity and which influencing variables affect it. Within this work, a methodical procedure for the quantification of process instabilities based on the resulting number of process spatters was developed, whereby this methodology was used in several subsequent steps to specifically investigate the effects of some selected influencing and manipulated variables in the context of PBF-LB/M process stability and to evaluate them within a potential analysis for a spatter-reduced process control. In addition to the basic process parameters (layer thickness, focus diameter, laser power, scan speed, hatch distance and the gas flow angle), the prevailing ambient pressure in the process chamber, the inert gas used, some properties of the powder material and the effects of different laser beam shapes with regard to the resulting number of process spatters were investigated. In addition, an economic analysis was carried out, which deals both with the potential for increasing the productivity of the individual parameters, and with a cost analysis based on a case study in different scenarios.

It has been demonstrated that spatter formation often follows specific trends that are not necessarily in conflict with economical process control. For example, it has been shown that the build-up rate has no direct influence on the resulting spatter formation, and that the use of an adapted particle size distribution of the powder material can not only significantly reduce the material costs to be spent, but is also accompanied by a lower number of process spatter.

Inhaltsverzeichnis

Abbildungsverzeichnis

Tabellenverzeichnis

Formelzeichenverzeichnis

Formelzeichen	Einheit	Erklärung
A_{ESF}	[µm²]	Einzelspurfläche
AMG	[-]	Aufmischungsgrad
A_{SB}	[µm²]	Schmelzbadfläche
AV	[-]	Aspektverhältnis
$C_{Ausschuss}$	[-]	Konstante für Materialausschuss
C_{Delays}	[-]	Konstante für Delays während des Belichtungsvorganges
$D10$	[µm]	10 %-Perzentil des Partikeldurchmessers
$D50$	[µm]	50 %-Perzentil des Partikeldurchmessers
$D90$	[µm]	90 %-Perzentil des Partikeldurchmessers
d_{HA}	[µm]	Hatch-Abstand
d_{SB}	[µm]	Schweißbahnbreite
d_{SD}	[µm]	Schichtdicke
E_F	[J/mm²]	Flächenenergie
E_L	[J/mm]	Linienenergie
E_V	[J/mm³]	Volumenenergie
$F1$	[N/m²]	Dampfdruck und Ablationsdruck
$F2$	[N]	Kraft aus der Oberflächenspannung
$F3$	[N/m²]	hydrostatischer Druck
$F4$	[N]	Reibungskraft des entweichenden Metalldampfes
$F5$	[kg]	Gewicht des Schmelzmantels
h_{Baujob}	[mm]	Höhe des Baujobs
h_{ES}	[µm]	Einzelspurhöhe
h_{SB}	[µm]	Schmelzbadtiefe
$I(r_2)$	[W/cm²]	radiale Strahlintensitätsverteilung
I_{max}	[W]	maximale Strahlintensität
K	[-]	Strahlqualitätskennzahl
K_{Baujob}	[€]	Kosten pro Baujob
$K_{Fertigung}$	[€]	Fertigungskosten
$K_{Inertgas}$	[€]	Inertgaskosten pro Baujob
$K_{Inertgas,Fertigung}$	[€]	Inertgaskosten für die Fertigung
$K_{Inertgas,Prozessb.}$	[€]	Inertgaskosten zum Herstellen der Prozessbedingungen
$K_{Inertgaspreis}$	[€]	Kosten für das Inertgas
$K_{Maschinenabschr.}$	[€]	jährliche Maschinenabschreibung
$K_{Maschinenkauf}$	[€]	Maschinenkaufpreis

Formelzeichen	Einheit	Benennung
$K_{Maschinenst.}$	[€]	Maschinenstundensatz
$K_{Material}$	[€]	Materialkosten
$K_{Materialpreis}$	[€]	Materialpreis
K_{Strom}	[€]	jährliche Maschinenstromkosten
$K_{Wartung}$	[€]	jährliche Maschinenwartungskosten
M^2	[-]	Beugungsmaßzahl (TEM)
n	[-]	Anzahl
$n_{Schichten}$	[-]	Schichtanzahl des Baujobs
p	[-]	Signifikanz (2-seitig)
P_L	[W]	Laserleistung
q	[mm*mrad]	Strahlparameterprodukt
r	[μm]	Radius
r_2	[μm]	Radius des Laserstrahls in der Fokusebene
$SPHT$	[-]	Sphärizität der Pulverpartikel
$Symm$	[-]	Symmetrie der Pulverpartikel
T	[°C]	Temperatur
$t_{Abschreibungsdauer}$	[a]	Maschinenabschreibungsdauer
$t_{Auslastung}$	[h]	jährliche Maschinenauslastung
$t_{Belichtung}$	[h]	Zeitdauer aller Belichtungsvorgänge
$t_{Beschichter}$	[s]	Zeitdauer eines Beschichtungsvorganges
$t_{Beschichtung}$	[h]	Zeitdauer aller Beschichtungsvorgänge
$t_{Fertigung}$	[h]	Fertigungszeit
V_{Baujob}	[mm³]	Aufschmelzvolumen des gesamten Baujobs
$V_{Inertgas,Fertigung}$	[m³]	verbrauchtes Inertgasvolumen während der Fertigung
$V_{Inertgas,Prozessb.}$	[m³]	verbrauchtes Inertgasvolumen beim Fluten
$\dot{V}_{real}$	[cm³/h]	reale Aufbaurate
$\dot{V}_{theoretisch}$	[cm³/h]	theoretische Aufbaurate
v_S	[mm/s]	Scangeschwindigkeit
w	[μm]	Strahlradius
w_1	[μm]	Radius der Strahltaille des einfallenden Laserstrahls
w_2	[μm]	Radius der Strahltaille des ausfallenden Laserstrahls
z_1	[mm]	Distanz zwischen einfallenden Laserstrahl und Linse
z_2	[mm]	Lage der Strahltaille
z_{w2}	[mm]	halbe Rayleighlänge des Laserstrahls im Fokusbereich
β_{HA}	[°]	Rotationswinkel der Scanvektoren

Formelzeichen	Einheit	Benennung
γ	[N/m]	Oberflächenspannung
ε	[-]	Korrelationskoeffizient
θ_1	[°]	Divergenzwinkel der Strahltaille des einfallenden Laserstrahls
θ_2	[°]	Divergenzwinkel der Strahltaille des ausfallenden Laserstrahls
λ	[nm]	Lichtwellenlänge
ρ	[kg/m³]	Materialdichte

Abkürzungsverzeichnis

1 Einleitung und Motivation

In den vergangenen Jahrzehnten fand eine Transformation der industriellen Fertigung statt. So wurden beispielsweise immer individuellere Produkte angefragt, die mit immer kürzeren Lieferzeiten einhergingen. Zeitgleich stiegen jedoch die Rohstoffpreise und Energiekosten, wodurch einige Fertigungsverfahren nicht länger wirtschaftlich betrieben werden konnten [71, 94]. Insbesondere die Bevölkerung in Industrieländern setzte zudem auf ein steigendes Umweltbewusstsein, was seitens Politik durch eine Vielzahl an Fördermaßnahmen im Bereich ressourceneffizienter Fertigungstechnologien aufgegriffen wurde [20–23, 116].

Durch diese Trends nahm auch der Marktanteil der additiven Fertigungsverfahren in den vergangenen Jahren stark zu, da hierdurch individuelle Produkte mit kurzen Lieferzeiten ressourceneffizient hergestellt werden können. So wuchs der Marktanteil bis ins Jahr 2022 auf 9,5 Milliarden Euro, wobei bis 2027 von einer weiteren jährlichen Wachstumsrate von 17,7 % ausgegangen wird. Dabei wird insbesondere die zunehmende Bedeutung der metallbasierten additiven Fertigungsverfahren durch eine prognostizierte Wachstumsrate von 26,1 % deutlich [4]. Für diese Fertigungstechnologien werden keine speziellen Werkzeuge benötigt und sie weisen einen vergleichsweise hohen Automatisierungsgrad auf, da die Bauteile direkt aus den CAD-Daten hergestellt werden. Dadurch entstehen keine Skaleneffekte, wie es häufig in der konventionellen Fertigung der Fall ist und solch ein Fertigungsprozess kann bereits ab Stückzahl eins rentabel sein. Die Ressourceneffizienz dieser Technologien zeichnet sich vor allen Dingen durch die endkonturnahe Herstellung der Bauteile aus, wodurch der resultierende Materialausschuss lediglich etwas weniger als 5 % entspricht [95].

Von den metallverarbeitenden additiven Fertigungsverfahren stellt mit etwa 75 % der verkauften Anlagensysteme das selektive Laserstrahlschmelzen (PBF-LB/M; Laserbasierte Pulverbettfusion von Metallen) das häufigste, industriell genutzte Verfahren dar [4]. Dies liegt insbesondere an den kurzen und schnellen Wertschöpfungsketten zur endkonturnahen Bauteilfertigung, der Möglichkeit zur Realisierung resilienter Fertigungslinien sowie dem hohen Maß an möglicher Bauteilkomplexität mittels eines ressourcenschonenden Herstellungsprozesses.

1.1 Ausgangslage und Problemstellung

Um die Kosten innerhalb einer Serienproduktion für PBF-LB/M-Bauteile zu senken, werden zunehmend Prozessoptimierungen und Innovationen im Bereich der Produktivitätssteigerung entwickelt. Diese lagen in den letzten Jahren unter anderem im Bereich einer höheren Laserleistung, größeren Fokusdurchmessern, größeren Schichtstärken, einer höheren Anzahl an simultan arbeitenden Lasern, einer besseren Energieeinkopplung in das Material durch Laserstrahlformung sowie einer auf den Absorptionsgrad des zu verarbeitenden Metalls angepassten Wellenlänge der Laserstrahlung [19, 62, 76, 96, 144].

Der damit oft einhergehende höhere Energieeintrag pro Zeit führt jedoch auch zu höheren Prozessinstabilitäten, die mit einer erhöhten Menge an unerwünschten Prozessnebenprodukten, wie beispielsweise Prozessspritzern und Schmauch, einhergehen. Diese können sich wiederum negativ auf die Bauteilqualität auswirken, sodass ein Zielkonflikt aus hoher Produktivität und Prozessstabilität vorliegt. Insbesondere die recht unkontrolliert verlaufende Spritzerbildung stört die Prozessführung, indem sie mit dem Laserstrahl interagiert und durch ungewollte Absorption und Reflektion den Energieeintrag ins Schmelzbad reduzieren. Es wurde nachgewiesen, dass Spritzer sich entsprechend negativ auf die resultierende Bauteildichte und die Oberflächenqualität von Bauteilen auswirken, zu herabgesetzen mechanischen Eigenschaften führen sowie die Agglomeration einzelner Pulverpartikel bedingen, wodurch wiederrum die Ressourceneffizienz herabgesetzt wird, weil der Anteil an wiederverwendbaren Pulverpartikeln reduziert wird [83, 85, 99, 132, 140]. Entsprechend bildet eine hohe Prozessstabilität eine notwendige Voraussetzung für eine geometrisch und werkstoffspezifisch definierte Qualitätserfüllung zur Herstellung funktionaler Produkteigenschaften. Dabei wird die Prozessinstabilität maßgeblich von einer volatilen Schmelzbaddynamik beeinflusst, deren Spritzerintensität in Form eines Prozessnebenproduktes als ein Maß zur qualitativen Validierung dienen kann.

1.2   Zielsetzung und Vorgehensweise

Die vorliegende Forschungsarbeit soll darüber Aufschluss geben, wie die Prozessstabilität als Maß für die Qualitätssicherung mit der Spritzerintensität korreliert und welche Einflussgrößen diese beeinflussen. Innerhalb dieser Arbeit wird zunächst ein methodisches Vorgehen zur Quantifizierung der Prozessstabilitäten auf Basis der resultierenden Anzahl an Prozessspritzern entwickelt, wobei diese Methodik in mehreren darauffolgenden Schritten dazu verwendet wird, um gezielt die Auswirkung einiger ausgewählter Einfluss- und Stellgrößen im Kontext der PBF-LB/M-Prozessstabilität zu untersuchen und innerhalb einer Potenzialanalyse zur spritzerreduzierten Prozessführung zu bewerten. Weiterhin soll erforscht werden, wie sich die spritzerreduzierte Prozessführung für die effiziente und profitable Prozessoptimierung der additiven PBF-Laserbearbeitung eignet und gegebenenfalls als indirekte Qualitätssicherungsmethode genutzt werden kann. Dabei werden die in Abbildung 1.1 aufgeführten Stellgrößen variiert und unabhängig voneinander untersucht.

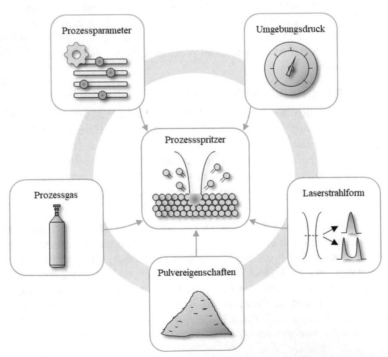

Abbildung 1.1:   Untersuchte Einflussgrößen auf die Prozessspritzerbildung im PBF-LB/M-Verfahren

Hierzu wird in einem ersten Schritt eine Software entwickelt, die automatisiert Aufnahmen einer Hochgeschwindigkeitskamera auswertet und die Prozessspritzer innerhalb einer
Versuchsreihe quantifiziert. Anschließend wird eine Einflussanalyse der Prozessparameter auf die Spritzerbildung durchgeführt, bei der die Schichtstärke, der Fokusdurchmesser,
die Laserleistung, die Scangeschwindigkeit, der Hatch-Abstand, die Volumenenergie, die
Aufbaurate, die Porosität sowie der Gasstromwinkel vollfaktoriell untersucht und ausgewertet werden. Innerhalb der Versuchsreihen zum Umgebungsdruck wird selbiger zwischen 10 mbar und 1.100 mbar in 100 mbar-Schritten variiert, um Rückschlüsse auf den
Einfluss des Umgebungsdrucks hinsichtlich der Prozessspritzerbildung innerhalb jedes
Prozessregimes zu ziehen. Die Versuchsreihen zum Prozessgas stellen das typischerweise
häufig verwendete Argon 4.6 einem extra für das selektive Laserstrahlschmelzen entwickelte Varigon He30 vergleichend gegenüber. Bezogen auf die Pulvereigenschaften werden gezielt unterschiedliche Partikelgrößenverteilungen, Partikelgrößenspannen, Morphologien sowie Oxidationszustände des Pulvermaterials eingestellt und hinsichtlich der resultierenden Spritzerbildung untersucht. Die Auswirkung der Laserstrahlform auf die Prozessspritzer wird anhand des typischerweise verwendeten gaußförmigen Laserstrahls untersucht und dieses einem ringförmigen sowie einer Mischform aus Gauß- und Ringprofil
vergleichend gegenübergestellt. Anschließend werden für jede Stellgröße die Auswirkungen auf eine mögliche Steigerung der Aufbaurate untersucht und es wird ein Kostenmodell
entwickelt, mit dem anhand eines repräsentativen Bauteils die Auswirkungen der Stell-
und Einflussgrößen auf die Produktivität und die damit verbundenen Kosten pro Baujob
ermittelt werden können. Die dadurch gewonnenen Erkenntnisse dienen als Bewertungs-
grundlage, ob die jeweilige Stellgröße auch im wirtschaftlichen Kontext das Potenzial für
eine spritzerreduzierte Prozessführung bietet.

Alle Versuchsreihen werden mit der häufig verwendeten Titanlegierung Ti-6Al-4V durchgeführt, wobei die Einflussanalysen der Pulvereigenschaften zusätzlich durch Untersuchungen anhand der Aluminiumlegierung AlMgty80 untermauert werden.

1.3 Aufbau der Arbeit

Nachdem innerhalb des ersten Kapitels insbesondere die Ausgangslage, Problemstellung
und Zielsetzung der Arbeit beleuchtet wird, werden im darauffolgenden Abschnitt die
Grundlagen zum Stand der Wissenschaft und Technik aufbereitet. Dabei findet zunächst
eine Einordnung des selektiven Laserstrahlschmelzens in die additive Fertigung statt, wo-
raufhin das allgemeine Funktionsprinzip sowie die wesentlichen Maschinenkomponenten
erläutert werden. Anhand der unterschiedlichen Komponenten werden die möglichen Ein-
fluss- und Stellgrößen hergeleitet und mit der resultierenden Schmelzbaddynamik in Verbindung gebracht. Anschließend folgen allgemeine Grundlagen zur Spritzerbildung, bei
denen es unter anderem um die unterschiedlichen Spritzertypen sowie deren Detektions-
möglichkeiten geht. Zum Abschluss des Kapitels folgt die Zusammenfassung verschiedener Versuchsreihen aus der Literatur, die sich mit den in Abbildung 1.1 dargestellten Einflussgrößen auseinandergesetzt haben. Daran schließt sich das Kapitel zum Forschungsbedarf und Lösungsweg an, in dem zunächst die zu schließende Lücke im Stand der Technik aufgezeigt und der geplante Lösungsweg erläutert wird. Im Kapitel der verwendeten
Verfahren und Methoden wird zunächst die Entwicklung und Funktionsweise der innerhalb dieser Arbeit entstehenden Spritzerdetektion beschrieben, die zur Analyse der in Abbildung 1.1 aufgeführten Einflussgrößen auf die Spritzerbildung angewendet wird. Die
Unterkapitel gliedern sich entsprechend der Stellgrößen in Prozessparameter, Umgebungsdruck, Prozessgas, Pulvereigenschaften und Laserstrahlform, wobei innerhalb jedes

Abschnittes die jeweils verwendete PBF-LB/M-Maschine, das Pulvermaterial sowie die untersuchten Prozessparameter und der Versuchsaufbau beschrieben werden. In Kapitel 5 werden die Ergebnisse der Prozessspritzeranalyse zusammengefasst und entsprechend der fünf zu untersuchenden Themenbereiche in verschiedenen Unterkapiteln aufbereitet. Anschließend folgt die Wirtschaftlichkeitsbetrachtung aller fünf Einflussgrößen, die ebenfalls in einzelnen Unterkapitel erfolgt, beginnend mit der Herleitung des Kostenmodells. Zum Abschluss werden alle gewonnenen Erkenntnisse aus Prozessspritzeranalyse und Wirtschaftlichkeitsbetrachtung zusammengefasst und bewertet sowie sich aus der Arbeit ergebende Forschungsfragen in einem Ausblick adressiert.

Eine Übersicht über den strukturellen Aufbau der vorliegenden Arbeit gibt Abbildung 1.2.

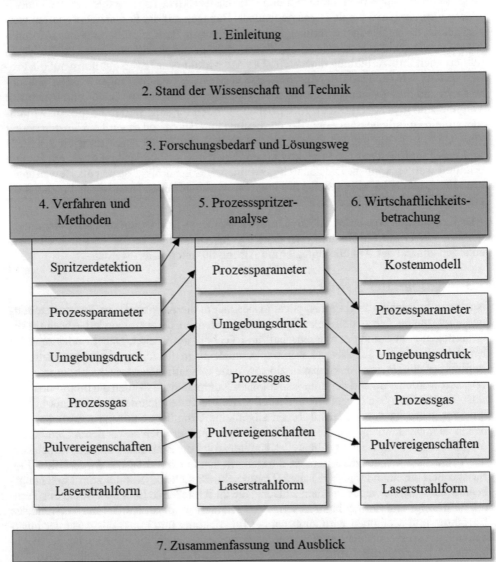

Abbildung 1.2: Struktureller Aufbau der Arbeit

2 Stand der Wissenschaft und Technik

2.1 Additive Fertigung

Der Begriff der additiven Fertigung ist unter anderem in der deutschsprachigen VDI 3405 [29] sowie in der englischsprachigen ASTM F2792 [11] genormt. Er umfasst verschiedene zugrundliegende Verfahren, bei denen ein schichtweiser Herstellungsprozess zur Fertigung von Bauteilen die Grundlage bildet. Zugeordnet ist die additive Fertigung innerhalb der DIN 8580 [27], welche alle Fertigungsverfahren nach gemeinsamen Verfahrensprinzipien in sechs unterschiedliche Hauptgruppen unterteilt, der ersten Kategorie, also den urformenden Verfahren. Eine Übersicht über die Hauptgruppen der Fertigungsverfahren nach DIN 8580 [27] ist in Abbildung 2.1 dargestellt.

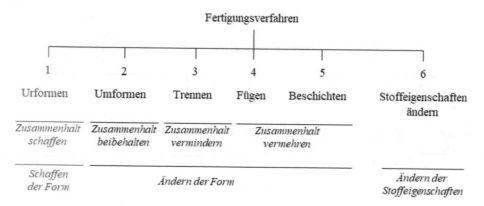

Abbildung 2.1: Hauptgruppen der Fertigungsverfahren nach DIN 8580 [27, 73]

Es wird deutlich, dass sich die additive Fertigung aufgrund der Komplexität des Prozesses gleich mehreren Kategorien zuordnen ließe, da unterschiedliche Fertigungsschritte bei der Herstellung additiver Bauteile erfolgen, die wiederrum einen Teil der in Abbildung 2.1 genannten Fertigungsverfahren ausmachen. Anders sieht es bei der angloamerikanischen Einteilung der Fertigungsverfahren aus, die an der Erzeugung der Geometrie angelehnt ist und bei der die additive Fertigung eine von drei Hauptgruppen bildet. Eine Übersicht über die angloamerikanische Einteilung der Fertigungsverfahren ist in Abbildung 2.2 dargestellt.

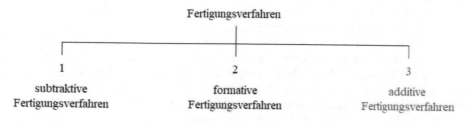

Abbildung 2.2: Angloamerikanische Einteilung der Fertigungsverfahren nach [41]

Bei der angloamerikanischen Einteilung wird im Gegensatz zur deutschen Norm lediglich zwischen subtraktiven, formativen und additiven Fertigungsverfahren unterschieden. Die

© Der/die Autor(en), exklusiv lizenziert an
Springer-Verlag GmbH, DE, ein Teil von Springer Nature 2024
P. Kohlwes, *Prozessstabile additive Fertigung durch spritzerreduziertes
Laserstrahlschmelzen*, Light Engineering für die Praxis,
https://doi.org/10.1007/978-3-662-69082-6_2

subtraktiven Verfahren zeichnen sich hierbei durch das definierte Abtragen von Material aus dem Halbzeug aus, wobei unter anderem Drehen oder Fräsen dieser Gruppe zugeordnet werden. Bei den formativen Fertigungsverfahren werden endvolumennahe Halbzeuge durch einen Umformprozess in die gewünschte Geometrie gebracht, wobei unter anderem Schmieden oder Tiefziehen zu dieser Kategorie gehören. Die additiven Fertigungsverfahren sind durch das schichtweise Aneinanderfügen von Volumenelementen gekennzeichnet, wobei sich die finale Geometrie aus den einzelnen Schichten zusammensetzt [41, 148].

Es gibt eine Vielzahl an verschiedenen additiven Fertigungsverfahren, deren Anzahl stetig zunimmt und die in sieben Hauptgruppen unterteilt werden [4, 24, 33, 110, 148]. Abbildung 2.3 gibt eine Übersicht über die sieben Hauptgruppen der additiven Fertigungsverfahren.

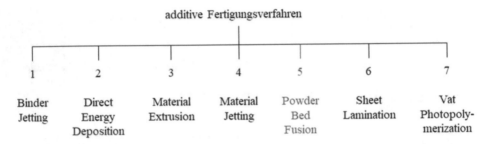

Abbildung 2.3: Hauptgruppen der additiven Fertigungsverfahren nach [4, 24, 33, 110, 148]

Beim Binder Jetting wird ein flüssiges Bindemittel selektiv aufgebracht, um Pulvermaterialien zu vereinen, die anschließend in einem Sinterprozess stoffschlüssig miteinander verbunden werden. Die Direct Energy Deposition Verfahren zeichnen sich durch gezielt eingebrachte thermische Energie aus, die dazu verwendet wird, um Materialien durch einen Aufschmelzprozess miteinander zu verbinden, während sie aufgebracht werden. Grundsätzlich ähneln sie dadurch den Materialextrusionsverfahren, wobei auch hier die selektive Materialzufuhr aus einer Düse oder Öffnung erfolgt, die thermische Energie bei diesen Prozessen jedoch bereits vor dem Austritt aus der Düse hinzugefügt wurde. Bei den Material Jetting-Technologien werden Tröpfchen eines Ausgangsmaterials wiederholt selektiv abgeschieden, bis ein vollständiger Volumenkörper entstanden ist. Die Powder Bed Fusion Prozesse umfassen alle Technologien, bei denen thermische Energie selektiv Bereiche eine Pulverbettes miteinander verschmilzt, wobei dieser Vorgang über mehrere Schichten hinweg wiederholt wird, um komplexe Volumenbauteile herzustellen. Die Gruppe der Sheet Lamination Prozesse umfasst alle Technologien, bei denen unterschiedliche vorkonfektionierte Materialbögen miteinander verbunden werden. Bei den Vat Photopolymerization Verfahren wird ein flüssiges Photopolymer in einem Gefäß durch lichtaktivierte Polymerisation selektiv ausgehärtet [10, 24, 33, 39, 43, 110, 139, 148].

Insgesamt machte die additive Fertigung im Jahr 2022 ein Umsatzvolumen von 9,5 Milliarden Euro aus, wobei davon ausgegangen wird, dass der gesamte Markt bis 2027 mit jährlich 17,7 % wächst. Dabei lag der Anteil der Kunststoffverfahren (6,5 Milliarden Euro) im Jahr 2022 etwa um das Zweifache höher als der Anteil der Metalltechnologien (3 Milliarden Euro), jedoch weisen die bis 2027 prognostizierten Wachstumsraten der Metallverfahren mit 26,1 % einen deutlich höheren Zuwachs aus, als die Kunststoffverfahren mit 12,9 %. Die bereits bestehende und zunehmende Bedeutung der Powder Bed Fusion-

Verfahren wird dadurch unterstrichen, dass sie mit etwa 53 % den mit Abstand größten Umsatzanteil an verkauften Systemen im Jahr 2022 ausmachten, wobei die Metalltechnologien mit 39 % einen deutlich höheren Anteil als die Polymertechnologien mit 14 % ausmachten [4].

2.2 Selektives Laserstrahlschmelzen

Die dominierende Metall-3D-Druck-Technologie im Jahr 2022 ist, wie auch in den Vorjahren, mit fast 75 % aller verkauften Metall-Systeme (2.242) das Powder Bed Fusion-Verfahren (1.670). Dabei macht das selektive Laserstrahlschmelzen, auch bekannt als PBF-LB/M-Verfahren (laserbasierte Pulverbettfusion von Metallen) mit 81 Zulieferfirmen den mit Abstand größten Anteil am Gesamtmarkt (210) aller Metall-3D-Druck-Technologien aus und spiegelt dadurch die industrielle Relevanz dieses Verfahrens wider. Dabei ging der Trend der PBF-LB/M-Technologie in den letzten Jahren zu immer größeren Systemen mit einer immer höheren Anzahl an Lasern, die simultan arbeiten und somit die Produktivität der Anlagen und entsprechend die resultierenden Bauteilkosten positiv beeinflussen [4].

2.2.1 Allgemeines Funktionsprinzip

Als Grundlage für den selektiven Laserstrahlschmelzprozess dienen 3D-CAD-Modelle, die in einem ersten Schritt in eine Vielzahl an 2D-Schichtdaten unterteilt werden, das sogenannte Slicing. Die gewählte Schichtdicke entspricht der späteren Schichtstärke im Prozess und liegt meist zwischen 30 und 100 µm. Je niedriger die gewählte Schichtdicke ist, umso höher ist auch die Genauigkeit des Bauteils, da beispielsweise Winkel innerhalb eines Bauteils lediglich approximiert werden können. Allerdings geht eine geringere Schichtstärke auch mit einer geringeren Produktivität einher, da wesentlich mehr Schichten aufgetragen und auch belichtet werden müssen. Beim Belichtungsvorgang werden ein oder mehrere kollimierte Laserstrahlen über eine Spiegelkinematik auf einem Pulverbett geführt, welches durch die eingebrachte Energie ortsselektiv aufgeschmolzen wird. Dieser schichtweise Prozess wird sukzessive wiederholt, bis aus einer Vielzahl an aufgeschmolzenen 2D-Schichtdaten in einem Mikroschweißprozess ein komplexer Volumenkörper entstanden ist. Dazu fährt nach jeder Schicht der Bauzylinder mitsamt der Bauplattform und dem darauf befindlichen Pulvermaterial sowie dem Bauteil um einige Mikrometer nach unten und ein Beschichter appliziert neues Pulvermaterial auf der zuvor aufgeschmolzenen Schicht. Anschließend beginnt der Laser erneut gemäß der jeweiligen Schichtdaten das Bauteil zu konturieren und aufzuschmelzen, wobei eine Inertgasströmung dafür sorgt, dass Prozessnebenprodukte, wie Schmauch und Spritzer, gezielt aus der Prozesszone abgeführt werden [42, 90, 97, 144]. Das allgemeine Funktionsprinzip des selektiven Laserstrahlschmelzens ist in Abbildung 2.4 dargestellt.

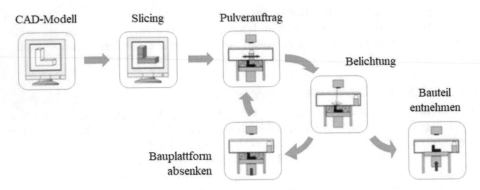

Abbildung 2.4: Funktionsprinzip des selektiven Laserstrahlschmelzens nach [144]

2.2.2   Wesentliche Komponenten und damit einhergehende Stellgrößen

Um die wesentlichen Prozessparameter und deren Einfluss auf die Prozessführung des selektiven Laserstrahlschmelzens zu verdeutlichen, wird zunächst der grundsätzliche Aufbau eines solchen Systems mit all den relevanten Komponenten beschrieben und diese dann mit den Stellgrößen im Prozess verknüpft. In Abbildung 2.5 ist der schematische Aufbau einer selektiven Laserstrahlschmelzanlage dargestellt.

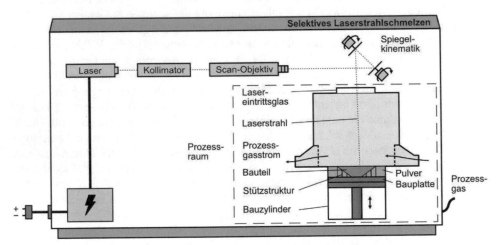

Abbildung 2.5: Schematischer Aufbau einer selektiven Laserstrahlschmelzanlage nach [41]

2.2.2.1   Laser

Ein Laser ist eine Lichtquelle, die einen parallelen Lichtstrahl durch spontan emittierte Photonen mit hoher Intensität ausstößt, wobei sich dieser Vorgang durch induzierte Emission verstärkt. Innerhalb eines laseraktiven Mediums breitet sich dabei das emittierte Licht in alle Richtungen aus. An den beiden jeweiligen Enden befindet sich ein vollreflektierender sowie ein teildurchlässiger Spiegel, die das Licht axial reflektieren. Eine kontinuierliche Anregung des laseraktiven Mediums führt dazu, dass sich die Menge an reflektiertem Licht zwischen den Spiegeln erhöht, bis sich ein stationärer Gleichgewichtszustand einstellt. Zusätzlich in das System eingebrachte Energie führt dazu, dass der Schwellwert des teildurchlässigen Spiegels überschritten wird und der Laserstrahl aus dem optischen

Resonator ausgekoppelt wird [34]. Der Aufbau eines Resonators ist schematisch in Abbildung 2.6 dargestellt

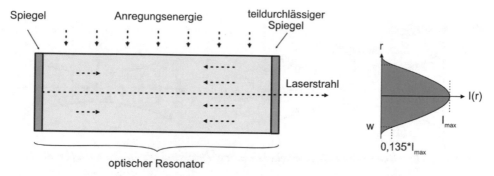

Abbildung 2.6: Schematischer Aufbau eines Resonators nach [34]

Die resultierenden Eigenschaften der Laserstrahlung werden dabei durch die Art und den Aufbau des laseraktiven Mediums, der Anregung sowie den Resonator bestimmt. Beschrieben werden können sie über die Wellenlänge, die Leistung, das zeitliche Betriebsverhalten, die Strahlausbreitung, die Strahlintensitätsverteilung und die Strahlqualität. Die radiale Strahlintensitätsverteilung $I(r)$ bildet sich in seiner Grundmode zu einer Gaußverteilung aus, deren Graph im rechten Teil von Abbildung 2.6 dargestellt ist. Dabei beschreibt der Strahlradius w die Stelle, an der die Intensitätsverteilung auf $e^{-2} = 13{,}5\,\%$ gefallen ist, wodurch innerhalb der restlichen Strahlfläche $\pi * w^2 = 86{,}5\,\%$ der Strahlenergie vorliegt. Abhängig von der Bauform des Resonators, durch die unterschiedliche Eigenschwingungszustände erzeugt werden, kann diese Intensitätsverteilung jedoch unterschiedlich aussehen. Diese Eigenschwingungszustände werden als transversale elektromagnetische Moden (TEM) benannt und beschreiben die Verteilung der Strahlleistung über dem Strahlquerschnitt [34, 44]. Abbildung 2.7 gibt eine Übersicht über einige Gauß-Laguerre-TEM mitsamt den zugehörigen K-Faktoren, die ein Kennwert für die normierte Strahlqualitätskennzahl sind und der Beurteilung einer Strahlquelle im Hinblick auf die Strahlqualität dienen.

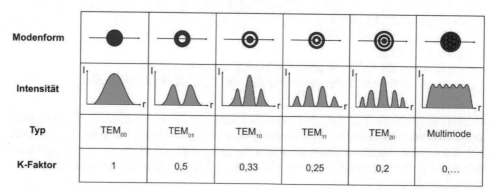

Modenform						
Intensität						
Typ	TEM$_{00}$	TEM$_{01}$	TEM$_{10}$	TEM$_{11}$	TEM$_{20}$	Multimode
K-Faktor	1	0,5	0,33	0,25	0,2	0,...

Abbildung 2.7: Gauß-Laguerre-TEM mit K-Faktor nach [34, 36, 142]

Die Strahlqualität der Laserstrahlung quantifiziert die Güte ihrer Fokussierbarkeit. Dabei wird die Größe des minimal erreichbaren Fokusdurchmessers bei maximal erreichbarer

Schärfentiefe bestimmt, was entscheidend für den Laserstrahlschmelzprozess ist. Die wesentlichen geometrischen Eigenschaften der typischerweise verwendeten gaußförmigen Verteilung eines Laserstrahls sind in Abbildung 2.8 visualisiert.

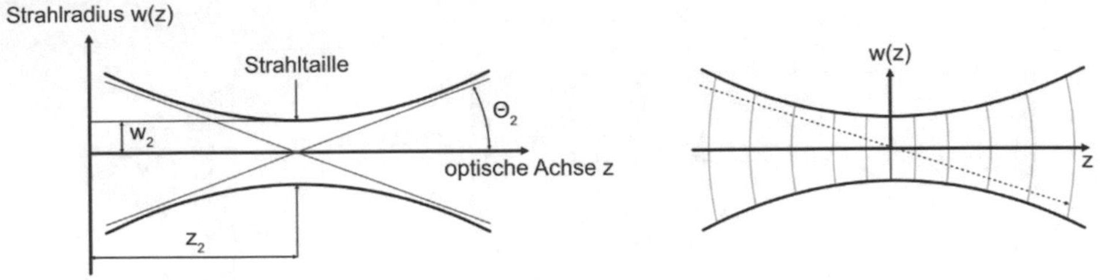

Abbildung 2.8: Geometrische Eigenschaften eines gaußförmigen Laserstrahls nach [34, 36, 55, 142]

Dabei ist mit z_2 die Lage der Strahltaille, mit w_2 der Radius der Strahltaille sowie mit Θ_2 der Divergenzwinkel der Strahltaille angegeben. Bei einem real aufgeweiteten Laserstrahl ist sowohl die Strahltaille w_2, als auch der Divergenzwinkel Θ_2 um den Faktor M größer als der ideale Gaußstrahl, wobei für das Strahlparameterprodukt q gilt [34]:

$$q = w_2 \cdot \Theta_2 = M^2 \cdot \frac{\pi}{\lambda} \qquad 2.1$$

q: *Strahlparameterprodukt*
w_2: *Radius der Strahltaille des ausfallenden Laserstrahls*
Θ_2: *Divergenzwinkel der Strahltaille des ausfallenden Laserstrahls*
M^2: *Beugungsmaßzahl (TEM)*
λ: *Lichtwellenlänge*

Die Beugungsmaßzahl M^2 wird aus dem Kehrwert der zuvor beschriebenen Strahlqualitätskennzahl K bestimmt, woraus durch Umstellen und Einsetzen in Gleichung 2.1 gilt:

$$K = \frac{1}{M^2} = \frac{\lambda}{\pi} \cdot \frac{1}{w_2 \cdot \Theta_2} \qquad 2.2$$

K: *Strahlqualitätskennzahl*
M^2: *Beugungsmaßzahl (TEM)*
λ: *Lichtwellenlänge*
w_2: *Radius der Strahltaille des ausfallenden Laserstrahls*
Θ_2: *Divergenzwinkel der Strahltaille des ausfallenden Laserstrahls*

Daraus lässt sich ableiten, dass ein Strahl mit einer kleineren Beugungszahl M^2 einen kleineren Durchmesser in der Strahltaille sowie eine geringere Divergenz aufweist, wodurch sich ein direkter Zusammenhang zwischen Beugungsmaßzahl M^2 und der Fokussierbarkeit ergibt [34]. Durch Umstellen der Gleichung 2.2 kann die Beugungsmaßzahl M^2 bestimmt werden, da gilt:

$$M^2 = w_2 \cdot \Theta_2 \cdot \frac{\pi}{\lambda}$$

2.3

M^2: Beugungsmaßzahl (TEM)
w_2: Radius der Strahltaille des ausfallenden Laserstrahls
Θ_2: Divergenzwinkel der Strahltaille des ausfallenden Laserstrahls
λ: Lichtwellenlänge

Die ersten PBF-LB/M-Systeme wurden mit CO_2-Lasern betrieben, die aufgrund der Wellenlänge von etwa 10 µm jedoch ein vergleichsweise geringes Absorptionsverhalten für metallische Werkstoffe aufwiesen. So wurden in weiteren Entwicklungsschritten die CO_2-Laser durch Nd:YAG-Festkörperlaser ersetzt, die ein verhältnismäßig hohes Absorptionsverhalten bei einer Wellenlänge von etwa 1 µm besitzen und deren Wirkungsgrad bei etwa 15-25 % liegt. Das Strahlparameterprodukt q dieser Art von Lasern beträgt etwa 2,5-8 mm*mrad. Im weiteren Verlauf haben sich dann schließlich diodengepumpte Faserlaser gegenüber den Nd:YAG-Festkörperlasern durchgesetzt, da beide die gleiche Wellenlänge emittieren und somit das gleiche Absorptionsverhalten aufweisen, der Wirkungsgrad mit etwa 50 % jedoch deutlich höher ist, wodurch diese Lasertypen deutlich niedrigere Betriebskosten nach sich ziehen. Das Strahlparameterprodukt dieser Art von Lasern beträgt < 2-7 mm*mrad und ist somit sogar noch etwas besser als bei den Festkörperlasern [34, 42, 57, 58]. In Abbildung 2.9 ist die Energieeinkopplung der unterschiedlichen Lasertypen dargestellt.

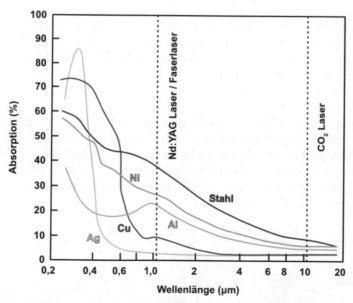

Abbildung 2.9: Energieeinkopplung unterschiedlicher Lasertypen nach [133]

Aktuelle Laserstrahlschmelzanlagen besitzen meist ein Laserleistung bis zu 1 kW bei einer Lichtwellenlänge von 1.070 nm [152]. Typischerweise verfügen die modernen Anlagen auch meist über ein gaußförmiges Laserstrahlprofil, jedoch ist in den vergangenen Jahren zunehmend Forschung im Bereich von ringförmigen Strahlprofilen und deren positive Auswirkung auf die PBF-LB/M-Prozessführung betrieben worden (siehe Kapitel 2.4.5) [68, 144].

Die wesentliche Stellgröße des Lasers innerhalb des PBF-LB/M-Verfahrens ist die Leistung. Darüber hinaus besteht über die Einbringung anderer Laserstrahlquellen die Möglichkeit die Wellenlänge sowie die Strahlform zu beeinflussen, wobei es sich hierbei aber aktuell eher um Sonderlösungen handelt.

2.2.2.2 Kollimator

Ein Laser emittiert divergente Laserstrahlung, sodass diese zunächst parallelisiert werden muss, was auch als Kollimation bezeichnet wird. Dazu wird der Laser mit einer Kollimationsoptik verbunden, die aus einer oder mehreren Linsen besteht und welche die Ausbreitungsrichtung so verändert, dass ein paralleler Strahlengang erzeugt wird [69, 122]. Der schematische Aufbau einer Kollimationsoptik ist in Abbildung 2.10 dargestellt.

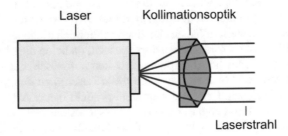

Abbildung 2.10: Schematischer Aufbau einer Kollimationsoptik nach [122]

Über den Kollimator werden keine wesentlichen PBF-LB/M-Prozessparameter eingestellt. Jedoch ist die Abstimmung der resultierenden Strahlbreite über einen geeigneten Kollimator bei der Auslegung einer selektiven Laserstrahlschmelzanlage essentiell und unter anderem für Kapitel 4.6 relevant.

2.2.2.3 Fokussieroptik

Einem in der Arbeitsebene fokussierten Laserstrahl kommt in vielen Bereichen der Lasermaterialbearbeitung eine hohe Bedeutung zu. Deshalb wird im Folgenden die Erzeugung eines gaußförmigen Laserstrahls durch eine Linse mit fester Brennweite f beschrieben, wie es häufig in selektiven Laserstrahlschmelzanlagen der Fall ist. Dabei ist in Abbildung 2.11 die Transformation eines gaußförmigen Laserstrahls durch eine Linse mitsamt aller relevanter Kenngrößen dargestellt.

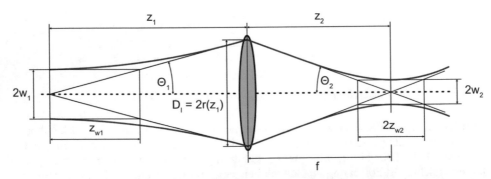

Abbildung 2.11: Transformation eines gaußförmigen Laserstrahls durch eine Linse nach [34, 36, 55]

Der Abstand z_1 beschreibt die Distanz zwischen einem einfallenden Laserstrahl und einer ~~Linse, wobei immer der Abstand z_2 des ausfallenden Laserstrahls der Propagationshalbe gilt~~

$$w_1 \cdot \Theta_1 = w_2 \cdot \Theta_2 \qquad\qquad 2.4$$

w_1: *Radius der Strahltaille des einfallenden Laserstrahls*
Θ_1: *Divergenzwinkel der Strahltaille des einfallenden Laserstrahls*
w_2: *Radius der Strahltraille des ausfallenden Laserstrahls*
Θ_2: *Divergenzwinkel der Strahltaille des ausfallenden Laserstrahls*

Sofern der Eintritt des Laserstrahls mit einem parallelen Strahlgang erfolgt, entspricht die Entfernung der Strahltaille der Brennweite. Bei einem gekrümmt eintreffenden Strahl verschiebt sich die Strahltaille axial. Im Bereich der Strahltaille ist der Laserstrahl kollimiert, sodass die Phasenfronten eben sind und der geringste Strahldurchmesser vorliegt. Die vorliegende Beugung der Phasenfronten mit zunehmendem Abstand vom Fokusdurchmesser ist im rechten Teil von Abbildung 2.8 veranschaulicht. Dabei wird der geometrische Verlauf des Strahlradius w über die axiale Propagationskoordinate z als Strahlkaustik bezeichnet. Der Strahl verhält sich im Bereich vor und nach der Strahltaille divergent. Die Feldverteilung eines gaußförmigen Laserstrahls kann dabei gemäß Abbildung 2.11 vollständig durch die Rayleighlänge $2 * z_{w2}$ und den Radius der Strahltaille w_2 beschrieben werden [142]. Dabei gilt für die Rayleighlänge:

$$z_{w2} = \frac{w_2^2 \cdot \pi}{\lambda \cdot M^2} \qquad\qquad 2.5$$

z_{w2}: *halbe Rayleighlänge des Laserstrahls im Fokusbereich*
w_2: *Radius der Strahltaille des ausfallenden Laserstrahls*
λ: *Lichtwellenlänge*
M^2: *Beugungsmaßzahl (TEM)*

Die Rayleighlänge beschreibt die Fokuslänge, die einem $\sqrt{2}$-fachen Abstand vom Radius des ausfallenden Laserstrahls entspricht [34].

Durch die Anordnung der Linse gegenüber dem Laser sowie der Divergenz des aus dem Laser austretenden Strahls lässt sich somit die Strahlgeometrie beeinflussen. Im selektiven Laserstrahlschmelzprozess wird zur Steigerung der Genauigkeit in der Prozessführung häufig ein vergleichsweise kleiner Laserstrahldurchmesser verwendet, bei dem gemäß Gleichung 2.3 auf ein geringes Strahlparameterprodukt q zu achten ist. Die Bündelung derselben Laserleistung auf eine geringere Fläche bewirkt eine Steigerung der radialen Strahlintensitätsverteilung $I(r_2)$, sodass gilt [34]:

$$I(r_2) = \frac{P_L}{\pi \cdot r_2^2} \qquad\qquad 2.6$$

$I(r_2)$: *radiale Strahlintensitätsverteilung*
P_L: *Laserleistung*
r_2: *Radius des Laserstrahls in der Fokusebene*

Durch unterschiedliche Kombinationen aus Laserleistung P und dem Strahlradius im Fokusbereich r_2 lassen sich gleiche sowie unterschiedliche radiale Strahlintensitätsverteilungen $I(r_2)$ erzeugen. Dabei kann der resultierende Fokusdurchmesser über die

Positionierung der Strahltaille gegenüber der Arbeitsebene eingestellt werden. In Abbildung 2.12 sind unterschiedliche Positionen der Fokuslage gegenüber der Arbeitsebene visualisiert.

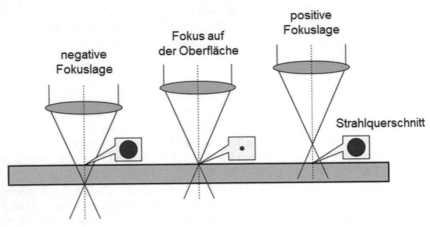

Abbildung 2.12: Position der Fokuslage nach [120]

Sowohl die negative als auch die positive Fokuslage bewirken eine identische Strahlintensitätsverteilung, jedoch gilt es, das Aufweitungsverhalten des Laserstrahls im Schmelzbad beziehungsweise des darunterliegenden Werkstücks zu berücksichtigen, sodass ein Laserstrahl im selektiven Laserstrahlschmelzprozess eher negativ fokussiert genutzt werden sollte. Durch thermische Effekte innerhalb der optischen Komponenten kann sich der Fokuspunkt jedoch auch während des Prozesses verschieben. Normalerweise sind die verwendeten Gläser nahezu vollständig transmissiv, jedoch führen kleinste Unreinheiten dazu, dass ein sehr kleiner Teil der Strahlungsenergie absorbiert wird, was zu einer Erwärmung und thermisch bedingten Ausdehnung der Gläser führt. Dies wiederrum resultiert in einer Veränderung des Brechungsindizes der Linse, womit eine Verschiebung des Fokuspunktes entgegen der Laserstrahlrichtung einhergeht [117].

Bei kommerziellen PBF-LB/M-Systemen existieren zwei Möglichkeiten den Laserstrahl in der Arbeitsebene zu fokussieren. Zum einen kann dies durch eine z-Achse, zum anderen durch eine F-Theta-Linse erfolgen. Beide Systeme werden dazu verwendet den gewünschten Strahldurchmesser (typischerweise zwischen 30 und 100 µm) in der Arbeitsebene einzustellen, wobei bei einem z-Achssystem der Strahldurchmesser dynamisch angepasst werden kann und dieser bei einer F-Theta-Linse statisch ist. Dadurch bietet die z-Achse einen weiteren Freiheitsgrad in der Prozessauslegung. Abbildung 2.13 veranschaulicht schematisch den Aufbau und die Funktionsweise beider Fokussieroptiken.

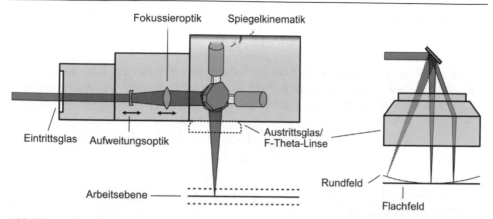

Abbildung 2.13: Schematischer Aufbau und Funktionsweise einer Fokussieroptik nach [8, 114]
(links: z-Achssystem; rechts: F-Theta-Linse)

Im Falle des z-Achssystems wird der Laserstrahl über eine Aufweitungsoptik zunächst vergrößert, bevor er auf eine Fokussieroptik trifft. Diese beiden Komponenten sind im Abstand gegeneinander verschiebbar, was dafür sorgt, dass der minimale Durchmesser des Laserstrahls im Bereich der Arbeitsebene fokussiert werden kann. Innerhalb der Fokussieroptik wird der Laserstrahl wieder gebündelt und trifft anschließend auf die Spiegelkinematik, über die er umgelenkt und in x-y-Position innerhalb der Arbeitsebene verschoben wird. Da eine Verschiebung des Laserstrahls in der Arbeitsebene zu einer Verlängerung des Strahls und damit zu einer veränderten Position des minimalen Strahldurchmessers führt, muss die Position der geringsten Strahltaille über den Abstand der Aufweitungs- und Fokussieroptik nachgeregelt und dadurch konstant gehalten werden. Dies wird im rechten Teil von Abbildung 2.13 am Beispiel der F-Theta-Linse deutlich, bei der sich ohne eine Nachregelung der Position des Fokusdurchmessers ein Rundfeld ergeben würde. Allerdings kann ein z-Achssystem zusätzlich auch dazu verwendet werden, den Strahldurchmesser gezielt aufzuweiten und somit die Energie des Laserstrahls über eine größere Fläche in das Schmelzbad einzukoppeln [114].

Eine F-Theta-Linse besteht aus mehreren gekrümmten Linsen, die für einen annähernd senkrechten Strahlaustritt aus dem Objektiv sorgen, wodurch der minimale Strahldurchmesser unabhängig von der Position innerhalb der Arbeitsebene immer in derselben Höhenposition liegt. Hierbei kann der Strahldurchmesser jedoch nicht dynamisch angepasst werden, sondern liegt bei typischen PBF-LB/M-Systemen meist im Bereich zwischen 30 und 100 µm, wobei der Strahldurchmesser an die verwendeten Laser angepasst wird, um eine optimal abgestimmte Flächenintensität zu erzeugen [8, 37, 136].

Die wesentliche Stellgröße, die sich aus den verwendeten Fokussieroptiken für den selektiven Laserstrahlschmelzprozess ergibt, ist der resultierende Fokusdurchmesser innerhalb der Arbeitsebene.

2.2.2.4   Spiegelkinematik

Die Spiegelkinematik realisiert die Ablenkung und Positionierung des Laserstrahls innerhalb der Arbeitsebene. Dabei kommen häufig Scanner zum Einsatz, die aus zwei drehbaren Spiegelpaaren geringer Trägheit bestehen, welche über einen Galvanometer-Motor hochdynamisch positioniert werden. Dabei lässt sich die Dynamik, mit der die Spiegel rotieren, nahezu stufenlos einstellen [113, 115]. Die typischen Ablenkgeschwindigkeiten im PBF-LB/M-Prozess innerhalb der Arbeitsebene liegen im Bereich von 100 bis 3.000 mm/s. Ein schematischer Aufbau der Spiegelkinematik ist in Abbildung 2.13 dargestellt.

In der additiven Fertigung ist die Scangeschwindigkeit eng mit der Laserleistung verknüpft. Über beide Stellgrößen kann der vereinfachte Linienenergieeintrag (eindimensional, 1D) in das Pulverbett beziehungsweise das Schmelzbad berechnet werden, denn es gilt:

$$E_L = \frac{P_L}{v_S}$$ 2.7

E_L: *Linienenergie*
P_L: *Laserleistung*
v_S: *Scangeschwindigkeit*

Die notwendige Energie zum Aufschmelzen einer Pulverschicht ist dabei unter anderem abhängig von der Schmelztemperatur der zu verarbeitenden Legierung sowie vom Absorptionsgrad des Pulvermaterials, der primär durch das Material selbst, die Pulverform, die Partikelgrößenverteilung (engl.: Particle Size Distribution, PSD) sowie die resultierende Packungsdichte im Pulverbett bestimmt wird. Durch verschiedene Kombinationsmöglichkeiten der beiden in Gleichung 2.7 beschriebenen Variablen entstehen unterschiedliche Schweißbahnqualitäten mit unterschiedlichen Schweißbahnbreiten. Eine exemplarische Auswahl einiger Einzelspurversuche, bei denen die Scangeschwindigkeit über eine konstante Laserleistung variiert wurde, ist in Abbildung 2.14 dargestellt.

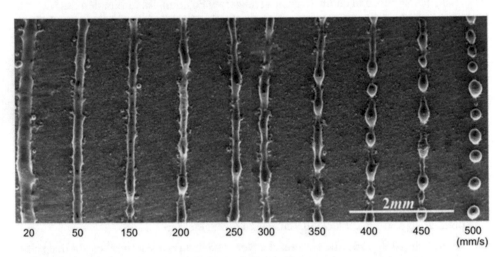

Abbildung 2.14: Exemplarische Auswahl einiger Einzelspurversuche bei gleichbleibender Laserleistung (190 W) und variierender Scangeschwindigkeit nach [77]

Eine für die jeweilige Legierung korrekt eingestellten Kombination aus Laserleistung und Scangeschwindigkeit führt zu einer durchgehenden, homogenen und parallelen Schmelzbahn. Die ist in Abbildung 2.14 beispielhaft bei den Scangeschwindigkeiten 20, 50 und 150 mm/s der Fall. Bei einer zu niedrigen Laserleistung oder zu hohen Scangeschwindigkeit kommt es zu sogenanntem Balling. Dabei wird die Kombination aus dynamischer Schmelzströmung sowie Gravitations- und Adhäsionskräften von den vorherrschenden

Oberflächenkräften dominiert, wodurch sich die Schmelzbahn in Teilbereichen oder sogar auch vollständig zu einzelnen Kugeln formt. Dieser Effekt deutet sich in Abbildung 2.14 ab einer Scangeschwindigkeit von 200 mm/s zunächst an und nimmt bis zu einer Scangeschwindigkeit von 500 mm/s sukzessive zu, bis nur noch vereinzelte Schweißkugeln vorliegen [42, 72, 77].

Aufgrund der unterschiedlichen geometrischen Ausdehnung der resultierenden Schweißbahnen muss die angrenzende Lasertrajektorie in einem passenden Abstand appliziert werden, dem sogenannten Hatch-Abstand. Die darauffolgenden Schweißbahnen können entweder entfernt, angrenzend oder überlappend zueinander platziert sowie schichtweise rotiert werden. Dieser Sachverhalt ist schematisch in Abbildung 2.15 visualisiert.

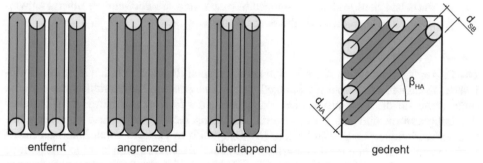

| entfernt | angrenzend | überlappend | gedreht |

Abbildung 2.15: Anordnung verschiedener Lasertrajektorien zueinander

Parallel verlaufende Lasertrajektorien mit den resultierenden Schweißbahnbreiten d_{SB} sind in einem definierten Hatch-Abstand d_{HA} zueinander angeordnet und können schichtweise um den Winkel β_{HA} rotiert werden. Typischerweise liegt der Hatch-Abstand d_{HA} im Bereich einer 60-90 %igen Überlappung der Schweißbahnbreiten d_{SB}, wobei Srivatsan [128] ein Optimum von 70 % postuliert. Zur Bestimmung des vereinfachten Flächenenergieeintrages (zweidimensional, 2D) kann der Hatch-Abstand als zusätzliche Variable in Gleichung 2.7 eingefügt werden, sodass gilt:

$$E_F = \frac{P_L}{v_S \cdot d_{HA}} \qquad\qquad 2.8$$

E_F: *Flächenenergie*
P_L: *Laserleistung*
v_S: *Scangeschwindigkeit*
d_{HA}: *Hatch–Abstand*

Zu klein gewählte Hatch-Abstände führen dazu, dass der Energieeintrag und damit der Wärmeeintrag ins Material zunimmt, wodurch ein Schmelzkanal erzeugt wird, dessen Entgasung vor dem Erstarren aufgrund der zu hohen Temperatur nicht vollständig möglich ist, wodurch sogenannte Gasporen in der Schweißnaht zurückbleiben. Auf der anderen Seite führt ein zu groß gewählter Hatch-Abstand dazu, dass die einzelnen Schweißbahnen sich nicht vollständig miteinander verbinden, was zu sogenannter Lack-of-Fusion-Porosität führt [60].

Häufig wird eine schichtweise Rotationen der Scanvektoren um 67° oder 90° angewandt [9]. Ein Winkel von 67° sorgt dafür, dass eine möglichst geringe Anzahl an

Wiederholungen derselben Schichtausrichtung erfolgt, da es sich bei 67° um eine Primzahl handelt, die nicht durch 360° teilbar ist. Dies begünstigt den Aufbau einer homogenen Mikrostruktur [102]. Ein Rotationswinkel von 90° sorgt hingegen für eine gleichmäßigere Verteilung der Eigenspannungen im Bauteil, die mit dem thermischen Gradienten über die Länge zunehmen. Eine gänzlich ausbleibende Rotation der Lasertrajektorien begünstigt Verzüge sowie Risse und führt zu einer ungleichmäßigen Gefügestruktur innerhalb des Bauteils. Dies liegt an der Wärmeakkumulation im Randbereich, da hier die Scanvektoren beginnen und enden. Das Pulver fungiert als eine Art Isolator, sodass ein niedrigerer Wärmeabfluss und damit ein langsameres Erstarrungsverhalten erfolgt, welches den Körnern im Gefüge ausreichend Zeit gibt sich auszubilden. Die 90°-Rotation sorgt für eine gleichmäßige Anordnung des Gefüges [60, 103].

Die wesentlichen Stellgrößen der Spiegelkinematik sind die verwendete Scangeschwindigkeit, der Hatch-Abstand sowie die Scanrichtung.

2.2.2.5 Prozesskammer

Die Prozesskammer bildet einen in sich geschlossenen Raum, durch den der zuvor kollimierte, fokussierte und über die Spiegelkinematik abgelenkte Laserstrahl durch ein Glas eintritt und auf die Bauplattform beziehungsweise das Pulverbett trifft. Häufig bestehen die Bauplattform und das Pulvermaterial aus demselben Material, um eine geeignete Schweißverbindung zu gewährleisten. Die Bauplattform ist über einen Hubtisch in der Höhe positionierbar und wird unmittelbar vor dem Pulverauftrag um wenige Mikrometer nach unten gefahren (siehe Abbildung 2.4) [41, 73]. Die hierdurch eingestellte Schichtdicke kann zur Bestimmung des vereinfachten Volumenenergieeintrages (dreidimensional, 3D) als zusätzliche Variable in Gleichung 2.8 eingefügt werden, sodass gilt:

$$E_V = \frac{P_L}{v_S \cdot d_{HA} \cdot d_{SD}}$$ 2.9

E_V: $Volumenenergie$
P_L: $Laserleistung$
v_S: $Scangeschwindigkeit$
d_{HA}: $Hatch-Abstand$
d_{SD}: $Schichtdicke$

Bei vielen PBF-LB/M-Anlagen besteht die Möglichkeit, die Bauplattform auf bis zu 500 °C vorzuheizen und somit die im Prozess entstehenden Temperaturgradienten zu verringern. Nachdem die Bauplattform nach unten verfahren wurde, trägt ein Beschichter mit einer daran applizierten Beschichterklinge neues Pulvermaterial auf, wobei immer etwas mehr Pulver dosiert als eigentlich benötigt wird, um Bereiche mit zu wenig Pulvermaterial zu vermeiden. Hierbei kann der Dosierfaktor, die Geschwindigkeit des Schichtauftrages sowie die Art der Beschichterklinge (Material, Geometrie) eingestellt beziehungsweise ausgewählt werden. Außerdem wird der gesamte Bauraum über mindestens einen Ein- und Auslass mit Inertgas durchströmt, welche dafür sorgen, dass Prozessnebenprodukte, wie beispielsweise Schmauch und Spritzer aus der Prozesszone abgeführt werden, um möglichst nicht mit dem Laserstrahl zu interagieren. Da es sich beim selektiven Laserstrahlschmelzen um einen Mikroschweißprozess handelt, muss dabei ein Inertgas verwendet werden, weil der in der Atmosphäre enthaltene Sauerstoff den Verbrennungsprozess aufgrund seiner hohen Affinität zur chemischen Reaktion mit metallischen Werkstoffen fördert [123]. Je nach der zu verarbeiteten Materiallegierung wird meist Argon oder

Stickstoff als Inertgas verwendet, welches einen leichten Überdruck von etwa 100 mbar in der Prozesskammer erzeugt, um zu verhindern, dass Sauerstoff durch kleinere Leckagen in den Bauraum eindringt und den Aufschmelzprozess negativ beeinträchtigt [3, 105]. Die Strömungsgeschwindigkeit des Prozessgases kann dabei nahezu stufenlos eingestellt werden, wodurch eine Interaktion des Laserstrahls mit den Nebenprodukten vermieden werden soll [73]. Dabei werden mit der Gasströmung verlaufende Winkel des Laserstrahls von ± 10° (siehe Abbildung 2.15) häufig übersprungen, da innerhalb dieses Bereichs die Spritzer und der Schmauch in Aufbaurichtung mit dem Gasstrom fliegen, wodurch das Risiko einer Interaktion des Laserstrahls erhöht wird, was zu einem reduzierten Energieeintrag in das Schmelzbad und somit zu einer verminderten Bauteilqualität führt [105].

Die Prozesskammer, mitsamt den wesentlichen Komponenten ist in Abbildung 2.5 sowie in Abbildung 2.16 dargestellt.

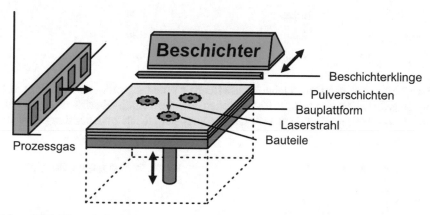

Abbildung 2.16: Wesentliche Komponenten der Prozesskammer einer Laserstrahlschmelzanlage nach [41]

Die wesentlichen Stellgrößen der in der Prozesskammer befindlichen Komponenten sind die Schichtstärke, die Bauplattformtemperatur, der Dosierfaktor sowie die Dosiergeschwindigkeit des Pulvermaterials, die Art der Beschichterklinge, das Inertgas und die Strömungsgeschwindigkeit des Prozessgases.

2.2.3   Schmelzbaddynamik

Beim selektiven Laserstrahlschmelzen absorbieren die belichteten metallischen Partikel die elektromagnetische Energie des Laserstrahls und wandeln diese in Wärme um. Übersteigt die eingebrachte Wärmeenergie die Schmelztemperatur der jeweiligen Legierung, entsteht eine flüssige Metallschmelze und es bildet sich ein Schweißkanal aus. Dabei ist die Absorptionsfähigkeit dichter Stoffe direkt mit der Reflektivität verknüpft, sodass gilt:

$$Reflektion = 1 - Absorption \qquad 2.10$$

Sobald Laserstrahlung auf eine metallische Oberfläche trifft, wird die Energie durch freie Elektronen absorbiert, die frei zu schwingen beginnen und ihre Energie an benachbarte Atome abgeben, ohne die feste Atomstruktur des Werkstoffs zu verändern. Dabei nimmt aufgrund der hohen Intensität von kurzen Wellenlängen die Reflektivität mit zunehmenden Wellenlängen zu [129]. Die Unterschiede in den atomaren Gefügen verschiedener

Werkstoffe bewirken unterschiedliche Reflektivitäten, wobei das Absorptionsverhalten einiger für die additive Fertigung relevanter Metalle bei einer Wellenlänge von 1.060 nm in Tabelle 2.1 aufgeführt ist.

Tabelle 2.1:   Absorptionsverhalten ausgewählter metallischer Werkstoffe unter Raumtemperatur bei 1.060 nm [129]

Material	Reflektion
Aluminium	0,91
Kupfer	0,99
Eisen	0,64
Molybdän	0,57
Nickel	0,74
Zinn	0,46
Titan	0,63

Darüber hinaus hat die Oberflächenbeschaffenheit einen signifikanten Einfluss auf das Absorptionsverhalten, da multiple Reflektionen einer gewellten Oberfläche einen höheren Energieeintrag bedingen können [129]. Dies ist schematisch in Abbildung 2.17 dargestellt.

Laserstrahlung, ideal   Laserstrahlung, raue Oberfläche

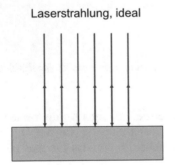
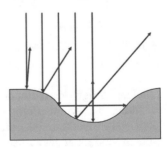

Abbildung 2.17: Absorptionsverhalten unterschiedlicher Oberflächenbeschaffenheiten nach [17, 54, 129]

Die durch die Laserstrahlung eingebrachte Energie führt zu einem Stoffumwandlungsprozess der oberen Randschicht. In diesem Bereich wird die Schmelztemperatur überschritten, sodass Diffusionsprozesse und Schmelzbadkonvektion zu einer Umordnung der Stoffteilchen im Schmelzbad führen [118]. Dabei bildet sich zunächst ein Dampf-/Plasmakanal aus, dessen geometrischen Kennwerte maßgeblich durch die Wärmeleitung in das Bauteil bestimmt werden. Der Ablationsdruck des abströmenden Metalldampfes bildet eine Dampfkapillare im Schmelzbad, an deren Front der Werkstoff aufgeschmolzen wird. Durch die zunehmende Reflektion innerhalb des Dampfkanal (vgl. Abbildung 2.17) steigt die absorbierte Laserleistung sprunghaft an, was zu einem Temperaturanstieg und damit zu einer weiteren Ausdehnung des Schmelzbades führt. Das dabei vorherrschende Kräftegleichgewicht ist in Abbildung 2.18 dargestellt.

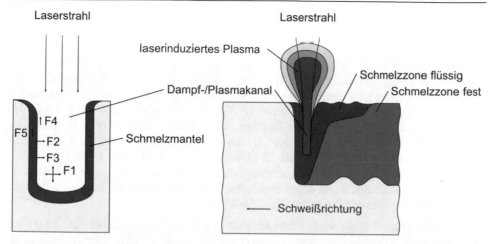

Abbildung 2.18: Schmelzkanal im selektiven Laserstrahlschmelzprozess nach [119, 129] (F1: Dampfdruck und Ablationsdruck, F2: Kraft aus der Oberflächenspannung; F3: hydrostatischer Druck; F4: Reibungskraft des entweichenden Metalldampfes; F5: Gewicht des Schmelzmantels)

Es wird deutlich, dass der Dampf- und Ablationsdruck dem hydrostatischen Druck, den Kräften aus der Oberflächenspannung sowie dem Gewicht des Schmelzmantels entgegenwirkt. Eine Störung dieses sensiblen Kräftegleichgewichts führt zu Prozessinstabilitäten, in deren Folge die Dampfkapillare zusammenbricht und Lunker oder Schmelzauswürfe in Form von Spritzern entstehen können [53, 67, 138]. Dabei spielt die Defokussierung eine entscheidende Rolle, da neben der Wahl einer geeigneten Laserleistung und Scangeschwindigkeit hierdurch das Kräftegleichgewicht gezielt eingestellt werden kann [26, 119]. Abbildung 2.19 veranschaulicht verschiedene Fokuslagen und geht dabei auf einen neutral, positiv sowie einen negativ fokussierten Laserstrahl ein.

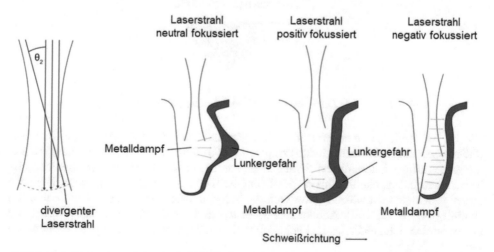

Abbildung 2.19: Lunkergefahr durch fehlerhafte Fokussierung des Laserstrahls nach [119]

Die linke Grafik in Abbildung 2.19 visualisiert einen gebündelten Laserstrahl, in dem ein Teil der Strahlung vertikal gerichtet und ein anderer Teil der Divergenz Θ_2 unterworfen ist. Der vertikale Anteil der Laserstrahlung verdampft und verflüssigt den Werkstoff in der Tiefe, wobei der Anteil der Strahlung, die dem Divergenzwinkel Θ_2 unterworfen ist, eine Verdampfung im mittleren Teil des Schmelzkanals bedingt. Dies bedeutet für einen negativ fokussierten Laserstrahl, dass die Strahlenergie, welche die Mulde der Dampfkapillare erreicht, niedriger ist, weil bereits ein Teil des Materials durch die Energie des Laserstrahls verdampft wurde. Dies führt zu einem vergleichsweise homogenen Querschnitt der Dampfkapillare, der wiederrum eine hohe Dampfkanalstabilität bedingt. Auf der anderen Seite bewirkt ein positiv fokussierter Laserstrahl, dass mehr Energie im Strahlkegel vorhanden ist, der ein breiteres Schmelzbad erzeugt, wodurch sich das Gewicht des Schmelzmantels und damit einhergehend der hydrostatische Druck erhöht, was zu einer Instabilität in der Dampfkapillare führt [119].

Die den Dampfkanal umgebende Schmelze unterliegt dabei dem Einfluss zahlreicher Umwälzungskräfte. Diese können mittels Marangoni-Konvektion und der Rayleigh-Bénard-Konvektion beschrieben werden. Die Marangoni-Konvektion umfasst Vorgänge, bei denen sich ein Fluid aus einem Bereich geringerer Oberflächenspannung zu einem Bereich höherer Oberflächenspannung bewegt. Beim selektiven Laserstrahlschmelzen wird die Schmelzbadumwälzung durch den Oberflächenspannungskoeffizienten $d\gamma/dT$ getrieben. Die schematische Schmelzbadumwälzung ist in Abbildung 2.20 schematisch dargestellt.

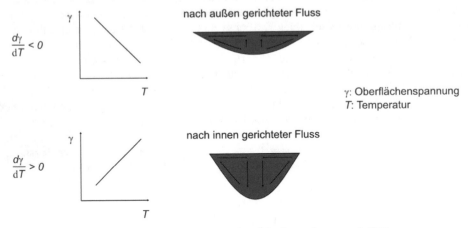

Abbildung 2.20: Schematische Darstellung der Schmelzbadumwälzung nach [75]

Hierbei beschreibt ein negativer Oberflächenspannungsgradient die Abnahme der Oberflächenspannung bei zunehmender Temperatur. Dies führt zu einem nach außen gerichteten Materialfluss innerhalb der Schmelze und sorgt für eine breite und flache Schmelzbadgeometrie. Umgekehrt führt ein positiver Oberflächenspannungsgradient zu einer nach innen gerichteten Umwälzung, wodurch die Schmelzbadgeometrie eher schmal und tief ausfällt [64, 66, 75, 160]. Abbildung 2.21 visualisiert ein dreidimensionales Schnittbild des gesamten Schmelzbades und hebt dabei die vorliegenden Strömungsrichtungen hervor.

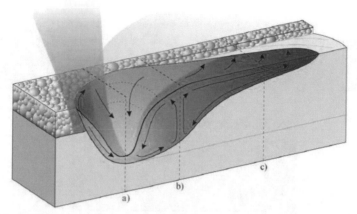

Abbildung 2.21: Strömungsrichtungen innerhalb des Schmelzbades [54]

An der Stelle a) liegt aufgrund des Laserstrahls eine höhere Temperatur als im Bereich b) vor, was mit einer niedrigeren Oberflächenspannung einhergeht. Entsprechend stellt sich eine Strömung im Schmelzmantel von Bereich a) zu b) ein [54]. Die Rayleigh-Bénard-Konvektion beschreibt den thermischen Aufstieg eines Fluids und die damit einhergehende Schmelzbadumwälzung. Dabei steigt der heißeste Teil des Schmelzbades langsam nach oben. Mit zunehmender Energieeinkopplung und damit einhergehendem Anstieg der Temperatur nimmt dabei der Anteil aufsteigender Schmelze zu, wodurch die Schmelze im weiteren Verlauf zu rotieren beginnt und sich unkontrolliert umwälzt. Dieser Vorgang kann zu Schmelzbadauswürfen in Form von Spritzern führen [92].

2.3 Spritzerbildung

Innerhalb dieses Kapitels werden zunächst die Auswirkungen von Spritzern auf die PBF-LB/M-Prozessführung erläutert, anschließend die unterschiedlichen Spritzertypen mitsamt deren Entstehungsmechanismen charakterisiert und schließlich einige Möglichkeiten zur Detektion von Prozessspritzern zusammengetragen.

2.3.1 Auswirkungen von Spritzern auf die PBF-LB/M-Prozessführung

Bei Prozessspritzern handelt es sich um unerwünschte Nebenprodukte, die während des Aufschmelzprozesses beim selektiven Laserstrahlschmelzen entstehen. Diese wirken sich teilweise direkt, aber auch indirekt auf die PBF-LB/M-Prozessführung aus. Zu den direkten Effekten gehört beispielsweise die unerwünschte Absorption und Reflektion der Laserenergie bei einer Interaktion des Laserstrahls mit umherfliegenden Spritzern, wodurch der Energieeintrag in das Schmelzbad reduziert wird. Außerdem sind Prozessspritzer meist deutlich größer als das zu verarbeitende Pulvermaterial, sodass ein auf einem benachbarten Bauteil gelandeter Spritzer gegebenenfalls nicht komplett aufgeschmolzen werden kann, sondern als Fehler im Bauteil zurückbleibt. Kleinere Spritzerpartikel werden dabei meist komplett aufgeschmolzen, wohingegen größere Spritzer als Einschluss im Bauteil verbleiben können [83]. Dies ist schematisch in Abbildung 2.22 dargestellt.

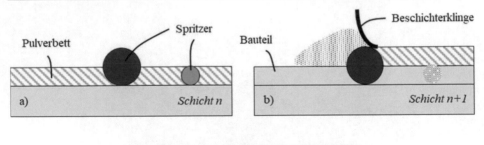

Abbildung 2.22: Schematische Darstellung der Auswirkungen von Prozessspritzern auf den Pulverauftrags- und Belichtungsprozess nach [83]

Durch die größeren Partikeldurchmesser der Prozessspritzer findet bei einer hohen Anzahl an Spritzern pro Baujob sowie einer häufigen Wiederverwendung des Pulvermaterials eine Verschiebung hin zu größeren Partikelgrößen statt [85, 132]. Obeidi et al. [99] konnten außerdem nachweisen, dass Spritzer teilweise Porositäten enthalten, die sich negativ auf den Aufschmelzprozess und die resultierenden Bauteileigenschaften in Form von Fehlstellen auswirken können. Darüber hinaus konnten sie in ihren Untersuchungen anhand von 316L nachweisen, dass die chemische Zusammensetzung der Spritzer sich von dem ursprünglichen Material deutlich unterscheidet, indem die Spritzer weniger Eisen und Nickel, dafür aber mehr Chrom und Silizium enthielten. Zusätzlich konnte gezeigt werden, dass Prozessspritzer aufgrund ihrer hohen Temperatur eine hohe Oxidationsneigung haben, also vermehrt Sauerstoff aufnehmen, wodurch der Sauerstoffanteil in den Spritzerpartikeln mehr als doppelt so hoch ist wie im Ausgangsmaterial [85, 132]. Liu et al. [83] stellten bei ihren Untersuchungen an 316L fest, dass durch Prozessspritzer beeinflusstes Material signifikant schlechtere mechanische Eigenschaften aufwies als unbeeinflusstes Pulvermaterial. Wang et al. [140] bestätigten diese Erkenntnisse anhand ihrer Versuche mit CoCrW und quantifizierten die Zugfestigkeit, Streckgrenze und Bruchdehnung auf ursprünglich 1.284 MPa, 855 MPa und 11,15 %, wobei die Ergebnisse des durch das mit Spritzern beeinflussten Pulvermaterials nur noch bei 874 MPa, 689 MPa und 3,82 % lagen.

2.3.2 Unterschiedliche Spritzertypen

Angelehnt an Young et al. [154] lassen sich im selektiven Laserstrahlschmelzprozess die auftretenden Prozessspritzer in fünf verschiedene Kategorien einordnen:

- Pulverbettspritzer
- ausgeworfene Spritzer
- Agglomerationsspritzer
- mitgerissene Spritzer
- defekt-induzierte Spritzer

Bei den *Pulverbettspritzern* interagiert der aus der Prozesszone entweichende Metalldampf mit den in der unmittelbaren Umgebung liegenden Pulverpartikeln und wirbelt

diese ohne vorherige Interaktion mit dem Laserstrahl auf. Dadurch verteilen sich die Pul-
~~verpartikel willkürlich im Bauraum, was wiederum zu lokalen Unterschieden in der~~
Schichthöhe und damit veränderten Prozessbedingungen führt. *Ausgeworfene Spritzer*
sind Teile der Schmelze, die neben dem entweichenden Metalldampf aus der Dampfkapillare ausgetragen werden. Diese Art von glühenden und flüssigen Spritzern entsteht
größtenteils durch die Beschleunigung an der Front des Schmelzbades, weil ein hoher
Gasdruck mittels der daraus resultierenden hohen Scherkraft im Randbereich des Dampf-
kanals zu einer starken Schmelzbadumwälzung führt. Dabei führt ein die Oberflächenspannung des Schmelzmantels übersteigender Dampfdruck zu einer höheren Anzahl an
Schmelzbadauswürfen. *Agglomerationsspritzer* können in flüssig-feste und flüssig-flüssige Auswürfe unterteilt werden. Die flüssig-festen Agglomerationsspritzer entstehen
durch einzelne glühende und horizontal aus dem Schmelzbad ausgeworfene Spritzer, die
mit Pulverpartikeln in der Nähe der Prozesszone verschmelzen und sich zu einem großen
Partikel verbinden. Je nach Temperatur des großen Partikels können im weiteren Verlauf
weitere Pulverpartikel interagieren und zu einem noch größeren Partikel zusammenwach-
sen. Flüssig-flüssige Agglomerationsspritzer entstehen, wenn Schmelzbadauswürfe auf
andere glühende Partikel treffen oder aber wenn zwei Pulverbettspritzer im Bereich des
Laserstrahls aufeinandertreffen. Beide Arten von Agglomerationsspritzern gehen mit einer Veränderung der durchschnittlichen Partikelgrößenverteilung einher. *Mitgerissene
Spritzer* gelangen durch die vorhandene Inertgasströmung sowie durch die das Schmelzbad umgebenden Strömungseffekte in den Laserstrahl oder das Schmelzbad und grenzen
sich von Pulverbettspritzern insofern ab, dass sie durch die Laser- und/oder Schmelzbad-
Interaktion zu glühenden Spritzern werden. *Defekt-induzierte Spritzer* entstehen, wenn der
Laserstrahl auf größere Defekte im Bauteil trifft. Dabei kann die schlagartige Freisetzung
des in der Pore eingeschlossenen Gases eine plötzliche Eruption der flüssigen Schmelze
auslösen, mit der eine Veränderung des Absorptionsverhaltens aufgrund der veränderten
Reflektion einhergeht, infolge dessen das Schmelzbad kollabiert [86, 99, 124, 132, 154].
Die unterschiedlichen Spritzertypen sind exemplarisch in Abbildung 2.23 dargestellt.

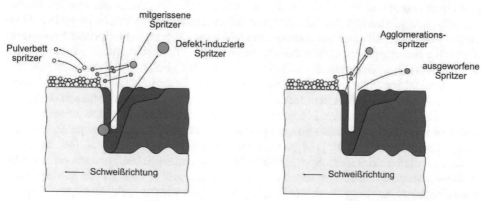

Abbildung 2.23: Unterschiedliche Spritzertypen nach [154]

In den Untersuchungen von Young et al. [154] wurde für den Werkstoff AlSi10Mg mit
einer Partikelgrößenverteilung von 15-38 µm in mehreren Versuchsreihen mit unterschiedlichen Laserleistungen und Scangeschwindigkeiten ein Diagramm erstellt, in dem
die durchschnittliche Größe der Prozessspritzer des jeweiligen Spritzertypen ermittelt
wurde. Dabei wurden die defekt-induzierten Spritzer nicht berücksichtigt, weil sich die im

Material eingeschlossenen Defekte nur schwer aufzeigen lassen. Die Auswertung dieser Versuchsreihen ist in Abbildung 2.24 dargestellt.

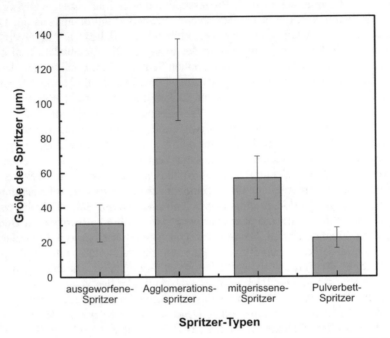

Abbildung 2.24: Partikelgrößenverteilung verschiedener Spritzertypen von AlSi10Mg bei einer Ausgangspartikelgrößenverteilung von 15-38 µm nach [154]

Die ausgeworfenen Spritzer liegen dabei nur geringfügig oberhalb der Ausgangspartikelgrößenverteilung und verändern damit die Partikelgrößenverteilung des Pulvermaterials nur wenig. Agglomerationsspritzer hingegen können eine um das Vierfache größere Geometrie verglichen mit dem Ausgangspulver bedingen. Mitgerissene Spritzer verdoppeln die Größe des Ausgangspulvermaterials, wohingegen Pulverbettspritzer dieselbe Größe wie das Ausgangspulvermaterial aufweisen, da diese lediglich in der Baukammer umherwirbeln, nicht jedoch mit dem Schmelzbad oder dem Laser interagieren. Zudem konnte nachgewiesen werden, dass kein fester Zusammenhang zwischen den Anteilen der unterschiedlichen Spritzertypen im Laserstrahlschmelzprozess herrscht und das jeweilige Vorkommen jeder Art von Prozessspritzern primär von den gewählten Prozessparametern abhängt [154]. Simonelli et al. [124], Keaveney et al. [63] und Gasper et. al. [40] beobachteten, dass die resultierenden Spritzer für 316L, Ti64 und AlSi10Mg je nach verwendeter Prozessparameterkombination sogar um das Fünffache größer sind als die Pulverpartikel der verwendete Partikelgrößenverteilung. Ly et. al. [86] wiesen nach, dass etwa 75 % der resultierenden Spritzer bei Untersuchungen mit Ti64 und AlSi10Mg aus dem Schmelzbad stammen, wohingegen etwa 25 % auf die Partikel aus dem Pulverbett zurückzuführen sind. Die jeweiligen Anteile sind jedoch sehr stark von den gewählten Prozessparametern abhängig und können nicht pauschalisiert werden [99, 161].

2.3.3 Detektion von Prozessspritzern

Es existiert eine große Anzahl verschiedener Möglichkeiten die Prozessspritzer im selektiven Laserstrahlschmelzen zu detektieren. Da die resultierenden Spritzer mit einer sehr

hohen Geschwindigkeit sowie mit hoher Temperatur aus dem Schmelzbad austreten, kom-
men häufig Hvyhvvvvhvvidih h il v ul luß vvvvvvvvvvvvvvvUPAS nuu hu vvh |45, 59, 158,
154, 141, 150, 157–159]. Abbildung 2.25 veranschaulicht schematisch den möglichen
Versuchsaufbau eines on- sowie eines off-axis-Versuchsaufbaus zur Erfassung von Prozessspritzern.

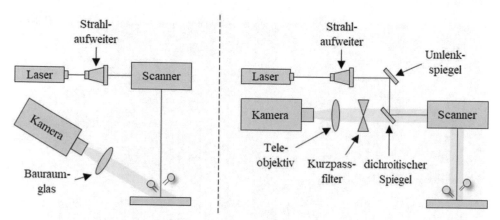

*Abbildung 2.25: Schematische Darstellung eines off-axis- (links) sowie eine on-axis-Versuchsauf-
baus (rechts) zur Erfassung der Prozessspritzer mittels einer Hochgeschwindigkeitskamera nach [159]*

Teilweise werden auch Röntgenkameras verwendet, um Einblicke in das Schmelzbad zu
erhalten und dies mit der resultierenden Spritzerbildung zu korrelieren [26, 45, 149]. In
Abbildung 2.26 ist eine beispielhafte Grafik aus den Arbeiten von Guo et al. [51] dargestellt, welche die unterschiedlichen Prozessregime unterteilt.

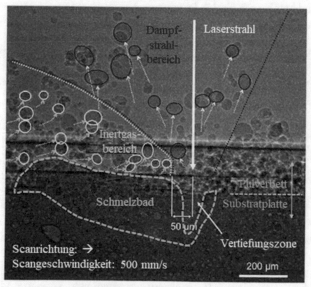

*Abbildung 2.26: In-situ-Röntgenaufnahme des selektiven Laserstrahlschmelzprozesses zur Detek-
tion von Prozessspritzern nach [51]*

Eine weitere Detektionsmöglichkeit bieten Kameras mit sehr hoher lokaler Auflösung, die das Pulverbett aufnehmen, während es von einem Streifenlichtprojektor belichtet wird. Die Daten werden anschließend überlagert und verarbeitet, sodass letztlich Rückschlüsse auf das Höhenprofil gezogen werden können [18]. In Abbildung 2.27 ist exemplarisch die Spritzerdetektion via Streifenlichtprojektion dargestellt.

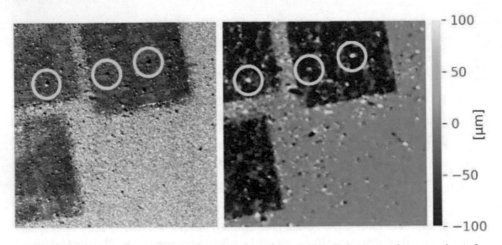

Abbildung 2.27: Spritzerdetektion via Streifenlichtprojektion [18] (links: monochromatische Aufnahme; rechts: Ergebnis der Streifenlichtprojektion nach Bildverarbeitung zum Erhalt der Tiefendaten)

Zusätzlich wird beim selektiven Laserstrahlschmelzen vereinzelt die Schlierenfotografie eingesetzt, bei der lokale Unterschiede in der Schwankung des Brechungsindizes von Fluiden hervorgehoben werden. Häufiger wird mit dieser Technologie allerdings eher der resultierende Schmauch innerhalb der Prozesszone detektiert [14–16, 106, 143]. In Abbildung 2.28 sind exemplarisch einige Schlierenbilder des PBF-LB/M-Prozesses dargestellt.

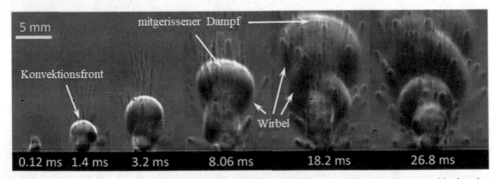

Abbildung 2.28: Exemplarische Auswahl einiger Schlierenbilder im selektiven Laserstrahlschmelzen nach [14]

Die aufgezeigten Technologien besitzen jeweils unterschiedliche Vor- und Nachteile. Beispielsweise ist die Röntgenkameratechnik nur auf einen sehr kleinen und zweidimensionalen Versuchsbereich beschränkt, welcher in Abbildung 2.26 etwa 1,1 x 1,2 mm² beträgt [51]. Die Streifenlichtprojektion lässt primär Rückschlüsse auf die Landeposition der

Spritzer zu, nicht jedoch den Entstehungsort. Hier können lediglich über Algorithmen Approximationen getroffen werden. Außerdem werden Spritzer nicht erfasst, die entweder außerhalb des Bauplattformbereichs oder in einem Bereich des Pulverbetts landen, welcher unmittelbar danach durch den Laser belichtet wird, also bereits vor der nächsten Kameraaufnahme [18]. Durch die on-axis-Variante in Abbildung 2.25 werden Spritzer unmittelbar während ihrer Entstehung erfasst, jedoch können keine Rückschlüsse über die Flugbahn und damit Kenntnisse über die Spritzer als Störgröße gezogen werden. Die off-axis-Variante hingegen kompensiert dieses Manko, ist jedoch – je nach Versuchsaufbau – nicht ganz so nah an der Prozesszone wie eine on-axis-Kamera [159].

2.4 Stell- und Einflussgrößen auf die PBF-LB/M-Prozessführung

Innerhalb dieses Kapitels wird einzeln auf den Stand der Technik der in dieser Arbeit untersuchten Stell- und Einflussgrößen eingegangen. Dabei werden sowohl grundlegende Zusammenhänge mit der PBF-LB/M-Prozessführung, aber auch resultierende Effekte der Variation einzelner Stellgrößen beleuchtet.

2.4.1 Prozessparameter

Es existieren vereinzelt Untersuchungen, welche die Spritzerbildung beim selektiven Laserstrahlschmelzen mit einzelnen Prozessparametern in Verbindung bringen. So wiesen Liu et al. [83] in Einzelspurversuchen für vier unterschiedliche Laserleistungen bei einer vergleichsweise langsamen Scangeschwindigkeit von 50 mm/s für den Werkstoff 316L nach, dass ein höherer Energieeintrag zu einer höheren Spritzerbildung führt. Dies begründeten sie dadurch, dass ein höherer Energieeintrag zu lokalen Verdampfungen führt, welche wiederrum aufgrund der plötzlichen Ausdehnung Rückstoßkräfte erzeugen, die das Material senkrecht aus dem Schmelzbad austreiben. Gunenthiram et al. [49] bestätigten dies ebenfalls durch Einzelspurversuche desselben Werkstoffs für zwei unterschiedliche Laserleistungen, indem sie aufzeigten, dass eine geringere Laserleistung mit einer geringeren Anzahl an Prozessspritzern sowie kleineren Durchmessern der Schmelzbadauswürfe einhergeht. In einer Folgeuntersuchung konnten sie diese Ergebnisse für sieben unterschiedliche Laserleistungen bei drei unterschiedlichen Scangeschwindigkeiten für die Werkstoffe 316L sowie AlMgSi bestätigen und gleichzeitig aufzeigen, dass die Anzahl an Prozessspritzern mit abnehmender Scangeschwindigkeit zunimmt [50]. Shi et al. [121] variierten in ihren Einzelspuruntersuchungen mit Ti64 bei einer fixierten Laserleistung von 400 W den Fokusdurchmesser und folgerten, dass ein kleinerer Fokusdurchmesser aufgrund des höheren Energieeintrags und einem instabileren Schmelzbad zu einer höheren Anzahl an Spritzern führt, quantifizierten diese jedoch nicht. Außerdem wurden keine Untersuchungen mit einer dem Strahldurchmesser angepassten Laserleistung durchgeführt. Sow et al. [126] postulierten ebenfalls, dass ein größerer Fokusdurchmesser bei geringerer Laserleistung zu weniger Spritzern führt. In dieser Studie wurden jedoch gänzlich unterschiedliche Prozessparameter miteinander verglichen (Fokusdurchmesser: 80/500 µm; Laserleistung: 200/800 W; Scangeschwindigkeit: 800/400 mm/s; Hatch-Abstand: 120/200 µm; Volumenenergie: 50/10 J/mm³). Zheng et al. [161] führten Untersuchungen zur Spritzer- und Schmauchmenge für fünf unterschiedliche Scangeschwindigkeiten bei einer fixierten Laserleistung durch. Hierbei generierten sie Einzelspuren auf eine teilweise von Pulver bedeckte Grundplatte, um Rückschlüsse ziehen zu können, ob die Spritzer und der Schmauch primär durch das Pulvermaterial verursacht werden. Entgegen der anderen Studien konnten sie keinen Zusammenhang zwischen einem höheren Energieeintrag und einer höheren Anzahl an Prozessspritzern feststellen.

2.4.2 Umgebungsdruck

Matthews et al. [89] führten Untersuchungen dazu durch, welchen Einfluss der Umgebungsdruck auf die sich ausbildende Abtragszone um eine im PBF-LB/M-Prozess generierte Schmelzbahn herum hat. Sie wiesen nach, dass der aus dem Schmelzbad austretende Metalldampf bei hohen Drücken nach oben gerichtet und bei niedrigen Drücken auch in Teilen seitwärts gerichtet sein kann. Somit werden bei hohen Umgebungsdrücken Pulverpartikel in Richtung Laserstrahl verschoben und bei niedrigen Drücken vom Laserstrahl wegbefördert. Dies führt in beiden Fällen zu einer Reduzierung des die Schmelzbahn umgebenden Pulvermaterials. Diese Effekte sind schematisch in Abbildung 2.29 dargestellt.

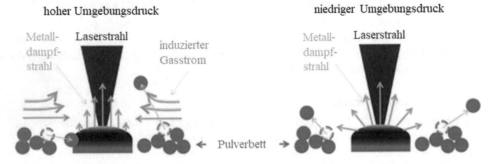

Abbildung 2.29: Schematische Darstellung der veränderten Ausrichtung des Metalldampfs bei unterschiedlichen Umgebungsdrücken und den damit einhergehenden unterschiedlichen Effekten bei der Ausbildung der die Schmelzbahn umgebenden Abtragszone nach [89]

In ihren Untersuchungen fanden sie heraus, dass die Abtragszone bei einem Umgebungsdruck von etwa 5 mbar ein Minimum annimmt. Guo et al. [51] stützen in ihrer Forschungsarbeit, in der sie sich mit den Spritzermechanismen des PBF-LB/M-Prozesses in unterschiedlichen Druckregimen auseinandersetzten, die These des sich bei niedrigen Umgebungsdrücken nach außen ausbreitenden Metalldampfs von Matthews et al. [89]. Als Begründung führten sie an, dass sich der aus dem Schmelzbad austretende Metalldampf im Vakuum frei in alle Raumrichtungen ausbreiten kann. Zhang et al. [156] führten Untersuchungen im Vakuum an reinem Titan durch. Dabei stellten sie unter anderem fest, dass die resultierende Oberflächenrauheit von im Vakuum gefertigten Proben bei langsamen Scangeschwindigkeiten von bis zu 200 mm/s deutlich geringer ist als die der bei Atmosphärendruck hergestellten Prüfkörper. Dies führten sie insbesondere darauf zurück, dass die Schmelzbadtemperatur im Vakuum vergleichsweise gering und die dynamische Viskosität gleichzeitig höher ist, was letztlich zu einem stabileren Schmelzbad führt. Diese Ergebnisse wurden mittels Untersuchungen an 316L durch die Experimente von Ihama et al. [56] untermauert, bei deren Versuchen im Bereich von 3 mbar sich ebenfalls geringere Oberflächenrauheiten einstellten als bei Atmosphärendruck.

2.4.3 Prozessgas

Für das selektive Laserstrahlschmelzen eignen sich verschiede Prozessgase, wobei Argon und Stickstoff am häufigsten verwendet werden. In den Untersuchungen von Pauzon et al. [105] wurde der Einfluss von Helium auf die PBF-LB/M-Prozessführung analysiert, das eine um das Zehnfache größere thermische Leitfähigkeit als Argon oder Stickstoff besitzt.

Damit einher gehen höhere Abkühlgeschwindigkeiten des Schmelzbades, die wiederrum den Dru̶in̶ ̶u̶n̶d̶ ̶d̶a̶s̶ ̶A̶u̶s̶m̶a̶ß̶ ̶d̶e̶r̶ ̶e̶n̶t̶s̶t̶e̶h̶e̶n̶d̶e̶n̶ ̶V̶e̶r̶d̶a̶m̶p̶f̶u̶n̶g̶ ̶v̶e̶r̶r̶i̶n̶g̶e̶r̶n̶ ̶[̶3̶,̶ ̶1̶0̶5̶]̶. ̶D̶a̶b̶e̶i̶ wurde der Einfluss von reinem Argon, reinem Helium und Argon-Helium-Mischungen hinsichtlich der Prozessierbarkeit untersucht. Es wurde deutlich, dass Helium als Mischgas sowie in Reinform die Porosität insbesondere bei eher ungeeigneten Prozessparameterkombination mit hohen relativen Dichten senkt. Zudem wurde ersichtlich, dass aufgrund kleinerer Fehlerbalken zwischen den Versuchsreihen eine höhere Reproduzierbarkeit bei der Verwendung von Argon-Helium-Mischungen oder von reinem Helium gegeben war. Außerdem konnte nachgewiesen werden, dass Helium als Prozessgas signifikant die Prozessnebenprodukte wie Spritzer und Schmauch reduziert und für ein stabileres Schmelzbad sorgt. Diese Effekte sind dadurch zu erklären, dass die Verwendung von Argon-Helium-Mischungen dazu führt, dass sie verglichen mit reinem Helium eine höhere Dichte aufweisen, sodass ein höherer atmosphärischer Druck auf das Schmelzbad ausgeübt wird, der Schmelzbadauswürfen entgegenwirkt, wobei der Heliumanteil durch die höhere thermische Leitfähigkeit das Schmelzbad zeitgleich effektiver kühlt [104, 105, 135].

Weiterführend wurden Untersuchungen zur Auswirkung auf die Schmauch- und Spritzerbildung durchgeführt. Dazu wurden Schattenbilderaufnahmen verschiedener Einzelspuren mittels einer Hochgeschwindigkeitskamera in drei verschiedenen Versuchsaufbauten aufgenommen. In der ersten Versuchsreihe wurde mit deaktivierter Gasströmung gearbeitet, in der zweiten Konfiguration mit einer Gasströmung, die entgegen der Laserstrahltrajektorie gerichtet war sowie in einem dritten Versuchsaufbau mit einer Lasertrajektorie, die der Gasströmung gleichgerichtet war. Die Ergebnisse der Versuchsreihen sind exemplarisch in Abbildung 2.30 dargestellt.

Abbildung 2.30: Schattenbilder der Schmauch- und Spritzerentstehung in unterschiedlichen Prozessgasen nach [105]

Alle Aufnahmen haben gemein, dass der Schmauch vorwiegend vertikal zur Schmelzbahn expandiert und die Spritzer zum Großteil entgegen der Schweißrichtung fliegen. Eine aktivierte Gasströmung entgegen der Schweißrichtung sorgt beim Argon sowie beim Argon-

Helium-Gemisch dafür, dass der Schmauch flacher abgesogen wird und eine Interaktion mit dem Laserstrahl verhindert wird. Beim reinen Helium ist nahezu kein Unterschied zwischen entgegen der Schweißrichtung aktiviertem und deaktiviertem Gasstrom festzustellen. In den Aufnahmen der in Schweißrichtung aktivierten Gasströmung wird deutlich, dass der Laserstrahl aufgrund des nahezu senkrecht aufsteigenden Schmauchs mit dem Laserstrahl interagiert, diesen absorbiert und zu einem veränderten Energieeintrag in das Schmelzbad sorgt. Dies ist aufgrund des verminderten Gasdrucks bei reinem Helium nicht der Fall, sodass der Schmauch auch hier entgegen der Schweißrichtung die Prozesszone verlässt [105].

Darüber hinaus konnte in den Einzelspurversuche eine um 30 % geringere Spritzerbildung bei der Verwendung des Argon-Helium-Gemisches sowie eine um 60 % geringere Anzahl an Prozessspritzern bei der Verwendung von reinem Helium verglichen mit reinem Argon nachgewiesen werden. Dies kann dadurch erklärt werden, dass die um das Zehnfache größere thermische Leitfähigkeit von Helium die Wärmeabfuhr im Dampfkanal erhöht und dadurch die entstehende Verdampfungsmenge reduziert. Das wiederrum reduziert die Verwirbelungen des aus der Dampfkapillare austretenden Dampfdrucks, sodass weniger von den Pulverpartikeln, die den Dampfkanal umgeben, aufgewirbelt werden, wodurch eine erneute Interaktion mit dem Laserstrahl, bei dem die eingebrachte Laserenergie absorbieren wird, vermieden wird. Solche Interaktionen führen zu einem instabileren Schmelzbad, das beim Zusammenbruch den Auswurf von Spritzern zur Folge hat [53, 105, 119, 138].

2.4.4   Pulvermaterial

Spierings et al. [127] untersuchten den Einfluss der Partikelgrößenverteilung auf die resultierende Oberflächenqualität sowie hinsichtlich der sich einstellenden mechanischen Eigenschaften anhand von 316L. Dabei verwendeten sie drei unterschiedliche Partikelgrößenverteilungen (7-24 µm, 20-41 µm, 15-56 µm) und wiesen nach, dass größere Partikelgrößenverteilungen in einer höheren Oberflächenrauheit resultieren. Diesen Sachverhalt führten sie auf potenzielle Anhaftungen der größeren Partikel an der Bauteiloberfläche zurück. Außerdem postulierten sie, dass je geringer die Packungsdichte innerhalb einer Pulverschicht ist, die sich einstellenden Oberflächenrauheiten umso höher sind. Sie führten an, dass auch bei gleichen Schütt- und Klopfdichten die sich einstellende Pulverpackungsdichte bei kleinen Partikeln höher ist als bei größeren Pulverpartikeln. Außerdem stellten sich etwas verbesserte mechanische Eigenschaften für die kleinen Partikelgrößenverteilungen ein, die laut der Autoren auf der höheren Absorption von größeren Partikeln und der damit verringerte Einschmelztiefe aufgrund eines reduzierten Energieeintrags beruhen. Balbaa et al. [13] führten vergleichbare Untersuchungen an AlSi10Mg für zwei Partikelgrößenverteilungen durch (5-15 µm, 24-67 µm) und bestätigten die Ergebnisse von Spierings et al. [127] einer höheren Oberflächenrauheit bei größeren Pulverpartikeln. Sie stellten fest, dass die Fließfähigkeit des feinen Pulvermaterials um 75 % geringer ist als die des groben Pulvermaterials, was sie auf die höhere Kohäsion des kleineren Pulverpartikel zurückführten. In ihren Untersuchungen zur sich einstellenden Bauteildichte stellten sie fest, dass sich mit der größeren Partikelgrößenverteilung höhere Bauteildichten erzielen ließen. Dies begründeten sie unter anderem durch die geringere Packungsdichte feiner Partikel im Pulverbett, da die Fülldichte des feinen Pulvermaterials lediglich bei 38 % lag, verglichen mit 53 % beim gröberen Pulvermaterial. Außerdem folgerten sie, das kleinere Partikel aufgrund der größeren spezifischen Oberfläche im Verhältnis zum Volumen anfälliger für Oxidation sind. Der aufgrund der hohen Abkühlrate im Schmelzbad eingeschlossene Sauerstoff kann infolgedessen zu runden Gasporen und somit zu einer höheren Bauteilporosität führen.

2.4.5 Strahlformung

In einigen Untersuchungen konnte die positive Auswirkung verschiedener Laserstrahlformen auf die PBF-LB/M-Prozessführung nachgewiesen werden. So konnte ermittelt werden, dass ein ringförmiges Laserstrahlprofil für ein breiteres Prozessfenster sorgt und damit auch Rückschlüsse auf ein stabileres Schmelzbad zulässt. Es konnte aufgezeigt werden, dass ein ringförmiges Strahlprofil Verdampfungsverluste verringert und die Bildung eines Keyholes vermeidet, weswegen kaum Gasporen in den resultierenden Bauteilen zu erkennen sind [47, 48, 109, 145, 147]. Außerdem konnte in einer Vielzahl an Studien die positive Auswirkung auf die resultierende Prozessgeschwindigkeit nachgewiesen werden. Unter anderem wurde deutlich, dass aufgrund der homogeneren Temperaturverteilung im Schmelzbad die Produktivität deutlich gegenüber einem Gaußprofil gesteigert werden konnte und eine höhere Laserleistung in das Schmelzbad eingekoppelt werden konnte [48, 52, 84, 91]. Dies ist darauf zurückzuführen, dass ein gaußförmiges Laserstrahlprofil in der Mitte eine zu hohe Energie in das Schmelzbad einbringt, wohingegen es im Randbereich kaum zum Aufschmelzen ausreicht. Ein ringförmiges Strahlprofil hingegen sorgt für eine gleichmäßige Energieverteilung, wodurch Verdampfungseffekte vermieden werden [88, 144, 145]. In Abbildung 2.31 sind die Intensitäts- und Temperaturprofile mitsamt der resultierenden Aufschmelzbereiche für ein gaußförmiges, ein rechteckiges sowie eines ringförmigen Laserstrahlprofils dargestellt.

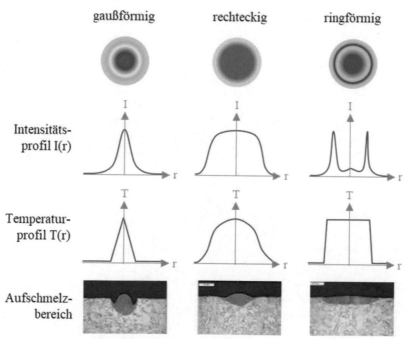

Abbildung 2.31: Intensitäts- und Temperaturprofile sowie resultierender Aufschmelzbereich unterschiedlicher Laserstrahlprofile nach [88] (links: gaußförmig; mitte: rechteckig; rechts: ringförmig)

Es ist deutlich zu erkennen, dass sowohl das gaußförmige als auch das rechteckige Laserstrahlprofil zu einer gaußförmigen Temperaturverteilung im Aufschmelzbereich führen. Ein ringförmiges Strahlprofil hingegen resultiert in einer nahezu rechteckigen Temperaturverteilung, da die eingebrachte Energie durch Wärmeleitung und -stau im Inneren des Rings nahezu identisch zu den Außenbereichen ist [88, 121, 144].

Okunkova et al. [100] wiesen außerdem nach, dass ein ringförmiges Laserstrahlprofil die Abtragszone im Bereich um die Schmelzbahn reduziert, was ebenfalls auf eine stabilere Prozessführung zurückzuführen ist. Die Untersuchungen von Laskin et al. [74] und Zhirnov et al. [162] konnte außerdem eine Verringerung der aus dem Schmelzbad austretenden Spritzer belegen, die in den Studien von Wischeropp [144] auf 35 % quantifiziert werden konnte. Zudem konnte Rasch [107] in Hochgeschwindigkeitsaufnahmen einen Effekt identifizieren, bei dem ein Teil der aus dem Schmelzbad austretenden Prozessspritzer zurück in das Schmelzbad hineingesogen wird. Dies ist bei denselben Parameterkombinationen bedingt auch für ein gaußförmiges Strahlprofil gültig, jedoch überwiegt die Anzahl der Spritzer, welche diesem Effekt unterliegen, beim ringförmigen Strahlprofil.

3 Forschungsbedarf und Lösungsweg

Innerhalb dieses Kapitels wird aus dem Stand der Technik der noch bestehende Forschung, die den Fokus bildet und anhand des Lösungswegs aufgezeigt, wie mit dieser Arbeit die vorhandene Lücke geschlossen werden soll. Dabei unterteilen sich die Unterkapitel in die grundlegenden Prozessparameter, den Umgebungsdruck, das Prozessgas, das Pulvermaterial sowie die Laserstrahlform.

3.1 Grundlegende Prozessparameter

Bei der Analyse der Auswirkungen einzelner grundlegender Prozessparameter auf die resultierende Spritzerbildung wurden bereits einzelne Prozessparameter untersucht. Es wurde bislang jedoch noch keine vollfaktorielle Untersuchung der Prozessparameter Schichtstärke, Laserleistung, Fokusdurchmesser, Scangeschwindigkeit anhand Einzelspurexperimente durchgeführt, die gewonnenen Ergebnisse anschließend auf Volumenkörper übertragen und die sich dadurch ergebenden Effekte analysiert. Die verschiedenen Veröffentlichungen verwendeten beispielsweise unterschiedliche Anlagensysteme mit verschiedenen Einstellungen sowie verschiedenen Materialien, sodass mit dieser Forschungsarbeit erstmalig eine vollumfängliche Analyse des Einflusses einzelner Prozessparameter auf die resultierende Spritzerbildung vorliegt. Um einen möglichst großen Erkenntnisgewinn zu gewährleisten, werden Pulvermaterial, PBF-LB/M-Anlagensystem sowie Auswertemethodik über die Versuchsreihen gehalten und dabei die 1.120 Messwerte der Einzelspurversuche sowie zusätzlich 48 Messwerte in den Volumenkörperversuchen statistisch ausgewertet. Tabelle 3.1 gibt eine Übersicht über die exemplarische Auswahl einiger Veröffentlichungen bei der Analyse der Auswirkungen einzelner grundlegender Prozessparameter auf die resultierende Spritzerbildung.

Tabelle 3.1: *Exemplarische Auswahl einiger Veröffentlichungen bei der Analyse der Auswkirkungen einzelner grundlegender Prozessparameter auf die resultierende Spritzerbildung*

Veröffentlichung	Übertragung auf Volumenkörper	Untersuchungen an Ti-6Al-4V	Variation der Laserleistungen	höhere Laserleistungen als 200 W	Laserleistung an Fokusdurchmesser angepasst	Einfluss des Fokusdurchmesser	angemessene Variation der Scangeschwindigkeiten	industriell relevante Scangeschwindigkeiten	angemessene Sprünge in den Scangeschwindigkeiten	Einfluss der Schichtstärke	industriell relevante Schichtstärken	Spritzeranzahl quantifiziert
[83]	x	x	√	x	√	x	x	x	x	x	x	√
[121]	√	√	x	√	x	√	√	x	√	x	x	x
[161]	x	x	√	√	x	√	x	x	x	√	x	√
[5]	x	x	√	x	x	x	x	x	x	x	x	√
[151]	x	x	x	√	x	√	√	√	x	√	√	√
[2]	x	x	x	√	x	x	x	x	x	√	x	x
[50]	x	x	√	√	x	x	x	√	√	√	√	√

© Der/die Autor(en), exklusiv lizenziert an
Springer-Verlag GmbH, DE, ein Teil von Springer Nature 2024
P. Kohlwes, *Prozessstabile additive Fertigung durch spritzerreduziertes
Laserstrahlschmelzen*, Light Engineering für die Praxis,
https://doi.org/10.1007/978-3-662-69082-6_3

Es wird deutlich, dass zwar in einigen Veröffentlichungen der Einfluss der Laserleistung und Scangeschwindigkeit auf die resultierende Spritzerbildung untersucht wurden, der Einfluss der Schichtstärke sowie des Fokusdurchmessers jedoch eher geringfügig analysiert worden sind. Außerdem untersuchten nur ein paar Autoren das Spritzerverhalten anhand von Volumenkörpern, wohingegen die meisten Untersuchungen sich auf die Herstellung von Einzelspuren fokussierten. Außerdem wurde nicht in allen Veröffentlichungen die resultierende Spritzeranzahl quantifiziert, sondern teilweise eher qualitative Aussagen getätigt, dass beispielsweise augenscheinlich mehr Spritzer auftraten. Eine vollumfängliche Analyse aller grundlegenden Prozessparameter mit einer statistisch signifikanten Messwertanzahl soll innerhalb dieser Forschungsarbeit exemplarisch anhand der Legierung Ti-6Al-4V erfolgen, um zunächst diese Forschungslücke zu schließen und anschließend Anreize zu schaffen die Übertragbarkeit der gewonnenen Erkenntnisse auf andere Legierungen zu untersuchen.

3.2 Umgebungsdruck

Bezogen auf den Einflussfaktor Umgebungsdruck untersuchten Matthews et al. [89] in einer Versuchsreihe die Auswirkungen verschiedener Umgebungsdruckbedingen zwischen 0,0007 und 0,67 mbar auf die resultierenden Einzelspurqualitäten sowie -breiten und -höhen von Ti-6Al-4V, fokussierten sich jedoch auf lediglich drei unterschiedliche Scangeschwindigkeiten und diskutierten die resultierende Spritzerbildung nur an. Sie verwiesen darauf, dass dies nicht Bestandteil der Untersuchung sei und quantifizierten die Anzahl an Prozessspritzern entsprechend nicht. Guo et al. [51] führten Untersuchungen in drei verschiedenen Umgebungsdruckregimen anhand von 316L und AlSi10Mg durch, variierten dabei jedoch nicht die Laserleistung und Scangeschwindigkeit, da der Fokus der Forschungsarbeit eher auf der Ausbreitung und den dahinterstehenden Mechanismen der Spritzerbildung lag anstatt auf der resultierenden Anzahl an Prozessspritzern. Einige Untersuchungen thematisierten darüber hinaus die generelle Prozessierbarkeit in verschiedenen Druckregimen, gingen dabei jedoch nicht auf die resultierende Spritzeranzahl ein [56, 111, 112, 155, 156]. Somit besteht zwar ein grundsätzliches Verständnis für die Spritzermechanismen in unterschiedlichen Druckbereichen, es existiert jedoch keine Studie, welche die resultierende Spritzerbildung qualitativ bei unterschiedlichen Laserleistungen und Scangeschwindigkeiten in unterschiedlichen Druckniveaus ausgewertet hat.

3.3 Prozessgas

Bei der Analyse der Auswirkung des verwendeten Prozessgases untersuchten Pauzon et al. [104] zunächst die Prozessierbarkeit der Legierung Ti-6Al-4V unter Verwendung von Argon, Helium sowie Argon-Helium-Gemischen. Hierbei führten sie Untersuchungen zu einer möglichen Steigerung der Aufbaurate durch, wobei sie die Laserleistung und Scangeschwindigkeit in jeweils vier verschiedenen Prozessregimen untersuchten. Dabei verwendeten sie vergleichsweise hohe Laserleistungen (280-370 W) und Scangeschwindigkeiten (1.400-2400 mm/s), die mit einer resultierenden Porosität von bis zu 1,6 % deutlich machen, dass das gewählte Prozessregime nicht notwendigerweise auf die Verwendung des Argongases abgestimmt war. Untermauert wird dies durch die recht große Streuung der Ergebnisse bei den Argonversuchsreihen. Die Spritzerbildung wurde in einer darauffolgenden Veröffentlichung quantifiziert, hier jedoch die Laserleistung und Scangeschwindigkeit konstant gehalten. Die Experimente wurden in diesem Fall anhand von Einzelspurversuchen durchgeführt, wobei die Laserleistung nur noch 200 W und die Scangeschwindigkeit 1.000 mm/s betrug [105]. Traore et al. [135] führten vergleichbare

Untersuchungen zur Auswirkung von Argon- und Heliumatmosphären anhand einer Ni-
~~ckelbasislegierung durch quantifizieren der Laserleistung die resultierende Spritzerbildung~~ un-
~~ter~~ Verwendung eines anderen Laserstrahlprofils (top-hat), jedoch nicht die ebenfalls in
der Studie durchgeführten Untersuchungen mittels gaußförmigen Laserstrahlprofil. Die
Studien von Amano et al. [3] fokussierten sich auf die resultierende Mikrostruktur und
den damit einhergehenden mechanischen Eigenschaften, beleuchteten jedoch nicht die
Prozessspritzerbildung. Insbesondere die Untersuchungen von Pauzon et al. liefern eine
gute Grundlage, wobei die Experimente zur Produktivitätssteigerung sowie der resultierenden Spritzerbildung jedoch in zwei gänzlich unterschiedlichen Prozessregimen abge-
laufen sind. In der vorliegenden Forschungsarbeit wird eine mittlere Laserleistung von
etwa 300 W verwendet und dabei die Scangeschwindigkeit zwischen 800 und 1.600 mm/s
variiert. Diese Werte liegen in einem Prozessregime, in dem auch die Prozesse unter Verwendung des Argongases stabil ablaufen und in hohen Bauteildichten resultieren. Zusätzlich werden entgegen der Studie von Pauzon et al. [105] Volumenkörper generiert, anhand
derer anschließend eine mögliche Steigerung der Produktivität sowie die Spritzerbildung
bewertet werden.

3.4   Pulvereigenschaften

Untersuchungen, in denen unterschiedliche Pulvereigenschaften wie zum Beispiel die Partikelgrößenverteilung, Pulvermorphologie oder unterschiedliche Oxidationszustände des
Pulvermaterials hinsichtlich der resultierenden Spritzerbildung und generellen Prozessierbarkeit analysiert werden, existieren bisher kaum. Einzig die Forschungsarbeit von Young
et al. [153] tangiert dieses Thema ein Stück weit, da hier zwei verschiedene Partikelgrößenverteilungen von 15-25 µm und 38-45 µm in verschiedenen Mischverhältnissen untersucht wurden. Dabei lag der Fokus jedoch nicht auf der resultierenden Spritzeranzahl,
sondern auf dem durchschnittlichen Austrittswinkel sowie dem durchschnittlichen Durchmesser der Prozessspritzer. Es gibt hingegen eine Vielzahl an Untersuchungen, die den
umgekehrten Einfluss, also die Veränderung des Pulvermaterials durch Prozessspritzer
analysieren [7, 63, 85, 99, 132, 140]. Innerhalb dieser Arbeit werden sechs unterschiedlicher Partikelgrößen in verschiedenen Spannen untersucht sowie darüber hinaus Erkenntnisse in der Prozessierbarkeit eher unförmigen Pulvermaterials und des Prozessverhaltens
oxidierten Pulvermaterials anhand von vier Oxidationszuständen hinsichtlich der resultierenden Spritzerbildung sowie der generellen Verarbeitbarkeit im PBF-LB/M-Prozess analysiert.

3.5   Laserstrahlform

Die positive Auswirkung unterschiedlicher Laserstrahlformen auf die resultierende Prozessierbarkeit durch eine Steigerung der Produktivität konnte in einigen Veröffentlichungen nachgewiesen werden [48, 52, 84, 91, 144]. Dabei wurde der typischerweise verwendeten gaußförmigen Laserstrahlform häufig eine rechteckige sowie eine ringförmige
Strahlform vergleichend gegenübergestellt. Die resultierende Spritzerbildung wurde bisher jedoch eher qualitativ beleuchtet und nicht für eine Vielzahl an unterschiedlichen Laserleistungen und Scangeschwindigkeiten untersucht [126]. Beispielsweise untersuchten
Gunenthiram et al. [49] lediglich eine Scangeschwindigkeit bei zwei Laserleistungen und
Wischeropp [144] drei unterschiedliche Scangeschwindigkeiten bei fünf Laserleistungen.
Der Forschungsbedarf besteht darin, ein größeres Spektrum verschiedener Laserleistungen und Scangeschwindigkeiten bei unterschiedlichen Laserstrahlformen hinsichtlich der
resultierenden Spritzerbildung vergleichend gegenüberzustellen und zu quantifizieren.

Dazu wird die vergleichsweise neuartige Möglichkeit genutzt, bei der die Laserstrahlform direkt in der Laserstrahlquelle erzeugt wird, wohingegen in vergangenen Untersuchungen häufig Linsen in die optische Bank integriert wurden, deren Kalibrierung aufgrund der thermischen Ausdehnung häufig nur schwierig über längere Zeit kontrolliert werden konnte. Dadurch bietet die Laserstrahlformung aufgrund der Möglichkeit die Strahlform direkt über die Faser einzustellen einen deutlich industrierelevanteren Ansatz, welcher neu hinsichtlich der Prozessierbarkeit untersucht werden muss.

4 Verfahren und Methoden

4.1 Spritzerdetektion

Innerhalb dieses Kapitels wird das methodische Vorgehen zur Ermittlung der beim selektiven Laserstrahlschmelzen auftretenden Prozessspritzer näher erläutert. Da diese sehr klein sind und eine hohe Geschwindigkeit aufweisen, wird zur Erfassung eine Hochgeschwindigkeitskamera mit einem optimal auf die durchgeführten Versuche abgestimmtem Objektiv verwendet. Das verwendete Equipment mitsamt aller relevanten Einstellungen ist in Kapitel 4.1.1 beschrieben. Für die Auswertung der Aufnahmen wird ein eigener Algorithmus programmiert, welcher die resultierende Spritzerbildung automatisiert quantifiziert und dem jeweiligen Entstehungsort zuordnet. Die zugrundeliegenden Prozessschritte werden in Kapitel 4.1.2 näher beschrieben.

4.1.1 Hochgeschwindigkeitskamera

Zur Erfassung der Prozessspritzer wird eine Phantom TMX 6410 [137] Hochgeschwindigkeitskamera verwendet, die bei einer maximalen Bildauflösung von 1.280 x 800 Pixeln dazu in der Lage ist, bis zu 65.940 monochrome Bilder pro Sekunde aufzunehmen. Die Kamera ist mit dem Objektiv Nikon AF Nikkor 24-85 mm 1:2,8-4D sowie einem Kenko Teleplus HD 2x Telekonverter ausgestattet, um außerhalb der Prozesskammer möglichst nahe an der eigentlichen Prozesszone und somit dem Entstehungsort der Spritzer zu filmen. Im Vorfeld der einzelnen Versuchsreihen wurden die optimalen Kameraeinstellungen ermittelt und zur Vergleichbarkeit über alle Experimente konstant gehalten. Das Hauptkriterium für die Auswahl der Bildwiederholfrequenz (engl.: frames per second, fps) bildete die Nachverfolgbarkeit der Spritzer innerhalb einer Bildreihe. Ziel war es, dass Spritzer aller typischerweise auftretenden Geschwindigkeiten mindestens über drei aufeinanderfolgende Bilder hinweg im gewählten Bildausschnitt liegen, sich jedoch auch hinreichend weit weg von der zuvor erfassten Position entfernt haben, damit die anschließende Auswertung zwar genau, aber dennoch zügig abläuft. Hierbei hat sich ein Wert von 5.000 fps als sinnvolle Größe herausgestellt, um die obigen Kriterien vollumfänglich zu erfüllen. Damit die glühenden Spritzer klar vom Hintergrund unterschieden werden können, wurde eine Belichtungszeit von 199,7 µs bei einem Belichtungsindex von 40.000 gewählt. Der einheitenlose Belichtungsindex beschreibt eine durch die Kamera künstlich erzeugte Nachbelichtung, welcher zur Vermeidung von Bildrauschen auf die niedrigste Stufe gestellt wurde.

4.1.2 Software zur automatisierten Auswertung der Prozessspritzer

4.1.2.1 Bildaufbereitung

Die Rohaufnahmen müssen für die Weiterverarbeitung zunächst aufbereitet werden, um einen möglichst hohen Informationsgehalt bereitzustellen. Dabei besteht der erste Schritt darin, das Hintergrundrauschen zu reduzieren sowie eine Kantenglättung zu realisieren. Die ersten Schritte zur Bildaufbereitung sind exemplarisch in Abbildung 4.1 dargestellt.

© Der/die Autor(en), exklusiv lizenziert an
Springer-Verlag GmbH, DE, ein Teil von Springer Nature 2024
P. Kohlwes, *Prozessstabile additive Fertigung durch spritzerreduziertes Laserstrahlschmelzen*, Light Engineering für die Praxis,
https://doi.org/10.1007/978-3-662-69082-6_4

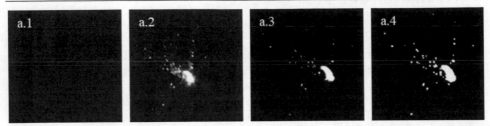

Abbildung 4.1:   Exemplarische Darstellung des Ablaufs bei der Rauschunterdrückung und Kantenglättung

Zunächst wird vor jeder Versuchsreihe eine Referenzaufnahme (a.1 in Abbildung 4.1) von mindestens 50 Bildern erstellt, bei welcher alle Umgebungsbedingungen bereits dem späteren Experiment entsprechen, der Laserstrahlschmelzprozess jedoch noch nicht gestartet wurde. Die Anzahl an notwendigen Bildern wurde bei mehreren zuvor erfolgten Probeaufnahmen und der damit einhergehenden Analyse des Histogramms ermittelt und dient der Sicherstellung, dass der höchstmögliche Rauschwert detektiert wird. Dieser Maximalwert wird anschließend von allen Rohaufnahmen (a.2 in Abbildung 4.1) der Versuchsreihe subtrahiert. Die Spritzer liegen nun als Intensitätswerte zwischen 0 und 4.096 vor, abzüglich des maximalen Rauschwertes, wobei das Ergebnis exemplarisch in Bild a.3 in Abbildung 4.1 dargestellt ist. Anschließend ist eine weitere Aufbereitung der Bilddaten notwendig, weil die Spritzer selbst noch einem Rauschen unterworfen sind und sie unterschiedliche Helligkeitswerte aufweisen. Entsprechend lässt sich nicht einfach ein Schwellwert für das jeweilige Bild festlegen, weil sonst dunklere Spritzer nicht berücksichtigt werden, was die Auswertung verfälschen würde. Eine dynamische Schwellwertanpassung würde Spritzer, die größer sind als erwartet oder die unscharf aufgenommen wurden, nicht berücksichtigen und lediglich den Großteil, aber nicht alle Spritzer erfassen. Stattdessen werden die Bilder mit einem Laplace-Filter bearbeitet, welcher die zweite Ableitung eines Teilbildes von Pixeln zur Aufbereitung nutzt. Ein sich daran anknüpfender Schwellenwertschritt unter Verwendung des Otsu-Algorithmus ermöglicht es dann, das feinkörnige Rauschen zu entfernen und die Spritzer für einen höheren Kontrast scharfkantig abzutrennen und weiß einzufärben. Das beschriebene Vorgehen wird auf alle Spritzer selbst sowie auf die häufig in den Aufnahmen vorhandene laserinduzierte Rauchfahne angewendet. Das Ergebnis dieser Bildaufbereitung ist exemplarisch in a.4 in Abbildung 4.1 dargestellt.

Im nächsten Schritt wird die laserinduzierte Rauchfahne maskiert, um über einen weiteren Laplace-Filter das Innere freizulegen. Diese Prozessschritte sind exemplarisch in Abbildung 4.2 dargestellt.

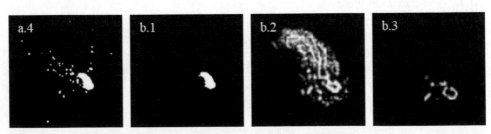

Abbildung 4.2:   Exemplarische Darstellung des Ablaufs bei der Erfassung der Prozessspritzer innerhalb der Rauchfahne

In der Rauchfahne selbst befinden sich sowohl weitere Prozessspritzer als auch die Kontur ~~des In der Nähe befindlichen Schmelzbad. Trotz wird hier augemein der vorherigen Prozessschritt (a.4 in~~ Abbildung 4.1) verwendet, die im Bild befindliche Rauchfahne maskiert und ohne die sie umgebenden Spritzer extrahiert (b.1 in Abbildung 4.2). Die Anwendung des Laplace-Filters führt dazu, dass die in den Rohdaten vorhandenen Bildinformationen in der Rauchfahne verstärkt und kontrastreich hervorgehoben werden (b.2 in Abbildung 4.2). Durch einen weiteren Schritt unter Verwendung des Laplace-Filters werden die einzelnen Bestandteile der Rauchfahne noch weiter herausgefiltert, sodass lediglich die Spritzer im Inneren verbleiben (b.3 in Abbildung 4.2). Zudem wird durch diesen Schritt auch der Bereich der Laserstrahl-Schmelzbad-Interaktion sichtbar, welcher im weiteren Verlauf für die Zuordnung des Entstehungsortes der einzelnen Spritzer weiterverwendet wird. Der Bereich selbst wird jedoch trotz des Helligkeitswertes nicht als Spritzer erfasst und in einem letzten Schritt herausgerechnet.

Bis zu diesem Punkt werden lediglich die Prozessspritzer innerhalb der Rauchfahne detektiert, sodass in einem weiteren Schritt noch alle Spritzer erfasst werden müssen, welche die Rauchfahne umgeben. Das Vorgehen hierzu ist schematisch in Abbildung 4.3 dargestellt.

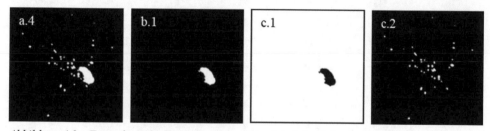

Abbildung 4.3: Exemplarische Darstellung des Ablaufs bei der Erfassung der Prozessspritzer außerhalb der Rauchfahne

Dazu wird das zuvor bereits verwendete Bild b.1 aus Abbildung 4.2 genutzt, dieses invertiert (c.1 in Abbildung 4.3) und von Bild a.4 aus Abbildung 4.1 abgezogen, sodass nun alle Prozessspritzer außerhalb der Rauchfahne vorliegen.

Als finaler Schritt in der Bildaufbereitung wird Bild b.3 aus Abbildung 4.2 mit Bild c.2 aus Abbildung 4.3 addiert, die Laser-Schmelzbadinteraktionszone entfernt, wobei die Positionsdaten des Lasers innerhalb jedes Bildes jedoch dokumentiert werden. Als Ergebnis liegt dann ein final aufbereitetes Bild vor, bei dem alle Prozessspritzer erfasst werden, jedoch alle Störgrößen (Bildrauschen, laserinduzierte Rauchfahne, Schmelzbad) ausgeblendet werden. Das Ergebnis ist exemplarisch in Bild d.1 in Abbildung 4.4 dargestellt.

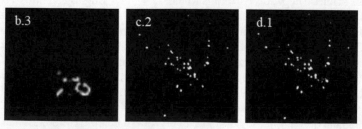

Abbildung 4.4: Exemplarische Darstellung des finalen Prozessschrittes bei der Erstellung des Gesamtspritzerbildes

4.1.2.2   Spritzerdetektion, -nachverfolgung und -quantifizierung

Die dann vorliegenden Einzelbilder werden im weiteren Vorgehen auf die jeweiligen Attribute der einzelnen Spritzer untersucht. Hierbei wird in jedem Bild die x- und y-Position eines Spritzers erfasst sowie sein Radius, das Aspektverhältnis, der Winkel der Flugbahn und die Helligkeitsintensität. Außerdem wird die Position des Lasers auf Basis der in Bild b.3 aus Abbildung 4.2 bekannten Laser-Schmelzbadinteraktionszone für jedes Bild einzeln ermittelt und dokumentiert. Alle auftretenden Attribute werden dann in einer einfach weiterzuverarbeitenden Textdatei (engl.: comma-separated values, CSV) zusammengefasst. In Tabelle 4.1 ist exemplarisch ein Ausschnitt aus einer CSV-Datei aufgeführt, welche die detektierten Attribute anhand eines realen Fallbeispiels verdeutlicht.

Tabelle 4.1: *Veranschaulichung der erfassten Attribute der Spritzerdetektion anhand eines realen*
Fallbeispiels

Bild	x-Position	y-Position	Radius	Aspekt-verhältnis	Winkel	Intensität
...	...	...	...	...	...	...
163	243	768	5	1	0	4.095
163	435	235	8	1	0	692
163	1.034	562	3	1,4	12	1.380
163	562	235	2	4	-90	2.350
...	...	...	...	...	...	...
164	434	234	4	1	0	642
164	523	276	2	1	0	4.095
164	246	776	8	4	-82	2.250
164	1.026	568	3	1,4	13	1.284
...	...	...	...	...	...	...

Nachdem die einzelnen Spritzer über alle Bilder hinweg mitsamt ihrer Attribute erfasst und tabellarisch dokumentiert sind, gilt es einen Nachverfolgungsalgorithmus (engl.: tracking) zu implementieren, damit jeder auftretende Spritzer nur einmal gezählt wird. Würde dieser Schritt ausbleiben, so würden die Spritzer über mehrere Bilder hinweg mehrfach gezählt werden, was die Ergebnisse verfälschen und die Aussagekraft deutlich einschränken würde. Beispielsweise würde ein Prozess, in dem wenige langsam fliegende Partikel vorkommen, zu einem ähnlichen Resultat führen wie ein Prozess, der viele vergleichsweise schnell fliegende Partikel aufweist. Der Trackingalgorithmus verbindet die einzelnen Detektionen mitsamt aller auftretenden Attribute zwischen den einzelnen Bildern. Hierzu wird die Historie eines Spritzers analysiert und beispielsweise aus der vergangenen Flugbahn eine Prognose für die potenziell aktuelle Position erstellt. Je weiter entfernt ein Spritzer sich von dieser Position befindet, desto niedriger ist die Wahrscheinlichkeit, dass es sich um denselben Spritzer aus den vorherigen Bildern handelt. Sofern bei einem Spritzer eine Historie von mindestens zwei Bildern erfasst und ein Tracker zugeordnet wird, wird zur Ermittlung der Flugbahn eine lineare sowie kubische Extrapolation der Flugbahn durchgeführt. Zusammen vergrößern beide Extrapolationen die potenzielle Suchregion, was zu einer höheren Genauigkeit führt. Neben den Positions- und Flugbahndaten werden zusätzlich die dokumentierten geometrischen Werte sowie die

Helligkeitsintensität bei der finalen Zuordnung berücksichtigt. Tabelle 4.2 veranschaulicht beispielhaft einige Detektionen und ordnet diese Intensitäten mit einer Wahrscheinlichkeit den jeweiligen Trackern zu.

Tabelle 4.2: *Veranschaulichung des Nachverfolgungsalgorithmus zur Zuordnung der Detektionen eines Bildes mit bereits existierenden Trackern aus vorangegangenen Bildern*

		Detektionen						
		d1	d2	d3	d4	d5	d6	...
	t1	0	0	_95_	0	23	13	...
Tracker	t2	13	0	26	_84_	16	18	...
	t3	0	_86_	0	12	0	3	...
	t4	8	3	0	9	6	7	...
	...	...	...	...	...	...	...	...

Bezogen auf das Fallbeispiel in Tabelle 4.2 können die Detektionen 2, 3 und 4 den bereits existierenden Trackern 1, 2 und 3 zugeordnet werden. Tracker 4 weist bei allen Detektionen eine unzureichende Wahrscheinlichkeit von < 10 % auf, was dazu führt, dass er entfernt und für die nachfolgenden Bilder nicht weiter berücksichtigt wird. Beispielsweise ist dies der Fall, wenn Spritzer den Bildausschnitt verlassen und nicht weiter nachverfolgt werden können. Bei den Detektionen 1, 5 und 6 handelt es sich um neue Detektionen, die mit neuen Trackern versehen und in den nachfolgenden Bildern analysiert werden. Zu Beginn einer Analyse existieren zunächst keine Tracker, sondern diese werden erst mit einer erfolgten Detektion erzeugt (siehe Detektion 1, 5 und 6 in Tabelle 4.2). Sofern jedoch ein neuer Tracker gemäß den zuvor beschriebenen Attributen mit einer bereits zugeordneten Detektion aus dem vorherigen Bild in Verbindung gebracht werden kann, wird kein neuer Tracker erzeugt, sondern die Detektion im jeweiligen Bild der Gesamthistorie des Spritzers zugeschrieben (siehe Detektion 2, 3 und 4 in Tabelle 4.2).

Somit können die auftretenden Spritzer über mehrere Bilder hinweg detektiert und zugeordnet werden, wobei eine Mehrfachzählung weitestgehend ausgeschlossen ist. Um die Genauigkeit noch weiter zu erhöhen, wird ein Filter implementiert, mit dem definiert werden kann, auf wie vielen Bildern die Historie eines Spritzers beruhen soll, damit er eindeutig über den Trackingalgorithmus zugeordnet werden kann. In Kapitel 4.1.1 wurde aufgezeigt, dass die Kameraeinstellungen so gewählt wurden, dass nahezu alle Spritzer eine Historie von drei Bildern aufweisen. In Verbindung mit der innerhalb dieses Kapitels beschriebenen Extrapolation der Flugbahn, für die zwei bis drei Bilder benötigt werden, führt dies dazu, dass ein Wert von drei aufeinanderfolgenden Bildern in einer hohen Genauigkeit bei der automatisierten Zuordnung resultiert. Beispielsweise können dadurch Spritzer, die innerhalb eines Bildes verloren werden, weil sie durch andere Spritzer verdeckt werden, im weiteren Verlauf wieder zugeordnet werden.

Die dokumentierte Position des Laserstrahls für jedes Bild kann dazu verwendet werden die Anzahl an Spritzern, die innerhalb eines Bildes entstehen und denen erstmalig ein Tracker zugeordnet wird, zu quantifizieren, um verschiedene Bauteile innerhalb eines Bildbereichs definieren und automatisiert auswerten zu können.

4.2 Analyse der grundlegenden Prozessparameter

4.2.1 PBF-LB/M-Maschine

Für die in Kapitel 4.2 beschriebenen Versuche wird die kommerziell verfügbare PBF-LB/M-Maschine SLM500 der SLM Solutions Group AG [125] verwendet. Diese weist eine Bauraumgröße von 280 x 500 x 365 mm³ (x, y, z) auf und ist mit vier Single-Mode-Lasern einer gaußförmiger Intensitätsverteilung ausgestattet, die eine maximale Leistung von je 400 W zur Verfügung stellen können. Hierbei ist jedem Laser sein individueller Arbeitsbereich zugewiesen, wobei kleine Überlappbereiche definiert sind, in denen je zwei benachbarte Laser arbeiten können. Die Laser sind mit einem dynamischen Fokussiersystem ausgestattet, welches eine Echtzeit-Anpassung des Fokusdurchmessers ermöglicht, wobei der kleinstmögliche Fokusdurchmesser 80 µm beträgt. Zudem verfügt die Anlage über die Möglichkeit zum Vorheizen der Bauplattform von bis zu 200 °C. In Abbildung 4.5 ist das verwendete PBF-LB/M-Anlagensystem sowie die Draufsicht auf eine zugehörige Bauplattform mit den gekennzeichneten Arbeitsbereichen der einzelnen Laser sowie den definierten Laser-Überlappbereichen dargestellt. Der Inertgasstrom zum Abtransport der Prozessnebenprodukte verläuft bei diesem System in negative x-Richtung.

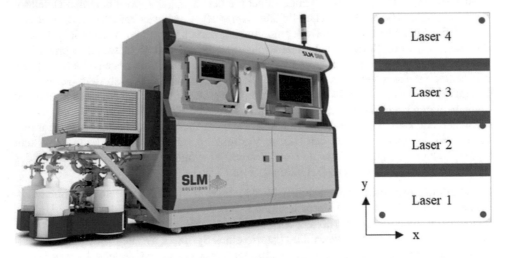

Abbildung 4.5:   links: PBF-LB/M-Maschine SLM500 der SLM Solutions Group AG; rechts: Draufsicht auf Bauplattform mit gekennzeichneten Arbeitsbereichen der einzelnen Laser sowie der definierten Laser-Überlappbereiche (horizontale, rote Linien) [125]

Da der Fokusdurchmesser das Ergebnis aus dem Aufbau der optischen Bank ist und dieser somit nicht direkt als Zahlenwert in der PBF-LB/M-Maschine eingestellt, sondern über die vertikale Verschiebung des Strahles in z-Richtung definiert wird, muss zunächst der Laserstrahl vermessen werden, um den jeweiligen Offset-Wert zu ermitteln. Hierfür wird die BeamWatch AM von Ophir Optronics Solutions Ltd. [101] verwendet, in welche der Laserstrahl eindringt und entlang seiner Ausbreitungsrichtung dreidimensional erfasst wird. Dadurch lassen sich der Fokusdurchmesser, die Fokuslage, die Divergenz, das Strahlparameterprodukt und die Rayleigh-Länge bestimmen. In Abbildung 4.6 sind exemplarisch die Ergebnisse der Kaustikmessung von Laser 2 der SLM500 bei 400 W Laserleistung dargestellt.

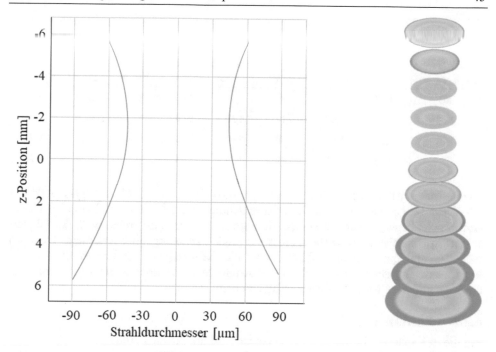

Abbildung 4.6: *Exemplarische Ergebnisse der Kaustikmessung von Laser 2 der SLM500 bei 400 W Laserleistung*

Das Diagramm stellt den resultierenden Strahldurchmesser in Abhängigkeit von der z-Position dar. Entsprechend kann der gewünschte Fokusdurchmesser über die Abzisse bestimmt und der einzustellende Zahlenwert auf der Ordinate abgelesen werden. Diese Messreihe wird für alle vier Laser der PBF-LB/M-Anlage durchgeführt. Hierbei wurde eine Einpendelzeit von drei Sekunden angenommen, die ab dem Zeitpunkt vergeht, an dem das Messgerät den Laser erstmalig detektiert. Die Berücksichtigung der Einpendelzeit ist insofern wichtig, weil der Abstand des Fokusdurchmesser von der Zielposition in z-Richtung zunächst sprunghaft ansteigt, was darauf zurückzuführen ist, dass die Linsen im optischen System sich so weit ausdehnen und zu einem veränderten Brechindex führen, bis sie sich nahe ihrer thermisch bedingten Ausdehnungsgrenze befinden. Nach diesem erstmaligen sprunghaften Anstieg nimmt die Verschiebung des Fokus nur noch vergleichsweise langsam zu, was im Zuge einiger Voruntersuchen etwa drei Sekunden entsprach. Weil diese Fokusverschiebung abhängig von der Laserleistung ist, wurde sie für jeden Laser bei verschiedenen Laserleistungen ermittelt und für alle Versuche berücksichtigt. Die Ergebnisse sind exemplarisch in Tabelle 4.3 dokumentiert.

Tabelle 4.3: Exemplarisch ermittelte Verschiebungswerte zum Einstellen des jeweiligen Fokus-durchmessers von Laser 2 der SLM500

Fokusdurch-messer [µm]	z-Verschiebung [mm]							
	Ref.	100 W	150 W	200 W	250 W	300 W	350 W	400 W
80	1,70	1,74	1,89	2,05	2,25	2,46	2,64	2,82
110	3,95	3,99	4,14	4,30	4,50	4,71	4,89	5,07
140	5,60	5,64	5,79	5,95	6,15	6,36	6,54	6,72
170	7,20	7,24	7,39	7,55	7,75	7,96	8,14	8,32

Hierbei muss jedoch berücksichtigt werden, dass der Laser eine Rayleigh-Länge von 2,997 mm besitzt und somit bereits Fokusdurchmesser ab 110 µm oberhalb dieses Längenbereichs liegen, außerhalb dessen die Form und Intensitätsverteilung im Strahlquerschnitt mit zunehmender Distanz einer steigenden Inhomogenität unterliegt. Dennoch weist die Strahlqualitätskennzahl M^2, die bei allen Messreihen zusätzlich ermittelt wurde, mit 1,2 einen konstant guten Wert auf. Potenzielle Messausreißer könnten trotzdem unter anderem auf diese Tatsache zurückgeführt werden.

4.2.2   Pulvermaterial

Für die in Kapitel 4.2 beschriebenen Versuche wird die Titanlegierung Ti-6Al-4V der Tekna Holding ASA in Grade 23 verwendet. Die ermittelte Partikelgrößenverteilung (D10, D50 und D90) sowie die geometrischen Kennwerte der Sphärizität, Symmetrie sowie des Aspektverhältnisses der Pulverpartikel sind in Tabelle 4.4 zusammengefasst und wurden in Anlehnung an DIN EN ISO 13322-2 [32] mit einem Camsizer X2 der Microtrac Retsch GmbH [93] ermittelt.

Tabelle 4.4: Partikelgrößenverteilung (PSD; D10-D90), Sphärizität (SPHT), Symmetrie (Symm) und Aspektverhältnis (b/l) des verwendeten Titanpulvers in den unterschiedlichen Versuchsreihen

D10 in µm	D50 in µm	D90 in µm	SPHT	Symm	b/l
30	42	53	0,894	0,959	0,908

Darüber hinaus wurde in Anlehnung an DIN EN ISO 3923-1 [31] die Fülldichte sowie in Anlehnung an DIN EN ISO 3953 [28] die Klopfdichte ermittelt und daraus der Hausner-Faktor bestimmt. Die Ergebnisse dieser Versuchsreihen sind in Tabelle 4.5 zusammengefasst.

Tabelle 4.5: Ermittelte Fülldichte, Klopfdichte und Hausner-Faktor des Titanpulvers in den unterschiedlichen Versuchsreihen

Fülldichte in g/cm³	Klopfdichte in g/cm³	Hausner-Faktor
2,57	2,64	1,03

Zusätzlich wurde die sich ergebende Fließfähigkeit in Anlehnung an DIN EN ISO 4490 [30] sowie der Fließwinkel und die Kohäsion des Pulvermaterials durch eine Granudrum der Granutools SPRL [46] ermittelt, wobei die Ergebnisse im Anhang A.1 zusammengetragen sind.

4.2.3 Prozessparameter und Versuchsaufbau

Innerhalb dieser Versuchsreihen soll ermittelt werden, wie sich einzelne grundlegende Prozessparameter individuell auf die Spritzerbildung auswirken. Die dabei fixierten und variierten Stellgrößen sind in Tabelle 4.6 zusammengefasst.

Tabelle 4.6: *Stellgrößen der Versuchsplanung zur Erfassung des Einflusses der grundlegenden Prozessparameter auf die resultierende Spritzerbildung*

Stellgröße [Einheit]	untersuchte Werte
Laserleistung [W]	100, 150, 200, 250, 300, 350, 400
Scangeschwindigkeit [mm/s]	100, 200, 400, 600, 800, 1.000, 1.200, 1.400, 1.600, 1.800
Schichtstärke [μm]	30, 60, 90, 120
Fokusdurchmesser [μm]	80, 110, 140, 170
Hatch-Abstand [μm]	basierend auf resultierender Schmelzbahnbreite
schichtweise Rotation der Scanvektoren [°]	90
Gasstromwinkel [°]	-67,5, -22,5, 0, 22,5, 67,5, 90
Bauplattformtemperatur [°C]	200

4.2.3.1 Einzelspurversuche

Mit den in Tabelle 4.6 aufgeführten Parametern werden zunächst Einzelspurversuche (eindimensional, 1D) gefahren. Die zu untersuchende Anzahl an Prozessparameterkombinationen ergibt sich durch die sieben Laserleistungen, zehn Scangeschwindigkeiten, vier Schichtstärken sowie vier Fokusdurchmesser zu 1.120, die basierend auf ihrer jeweiligen Schweißbahnqualität und der erzeugten Spritzer bewertet und weiter eingegrenzt werden. Ziel ist eine sukzessive Reduktion und Eingrenzung der technisch sinnvollen Parameterkombinationen für die Folgeversuche. Die 1.120 Einzelspuren werden hierzu in zwei verschiedene Baujobs aufgeteilt. Zur Realisierung zweier unterschiedlicher Schichtstärken innerhalb eines Baujobs werden je zwei Taschen in 30 und 60 sowie 90 und 120 μm in die Bauplattform gefräst. Diese werden vor Versuchsbeginn mit Pulver befüllt und in der Arbeitsebene des Lasers glattgezogen, sodass die äußere Umrandung der Bauplattform durch Ankratzen mit dem Beschichter keine verbleibenden Pulverreste aufweist, innerhalb der Taschen jedoch exakt die definierte Schichthöhe an Pulvermaterial vorliegt. Zur weiteren Steigerung der Genauigkeit wird dieser Schritt anschließend manuell mit einem Haarlineal wiederholt. Die Anordnung der Einzelspuren ist in Abbildung 4.7 dargestellt.

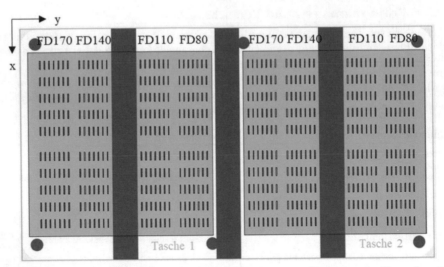

Abbildung 4.7:   Anordnung der Schweißbahnen im Einzelspurversuch (1D) in den Versuchsreihen der grundlegenden Prozessparameter

Die Prozessparameter innerhalb einer Tasche werden in y-Richtung in Bereiche der vier unterschiedliche Fokusdurchmesser unterteilt. Diese werden in x-Richtung in die sieben zu untersuchenden Scangeschwindigkeiten aufgeteilt, innerhalb dessen in y-Richtung die Laserleistung variiert wird. Alle Einzelspuren bauen bei einer Länge von 10 mm in positive x-Richtung auf, werden also entgegen des Inertgasstromes generiert und verlaufen somit orthogonal zur Kameraperspektive.

Während des Druckjobs wird jede Einzelspur mit der in Kapitel 4.1.1 beschriebenen Hochgeschwindigkeitskamera erfasst und die resultierende Spritzerbildung anschließend mit der in Kapitel 4.1.2 beschriebenen Software zur automatisierten Auswertung der Prozessspritzer quantifiziert.

Zu der sich dem Baujob anschließenden qualitativen Bewertung der Einzelspuren wird die gesamte Bauplattform durch eine Olympus E-M5 III im Hochauflösungsmodus mit 50 Megapixeln pro Bild gerastert aufgenommen. Daraufhin werden die Einzelspuren hinsichtlich der sich durch die jeweilige Prozessparameterkombination ergebende Schweißbahnqualität klassifiziert. Hierbei erfolgt eine Unterteilung in die drei Klassen „hoch", „mittel" und „niedrig", wobei für jede Gruppe ein exemplarisches Beispiel in Abbildung 4.8 dargestellt ist.

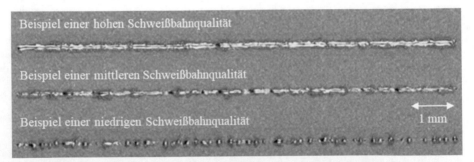

Abbildung 4.8:   Exemplarische Beispiele zur Klassifizierung der Schweißbahnqualitäten

Die Qualität einer Einzelspur wird als „hoch" klassifiziert, wenn sie in ihrer Breite sehr
┇┅┅┅
eingeordnet, welche zwar durchgezogen, jedoch teilweise recht uneben sind und verein-
zeltes Balling aufzeigen. Eine „niedrige" Schweißbahnqualität liegt vor, wenn die
Schweißnaht durch starkes Balling unterbrochen und somit nicht in der Lage ist, ein dichtes Materialgefüge herzustellen. Für die Folgeversuche kommen sowohl die „hohen", als
auch die „mittleren" Schweißbahnqualitäten infrage, da die „mittleren" Qualitäten potenziell dazu imstande sind, ein dichtes Gefüge zu erzeugen. Neben der Klassifizierung der
Schmelzbahnqualitäten wird für die sich anschließenden Mehrspurversuche (dreidimensional, 3D) zudem die resultierende Spritzeranzahl berücksichtigt, die pro Schmelzbahn entstanden sind sowie die zugrundeliegende Produktivität der jeweiligen Prozessparameterkombination. Ziel ist es eine gute/mittlere Schmelzbahnqualität, bei möglichst wenigen
Prozessspritzern zu ermitteln. Unter den Einzelspuren mit der geringsten Spritzeranzahl
werden dann als weiteres Kriterium diejenigen in die Folgeversuche überführt, die eine
entsprechend hohe Produktivität aufweisen.

4.2.3.2   Mehrspurversuche & 3D-Volumenkörper - Bauteildichte

Die in Kapitel 4.2.3.1 evaluierten Prozessparameterkombinationen werden anschließend
in Mehrspurversuche überführt. Diese weisen eine quadratische Fläche von 10 x 10 mm²
auf und werden durch den Hatch-Abstand um eine weitere Variable ergänzt. Hierzu werden dreidimensionale Prüfkörper über mehrere Schichten hinweg erzeugt. Die aussichtsreichsten Schmelzbahnen aus Kapitel 4.2.3.1 werden in ihrer Breite vermessen, wodurch
anschließend der optimale Spurabstand ermittelt wird. In der Literatur hat sich ein empi-
risch ermittelter Spurabstand von 70 % der resultierenden Schmelzbahnbreite als aussichtsreich erwiesen, welcher innerhalb dieser Versuchsreihe zur Absicherung der Ergebnisse sowie zur Steigerung der Erkenntnisse um 60 % und 80 % ergänzt wurde.

Je Schichthöhe und Fokusdurchmesser werden fünf Kombinationen aus Laserleistung und
Scangeschwindigkeit bei einem Spurabstand von 60, 70 und 80 % der jeweiligen
Schmelzbahnbreite untersucht. Dies führt zu insgesamt 240 Prozessparameterkombinationen, die in zwei verschiedenen Baujobs untersucht werden. Die Aufteilung erfolgt in
diesem Fall danach, dass die jeweils größere Schichtstärke ein Vielfaches der kleineren
Schichtstärke sein muss. Entsprechend werden die Schichtstärken 30 und 90 μm sowie 60
und 120 μm in je einem Baujob zusammengefasst. Ziel dieser Versuchsreihe ist zunächst
eine Reduzierung der Würfelanzahl für die sich anschließenden Experimente unter Verwendung der Hochgeschwindigkeitskamera. Es soll zunächst also eine Vorauswahl an geeigneten Parameterkombination getroffen werden, um nur die relevanten Prozessparameterkombinationen mit der Kamera aufzunehmen und auszuwerten. Zum effizienten Ausgleich der Eigenspannung erfolgt die schichtweise Rotation der Scanvektoren um 90°.
Abbildung 4.9 veranschaulicht die Anordnung der Würfelgeometrien bei den Mehrspurversuchen zur Ermittlung der Bauteildichte.

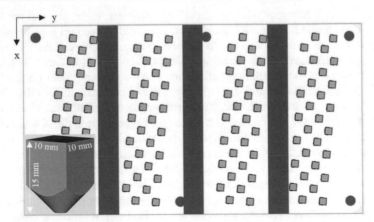

Abbildung 4.9: Anordnung der Würfelgeometrien bei den Mehrspurversuchen zur Ermittlung der Bauteildichte in den Versuchsreihen der grundlegenden Prozessparameter

Die erzeugten Würfel werden anschließend hinsichtlich der erzeugten Bauteildichte ausgewertet, um eine Vorauswahl an technisch relevanten Prozessparameterkombinationen treffen zu können. Hierzu werden die Würfel zunächst metallographisch präpariert und anschließend mikroskopisch analysiert. Das Einbetten der Prüfkörper geschieht in einer Struers CitoPress-15 [130], in der die Würfel in einem 50 mm runden Zylinder bestehend aus einem transparenten Acrylharz namens ClaroFast eingepresst werden. Dieser Vorgang dauert bei 180 °C und 350 bar etwa 15 Minuten an. Exemplarisch ist ein solcher Zylinder mitsamt sechs eingebetteter Würfelgeometrien in Abbildung 4.10 links dargestellt.

Anschließend werden die eingebetteten Prüfkörper an einer Struers Tegramin-Schleifmaschine [131] geschliffen und poliert. Ausgehend von einer vergleichsweise groben 320-Körnung des Schleifpapiers werden die Würfeloberflächen bis zu einer 4.000er-Körnung geschliffen, bis zwischen 3 und 7 mm des Würfelmaterials abgetragen wurden, um weit genug in den Kernbereich des Würfels vorgedrungen zu sein und oberflächennahe Randeffekte weitestgehend ausschließen zu können. Danach wird die Oberfläche mit einer Diamantlösung von 1 μm poliert, bis keine Kratzer mehr erkennbar sind. Die Würfel werden anschließend einzeln mit einem Keyence VHX-5000 [65] bei 200-facher Vergrößerung aufgenommen. Exemplarisch ist in Abbildung 4.10 rechts eine Mikroskopaufnahme dargestellt, bei der auf der rechten Seite einige oberflächennahe Randeffekte und deren vergleichsweise geringe Tiefenwirkung von lediglich bis zu 0,5 mm erkennbar sind.

Abbildung 4.10: links: warmeingebettete Prüfkörper für die Dichteauswertung; rechts: Mikroskopaufnahme eines exemplarischen Dichtewürfels

Daraufhin werden alle Mikroskopaufnahmen automatisiert mittels Schwellwertanalyse ~~hinsichtlich der resultierenden Dichte ausgewertet. Die Prozessparameterkombinationen,~~ welche die geringste Porosität erzeugten, werden anschließend in die Versuche zur Spritzerauswertung überführt.

4.2.3.3 Mehrspurversuche & 3D-Volumenkörper - Spritzeranzahl

Die in Kapitel 4.2.3.2 als aussichtsreich bewerteten Prozessparameter werden in einem weiteren Mehrspurversuch hinsichtlich ihrer resultierenden Spritzeranzahl untersucht. Dazu werden die vier aussichtsreichsten Parameterkombinationen je Schichtstärke und Fokusdurchmesser herangezogen, um diese mittels ihrer jeweiligen Spurabstände von 60, 70 und 80 % zu drucken und dabei das resultierende Spritzerbild mit der Hochgeschwindigkeitskamera aufzunehmen. Zusätzlich wird je Schichtstärke und Fokusdurchmesser ein Kontrollwürfel mit einer Laserleistung von 100 W und einer Scangeschwindigkeit von 200 mm/s generiert, welcher einen direkten Vergleich des Effektes der Spritzerbildung über alle Schichtstärken und Fokusdurchmesser bei sonst gleichbleibenden Prozessparametern ermöglicht. Außerdem kann dieser Kontrollwürfel dem jeweils produktiveren Prozessparametersatz innerhalb seiner Gruppe vergleichend gegenübergestellt werden. In Abbildung 4.11 ist die Anordnung der Würfelgeometrien bei den Mehrspurversuchen zur Ermittlung der Spritzeranzahl dargestellt.

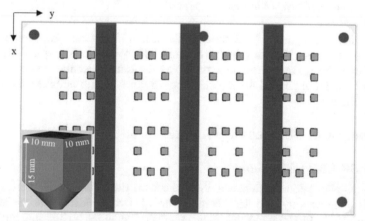

Abbildung 4.11: Anordnung der Würfelgeometrien bei den Mehrspurversuchen zur Ermittlung der Spritzeranzahl in den Versuchsreihen der grundlegenden Prozessparameter

Die Würfel werden während des Baujobs immer dann gefilmt, wenn die Scanvektoren entlang der positiven x-Richtung generiert werden, also entgegen des Inertgasstromes und somit orthogonal zur Kameraperspektive. Anschließend werden die Prozessspritzer mit der in Kapitel 4.1.2 beschriebenen Software zur automatisierten Auswertung quantifiziert.

4.2.3.4 Gasstromwinkel

Innerhalb dieser Versuchsreihe wird untersucht, ob die Rotation der Scanvektoren gegenüber dem Gasstromwinkel eine Auswirkung auf die Anzahl an erzeugten Spritzern hat. Dazu wird die in Kapitel 4.2.3.3 evaluierte Kombination aus Prozessparametern verwendet, welche die geringste Anzahl an Prozessspritzern erzeugt und Winkel der Scanvektoren zwischen -90° bis +90° in 22,5°-Schritten variiert. Zusätzlich wird die Abhängigkeit der Entfernung zum Gasstromeinlass untersucht, da anlagenspezifisch unterschiedliche Strömungsgeschwindigkeiten je Bauplattformbereich vorliegen können. Es werden auch hier Flächen der Größe 10 x 10 mm² generiert. Die schematische Anordnung der Würfel-geometrien bei den Gasstromwinkelversuchen ist in Abbildung 4.12 dargestellt.

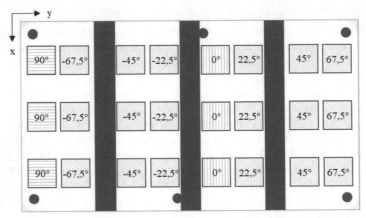

Abbildung 4.12: Schematische Anordnung der Würfelgeometrien bei den Gasstromwinkelversu-chen (Würfel nicht maßstabsgerecht)

Wie in Kapitel 4.2.3.2 und 4.2.3.3 rotieren die Scanvektoren zum Ausgleich der Eigen-spannungen bei jedem Würfel schichtweise um 90°, sodass jede vierte Schicht mit der Hochgeschwindigkeitskamera aufgenommen werden kann. Anschließend werden die Pro-zessspritzer mit der in Kapitel 4.1.2 beschriebenen Software zur automatisierten Auswer-tung quantifiziert.

4.3   Analyse des Umgebungsdruckes

4.3.1   PBF-LB/M-Maschine

Für die in Kapitel 4.3 beschriebenen Versuche wird die kommerziell verfügbare PBF-LB/M-Maschine AconityLAB der Aconity GmbH [1] verwendet. Diese weist eine Bau-plattformgröße von Ø 165 mm sowie eine maximale Bauhöhe von 205 mm auf und ist mit einem 1.000 W-Single-Mode-Laser ausgestattet, der eine gaußförmige Intensitätsvertei-lung gewährleistet. Dieser kann über ein dynamisches Fokussiersystem so variiert werden, dass eine Echtzeit-Anpassung des Fokusdurchmessers in Höhe der Bauplattform ab 80 µm aufwärts realisiert werden kann. Zudem verfügt die Anlage über die Möglichkeit zum Vorheizen der Bauplattform auf bis zu 500 °C. Zusätzlich ist das System mit einer Vaku-umoption ausgestattet, die es ermöglicht in der Prozesskammer ein Feinvakuum von bis zu 10^{-3} mbar einzustellen. Normalerweise dient diese Funktion dazu, vor einem Baujob nahezu den gesamten Sauerstoffgehalt aus der Prozesskammer abzuführen, bevor diese mit dem Inertgas geflutet und auf den typischerweise leichten Überdruck von 100 mbar eingestellt wird. Innerhalb dieser Versuchsreihe wird die Vakuumoption jedoch dazu ver-wendet, um einen Bauprozess bei verschiedenen kontrollierten Umgebungsdruckbedin-gungen hinsichtlich der resultierenden Spritzerbildung und der generierten Einzelspurqua-litäten zu untersuchen. In Abbildung 4.13 ist das verwendete PBF-LB/M-Anlagensystem sowie die Draufsicht auf eine zugehörige Bauplattform dargestellt. Der Inertgasstrom zum

Abtransport der Prozessnebenprodukte verläuft bei diesem System in negative x-Richtung.

Abbildung 4.13: links: PBF-LB/M-Maschine AconityLAB der Aconity GmbH; rechts: Draufsicht auf Bauplattform [1]

4.3.2 Pulvermaterial

Für die Versuche wird das bereits in Kapitel 4.2.2 beschriebene Pulvermaterial Ti-6Al-4V verwendet.

4.3.3 Prozessparameter und Versuchsaufbau

Innerhalb dieser Versuchsreihe soll ermittelt werden, wie sich der Umgebungsdruck in der Prozesskammer auf die Spritzerbildung auswirkt. Die dabei fixierten und variierten Stellgrößen sind in Tabelle 4.7 aufgeführt.

Tabelle 4.7: Stellgrößen der Versuchsplanung zur Erfassung des Einflusses des Umgebungsdruckes in der Prozesskammer auf die resultierende Spritzerbildung

Stellgröße [Einheit]	untersuchte Werte
Laserleistung [W]	100, 125, 150, 175, 200, 225, 250, 275, 300, 325, 350, 375, 400
Scangeschwindigkeit [mm/s]	100, 200, 300, 400, 500, 600, 700, 800, 900, 1.000, 1.100, 1.200
Schichtstärke [µm]	60
Fokusdurchmesser [µm]	100
Umgebungsdruck [mbar]	1, 100, 200, 300, 400, 500, 600, 700, 800, 900, 1.000, 1.100
Inertgasstrom	deaktiviert

Mit den in Tabelle 4.7 aufgeführten Parametern werden Einzelspurversuche gefahren. Die zu untersuchende Anzahl an Prozessparameterkombinationen ergibt sich durch die dreizehn Laserleistungen, zwölf Scangeschwindigkeiten und zwölf Umgebungsdrücke zu 1.872, die basierend auf ihrer jeweiligen Schweißbahnqualität und der erzeugten Spritzer bewertet werden. Zur Einstellung der exakten Schichtstärke wird ähnlich zu Kapitel 4.2.3.1 eine Tasche von 60 µm in die Bauplattform gefräst. Diese wird vor

Versuchsbeginn mit Pulver befüllt und in der Arbeitsebene des Lasers glattgezogen, so-dass die äußere Umrandung der Bauplattform durch Ankratzen mit dem Beschichter keine verbleibenden Pulverreste aufweist, innerhalb der Tasche jedoch exakt die definierte Schichthöhe an Pulvermaterial verfügbar ist. Zur weiteren Steigerung der Genauigkeit wird dieser Schritt anschließend manuell mit einem Haarlineal wiederholt. Die Anordnung der Einzelspuren ist in Abbildung 4.14 dargestellt.

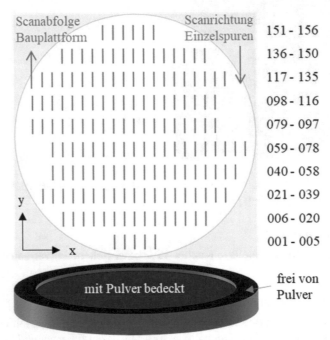

Abbildung 4.14: Anordnung der Schweißbahnen im Einzelspurversuch in den Versuchsreihen des Umgebungsdrucks

Die einzelnen Spuren mit einer Länge von 10 mm werden in negative y-Richtung gene-riert, in ihrer zeitlichen Abfolge jedoch zunächst in positive x- und anschließend positive y-Richtung. Die in Abbildung 4.14 gewählte Benennung der Einzelspuren entspricht also der zeitlichen Reihenfolge in der Herstellung und breitet sich von unten links nach oben rechts aus. Die Abfolge ist so gewählt, dass zunächst mit der niedrigsten Laserleistung und Scangeschwindigkeit begonnen wird und anschließend zunächst die Scangeschwin-digkeit gesteigert wird, bevor die Laserleistung erhöht wird. Eine genaue Zuordnung der einzelnen Prozessparameter zu den Prüfkörpern ist Tabelle B.1 im Anhang zu entnehmen. Je Umgebungsdruck wird ein Versuch durchgeführt, sodass in dieser Versuchsreihe ins-gesamt zwölf Baujobs generiert werden.

Zu der sich dem Baujob anschließenden qualitativen Bewertung der Einzelspuren wird die gesamte Bauplattform mit einem Keyence VHX-5000 [65] bei 200-facher Vergrößerung aufgenommen. Daraufhin werden die Einzelspuren hinsichtlich der sich durch die jewei-lige Prozessparameterkombination ergebende Schweißbahnqualität klassifiziert. Hierbei erfolgt dieselbe Unterteilung wie in Kapitel 4.2.3.1 in die drei Klassen „hoch", „mittel" und „niedrig", wobei für jede Gruppe ein exemplarisches Beispiel in Abbildung 4.8 dar-gestellt und die Qualitätsmerkmale darunter kurz erläutert ist. Die Bewertung eines

aussichtsreichen Umgebungsdruckniveaus zur Minimierung der resultierenden Prozess-
~~spritzer erfolgt innerhalb anhand der resultierenden Anzahl an Spritzern sowie anhand der jewei-~~
ligen Schmelzbahnqualitäten innerhalb eines Druckniveaus.

4.4 Analyse des Prozessgases

4.4.1 PBF-LB/M-Maschine

Für die in Kapitel 4.4 beschriebenen Versuche wird die kommerziell verfügbare PBF-
LB/M-Maschine M290 der EOS GmbH [37] verwendet. Diese weist eine Bauraumgröße
von 250 x 250 x 325 mm³ (x, y, z) auf und ist mit einem 400 W-Single-Mode-Laser ausgestattet, der eine maximal nutzbare Leistung von 370 W zur Verfügung stellt und eine
gaußförmige Intensitätsverteilung gewährleistet. Dies ist herstellerseitig zur Qualitätssicherung so vorgegeben, weil die Laser mit der Zeit verschleißen und nicht mehr ihre volle
Leistung abrufen können. Somit würden Prozessparameter, die ursprünglich mit einer Laserleistung von 400 W entwickelt wurden, nach einigen Jahren zu einem veränderten
Energieeintrag ins Schmelzbad führen. Das PBF-LB/M-System fokussiert den Laserstrahl
über eine F-Theta-Linse auf der Bauplattform und realisiert einen festen Fokusdurchmesser von 100 µm in der Bauebene. Zudem verfügt die Anlage über die Möglichkeit zur
Vorheizung der Bauplattform auf bis zu 200 °C. In Abbildung 4.15 ist das verwendete
PBF-LB/M-Anlagensystem sowie die Draufsicht auf eine zugehörige Bauplattform dargestellt. Der Inertgasstrom zum Abtransport der Prozessnebenprodukte verläuft bei diesem System in negative y-Richtung.

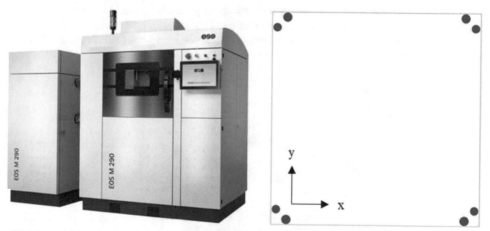

*Abbildung 4.15: links: PBF-LB/M-Maschine M290 der EOS GmbH; rechts: Draufsicht auf Bau-
plattform [37]*

4.4.2 Pulvermaterial

Für die Versuche wird das bereits in Kapitel 4.2.2 beschriebene Pulvermaterial Ti-6Al-4V
verwendet.

4.4.3 Prozessparameter und Versuchsaufbau

Innerhalb dieser Versuchsreihe soll ermittelt werden, wie sich das verwendete Inertgas auf
die Spritzerbildung auswirkt. Die dabei fixierten und variierten Stellgrößen sind in Tabelle 4.8 aufgeführt.

Tabelle 4.8: Stellgrößen der Versuchsplanung zur Erfassung des Einflusses des verwendeten
*   Inertgases auf die resultierende Spritzerbildung*

Stellgröße [Einheit]	untersuchte Werte
Schichtstärke [µm]	60
Laserleistung [W]	304
Scangeschwindigkeit [mm/s]	800, 825, 850, 875, 900, 925, 950, 975, 1.000, 1.025, 1.050, 1.075, 1.100, 1.125, 1.150, 1.175, 1.200, 1.225, 1.250, 1.275, 1.300, 1.325, 1.350, 1.375, 1.400, 1.425, 1.450, 1.475, 1.500, 1.525, 1.550, 1.575
Spurabstand [mm]	0,15
schichtweise Rotation der Scanvektoren [°]	67
Inertgas	Argon 4.6, Varigon He30

Mit den in Tabelle 4.8 aufgeführten Parametern werden würfelförmige Prüfkörper der Grundfläche 10 x 10 mm² generiert und gleichmäßig auf der Bauplattform verteilt. Dabei steigen die Würfelnummern mit zunehmender Scangeschwindigkeit an. Einzig die Würfel 01, 06, 21, 31 und 36 bilden hiervon eine Ausnahme, da diese mit der Referenzscangeschwindigkeit von 1.250 mm/s gedruckt wurden und somit als Kontrollwürfel fungieren. Eine Variation der Scangeschwindigkeit um den Referenzparameter bietet die Möglichkeit, den veränderten Energieeintrag ins Schmelzbad hinsichtlich der resultierenden Bauteildichte zu untersuchen. So kann es sein, dass der Wechsel des Inertgases die Produktivität beeinflusst, was zusätzlich untersucht und in Kapitel 6.4 behandelt wird. Die genaue Zuordnung der einzelnen Prozessparameter zu den Prüfkörpern ist Tabelle C.1 im Anhang zu entnehmen. Abbildung 4.16 veranschaulicht die Anordnung der Prüfkörper zur Ermittlung des Einflusses des verwendeten Inertgases.

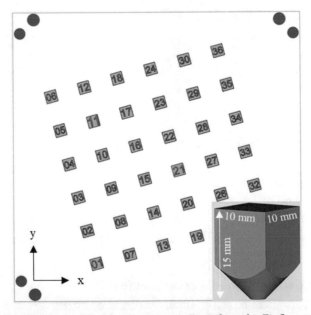

Abbildung 4.16: Anordnung der Würfelgeometrien zur Ermittlung des Einflusses des verwendeten
*   Inertgases (grün: Referenz-/Kontrollparameter)*

Es werden insgesamt zwei Baujobs durchgeführt, zwischen denen das verwendete Inertgas
g̲i̲ ̲u̲n̲i̲l̲i̲n̲ ̲l̲i̲ ̲u̲h̲i̲l̲ ̲ ̲T̲u̲u̲ ̲i̲n̲i̲l̲i̲n̲i̲n̲i̲n̲ ̲ ̲i̲l̲v̲u̲t̲v̲n̲v̲n̲u̲ ̲ ̲d̲u̲i̲ ̲ ̲I̲n̲i̲,̲i̲l̲i̲n̲i̲i̲ ̲ ̲w̲i̲ ̲i̲l̲n̲ ̲i̲i̲ ̲d̲i̲i̲ ̲ ̲l̲n̲ ̲ ̲A̲b̲b̲i̲l̲-
dung 4.16 grün markierten Würfel 21, 31 und 36 während des Belichtungsprozesses mit
der in Kapitel 4.1.1 beschriebenen Hochgeschwindigkeitskamera in drei unterschiedlichen
Schichten je Würfel gefilmt. Da eine schichtweise Rotation der Scanvektoren von 67°
genutzt wird, jedoch eine orthogonale Ausrichtung der Scanvektoren gegenüber der Kamera die Prozessspritzer am besten erfasst, werden die in Tabelle 4.9 genannten Schichten
je Prüfkörper gefilmt.

Tabelle 4.9: Gefilmte Schichten je Würfel in den Inertgasversuchen

Prüfkörper	gefilmte Schichten
21	102, 121, 129
36	137, 145, 153
31	164, 172, 180

Im Anschluss an die Versuche werden die Videoaufnahmen ausgewertet, indem die resultierende Spritzerbildung mit der in Kapitel 4.1.2 beschriebenen Software zur automatisierten Auswertung der Prozessspritzer quantifiziert wird. Zusätzlich werden die generierten
Prüfkörper gemäß des in Kapitel 4.2.3.2 beschriebenen Vorgehens hinsichtlich Bauteildichte ausgewertet.

4.5   Analyse verschiedener Pulvereigenschaften

4.5.1   PBF-LB/M-Maschine

Innerhalb dieser Versuchsreihe wurde die bereits in Kapitel 4.4.1 beschriebene PBF-
LB/M-Anlage M290 der EOS GmbH [37] verwendet.

4.5.2   Pulvermaterial

4.5.2.1   Titanlegierung

Für die in Kapitel 4.5 beschriebenen Versuche wird neben der in Kapitel 4.5.2.2 beschriebenen Aluminiumlegierung die Titanlegierung Ti-6Al-4V der Eckart TLS GmbH in Grade
23 und verschiedenen Partikelgrößenverteilungen verwendet. Die unterschiedlichen Partikelgrößenverteilungen sind in diesem Fall 10-45, 20-63, 45-80 sowie 80-125 μm. Die
ermittelten Partikelgrößenverteilungen (D10, D50 und D90) sowie die geometrischen
Kennwerte der Sphärizität, Symmetrie sowie des Aspektverhältnisses der Pulverpartikel
sind in Tabelle 4.10 zusammengefasst und wurden in Anlehnung an DIN EN ISO 13322-
2 [32] mit einem Camsizer X2 der Microtrac Retsch GmbH [93] ermittelt.

Tabelle 4.10: Partikelgrößenverteilung (PSD; D10-D90), Sphärizität (SPHT), Symmetrie (Symm) und Aspektverhältnis (b/l) des Titanpulvers

PSD in μm	D10 in μm	D50 in μm	D90 in μm	SPHT	Symm	b/l
10-45	15	27	59	0,888	0,943	0,847
20-63	29	41	50	0,868	0,937	0,848
45-80	50	61	75	0,854	0,923	0,837
80-125	95	114	132	0,898	0,894	0,839

Es wird deutlich, dass die Morphologie mit zunehmender Partikelgröße tendenziell eher unregelmäßig wird. Darüber hinaus wurde für die unterschiedlichen Partikelgrößenverteilungen in Anlehnung an DIN EN ISO 3923-1 [31] die Fülldichte sowie in Anlehnung an DIN EN ISO 3953 [28] die Klopfdichte ermittelt und daraus der Hausner-Faktor bestimmt. Die Ergebnisse dieser Versuchsreihen sind in Tabelle 4.11 zusammengefasst.

Tabelle 4.11: Ermittelte Fülldichte, Klopfdichte und Hausner-Faktor des Titanpulvers

PSD in μm	Fülldichte in g/cm³	Klopfdichte in g/cm³	Hausner-Faktor
10-45	2,370	2,599	1,096
20-63	2,330	2,559	1,099
45-80	2,147	2,272	1,058
80-125	2,234	2,427	1,086

Es ist ersichtlich, dass tendenziell sowohl die Schütt- als auch die Klopfdichte mit zunehmender Partikelgröße abnehmen und damit auch der berechnet Hausner-Faktor. Zusätzlich wurde die sich ergebende Fließfähigkeit in Anlehnung an DIN EN ISO 4490 [30] sowie der Fließwinkel und die Kohäsion des Pulvermaterials durch eine Granudrum der Granutools SPRL [46] ermittelt und zusammen mit den sich ergebenden Hausner-Faktoren visualisiert. Die Ergebnisse sind in Abbildung 4.17 dargestellt.

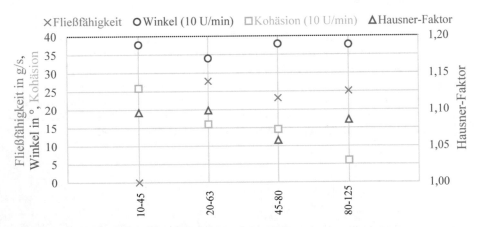

Abbildung 4.17: Ergebnisse der Messreihen zur Fließfähigkeit, Lawinenwinkel, Kohäsion und Hausner-Faktor des Titanpulvermaterials in den Versuchsreihen zum Pulvermaterial

Die Fließfähigkeit war für die Partikelgröße 10-45 µm nicht messbar, da sie das für die Mannium ... ... Hall Flow ... ... Jedoch ... ... Fließ winkel und Kohäsionswerte eine ebenso gute Aussage über die Fließeigenschaften des Pulvermaterials. Die Hausner-Faktoren verlaufen ähnlich konstant wie der ermittelte Fließwinkel, wobei exemplarisch in Abbildung 4.17 die Messwerte für 10 U/min dargestellt und die weiteren Ergebnisse dem Anhang D.1 zu entnehmen sind. Bei der Kohäsion konnte nachgewiesen werden, dass diese bei eher groben Partikeln niedrigere und damit präferierte Ergebnisse liefert, welche durch eine Reduzierung der interpartikulären Haftkräfte zu begründen sind.

4.5.2.2 Aluminiumlegierung

Für die in Kapitel 4.5 beschriebenen Versuche wird neben der in Kapitel 4.5.2.1 beschriebenen Titanlegierung die Aluminiumlegierung AlMgty80 der Fehrmann Materials GmbH & Co. KG in verschiedenen Partikelgrößenverteilungen verwendet. Die unterschiedlichen Partikelgrößenverteilungen sind in diesem Fall 20-45, 20-70, 20-100, 20-125, 45-70 und 80-125 µm. Die ermittelten Partikelgrößenverteilung (D10, D50 und D90) sowie die geometrischen Kennwerte der Sphärizität, Symmetrie sowie des Aspektverhältnisses der Pulverpartikel sind in Tabelle 4.12 zusammengefasst und wurden in Anlehnung an DIN EN ISO 13322-2 [32] mit einem Camsizer X2 der Microtrac Retsch GmbH [93] ermittelt.

Tabelle 4.12: Partikelgrößenverteilung (PSD; D10-D90), Sphärizität (SPHT), Symmetrie (Symm) und Aspektverhältnis (b/l) des Aluminiumpulvers

PSD in µm	D10 in µm	D50 in µm	D90 in µm	SPHT	Symm	b/l
20-45	27	35	47	0,873	0,942	0,822
20-70	30	44	67	0,856	0,930	0,793
20-100	31	53	102	0,855	0,918	0,779
20-125	34	67	123	0,857	0,910	0,770
45-70	36	54	72	0,850	0,924	0,782
80-125	78	108	148	0,857	0,883	0,739
Morph	31	47	71	0,831	0,916	0,743

Es wird deutlich, dass auch hier die Morphologie mit zunehmender Partikelgröße tendenziell eher unregelmäßig wird. Dabei hat das nicht ganz so sphärische Pulvermaterial (Morph) eine etwas geringere Sphärizität, Symmetrie und Aspektverhältnis als die anderen Pulvermaterialien. Darüber hinaus wurde für die unterschiedlichen Partikelgrößenverteilungen in Anlehnung an DIN EN ISO 3923-1 [31] die Fülldichte sowie in Anlehnung an DIN EN ISO 3953 [28] die Klopfdichte ermittelt und daraus der Hausner-Faktor bestimmt. Die Ergebnisse dieser Versuchsreihen sind in Tabelle 4.13 zusammengefasst.

Tabelle 4.13: Ermittelte Fülldichte, Klopfdichte und Hausner-Faktor des Aluminiumpulvers

PSD in µm	Fülldichte in g/cm³	Klopfdichte in g/cm³	Hausner-Faktor
20-45	1,280	1,485	1,161
20-70	1,317	1,511	1,147
20-100	1,343	1,501	1,119
20-125	1,310	1,516	1,157
45-70	1,275	1,478	1,159
80-125	1,256	1,406	1,119
Morph	1,287	1,503	1,168

Es ist ersichtlich, dass sowohl bei kleineren Partikelgrößen in einer kleinen Partikelgrößenspanne als auch bei größeren Partikelgrößen in einer kleinen Partikelgrößenspanne die geringsten Schütt- und Klopfdichten ermittelt werden konnten. Die Kombination aus feinen und groberen Pulvermaterialien resultierte in den höchsten Schütt- und Klopfdichten, da sich kleinere Partikel in die Zwischenräume der größeren Partikel einlagern können. Zusätzlich wurde die sich ergebende Fließfähigkeit in Anlehnung an DIN EN ISO 4490 [30] sowie der Fließwinkel und die Kohäsion des Pulvermaterials durch eine Granudrum der Granutools SPRL [46] ermittelt und zusammen mit den sich ergebenden Hausner-Faktoren visualisiert. Die Ergebnisse sind in Abbildung 4.18 dargestellt.

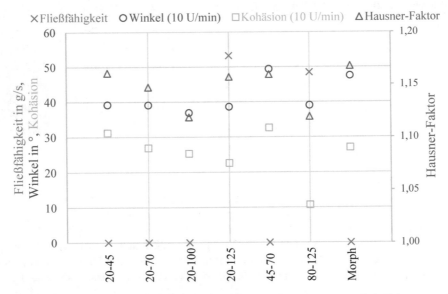

Abbildung 4.18: Ergebnisse der Messreihen zur Fließfähigkeit, Lawinenwinkel, Kohäsion und Hausner-Faktor des Aluminiumpulvermaterials

Die Fließfähigkeit war nicht für alle untersuchten Pulvermaterialien messbar, da sie das für die Messungen verwendeten Hall Flow Meter teilweise verstopften. Jedoch ermöglichen die ermittelten Fließwinkel und Kohäsion eine ebenso gute Aussage über die Fließeigenschaften des Pulvermaterials. Die Hausner-Faktoren verlaufen ähnlich zum ermittelten Fließwinkel, der bei 10, 15 und 25 U/min ermittelten Werte. In Abbildung 4.18 sind exemplarisch die Messwerte für 10 U/min dargestellt, während die weiteren Ergebnisse Anhang D.1 zu entnehmen sind. Bei der Kohäsion konnte nachgewiesen werden, dass diese bei eher groben Partikeln niedrigere und damit präferierte Ergebnisse liefert, welche durch eine Reduzierung der interpartikulären Haftkräfte zu begründen sind. Das leicht unregelmäßig geformte Pulvermaterial (Morph) weist mit 47,5° deutlich höhere Fließwinkel als das Referenzpulver (39,1°) mit gleicher Partikelgrößenverteilung von 20-70 µm auf und unterstreicht damit die in Tabelle 4.12 aufgelisteten, tendenziell geringeren Werte hinsichtlich Sphärizität, Symmetrie und Aspektverhältnis, die letztlich in einem reduzierten Fließverhalten resultieren.

Außerdem wurde das Pulvermaterial mit der Partikelgrößenverteilung 20-70 µm bewusst unterschiedlichen Oxidationsprozessen ausgesetzt, um einen möglichen Einfluss des Sauerstoffgehaltes auf die PBF-LB/M-Prozessierbarkeit zu untersuchen. Dazu wurde das Pulvermaterial der Umgebungsluft bei unterschiedlichen Temperaturen und Haltezeiten im Ofen ausgesetzt und der resultierende Sauerstoffgehalt in Anlehnung an ASTM E1019-18 [12] bestimmt. Die Ergebnisse dieser Versuche sind in Tabelle 4.14 zusammengefasst.

Tabelle 4.14: Ergebnisse der Versuchsreihe zur Bestimmung des Oxidationsgehaltes des Aluminiumpulvermaterials bei unterschiedlichen Temperaturen und Haltezeiten

Versuchsreihe	Temperatur in °C	Haltezeit in min.	Sauerstoffgehalt in µg/g
Referenz	—	—	105
Oxidation 1	60	180	113
Oxidation 2	150	180	123
Oxidation 3	200	180	130
Oxidation 4	200	360	140

4.5.3 Prozessparameter und Versuchsaufbau

Mit den in Kapitel 4.5.3.1 und 4.5.3.2 aufgeführten Parameterkombinationen werden würfelförmige Prüfkörper der Grundfläche 10 x 10 mm^2 generiert und gleichmäßig auf der Bauplattform verteilt. Dabei steigen die Würfelnummern mit zunehmender Scangeschwindigkeit an. Einzig die Würfel 01, 06, 22, 31 und 36 bilden hierbei eine Ausnahme, da diese mit der Referenzscangeschwindigkeit von 1.175 mm/s gedruckt wurden und somit als Kontrollwürfel fungieren. Eine Variation der Scangeschwindigkeit um den Referenzparameter bietet die Möglichkeit den veränderten Energieeintrag ins Schmelzbad hinsichtlich der resultierenden Bauteildichte zu untersuchen. So kann es sein, dass die unterschiedlichen Pulvereigenschaften die Produktivität beeinflussen, was zusätzlich untersucht und in Kapitel 6 behandelt wird. Die genaue Zuordnung der einzelnen Prozessparameter zu den Prüfkörpern ist Tabelle D.2 respektive Tabelle D.6 im Anhang zu entnehmen. Abbildung 4.19 veranschaulicht die Anordnung der Prüfkörper zur Ermittlung des Einflusses der unterschiedlichen Pulvereigenschaften.

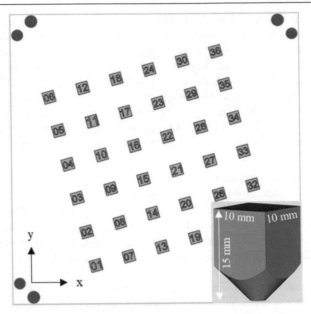

Abbildung 4.19: Anordnung der Würfelgeometrien zur Ermittlung des Einflusses der unterschiedlichen Pulvereigenschaften (grün: Referenz-/Kontrollparameter)

Es wird je ein Baujob je Partikelgrößenverteilung, Morphologie und Oxidationszustand durchgeführt, insgesamt also 11 Baujobs innerhalb dieser Versuchsreihe. Zur statistischen Absicherung der Ergebnisse wird der in Abbildung 4.19 grün markierte Würfel 22 während des Belichtungsprozesses mit der in Kapitel 4.1.1 beschriebenen Hochgeschwindigkeitskamera in drei unterschiedlichen Schichten gefilmt. Da eine schichtweise Rotation der Scanvektoren von 67° genutzt wird, jedoch eine orthogonale Ausrichtung der Scanvektoren gegenüber der Kamera die Prozessspritzer am besten erfasst, werden die in Tabelle 4.15 genannten Schichten je Prüfkörper gefilmt.

Tabelle 4.15: Gefilmte Schichten in den Versuchen zur Ermittlung des Einflusses der unterschiedlichen Pulvereigenschaften auf die Spritzerbildung

Prüfkörper	gefilmte Schichten
22	129, 180, 231

Im Anschluss an die Versuche werden die Videoaufnahmen ausgewertet, indem die resultierende Spritzerbildung mit der in Kapitel 4.1.2 beschriebenen Software zur automatisierten Auswertung der Prozessspritzer quantifiziert wird. Zusätzlich werden die generierten Prüfkörper gemäß des in Kapitel 4.2.3.2 beschriebenen Vorgehens hinsichtlich Bauteildichte ausgewertet.

4.5.3.1 Titanlegierung

Die bei den Titanversuchen fixierten und variierten Stellgrößen sind dabei in Tabelle 4.16 aufgeführt.

Tabelle 4.16: Stellgrößen der Versuchsplanung zur Erfassung des Einflusses einzelner Pulverei-
genschaften auf die resultierende Spritzerbildung in den Titanversuchsreihen

Stellgröße [Einheit]	untersuchte Werte
Schichtstärke [µm]	60
Laserleistung [W]	304
Scangeschwindigkeit [mm/s]	800, 825, 850, 875, 900, 925, 950, 975, 1.000, 1.025, 1.050, 1.075, 1.100, 1.125, 1.150, 1.175, 1.200, 1.225, 1.250, 1.275, 1.300, 1.325, 1.350, 1.375, 1.400, 1.425, 1.450, 1.475, 1.500, 1.525, 1.550, 1.575
Spurabstand [mm]	0,15
schichtweise Rotation der Scanvektoren [°]	67
Partikelgrößenverteilung [µm]	10-45, 20-63, 45-80, 80-125

4.5.3.2 Aluminiumlegierung

Die bei den Aluminiumversuchen fixierten und variierten Stellgrößen sind dabei in Tabelle 4.17 aufgeführt.

Tabelle 4.17: Stellgrößen der Versuchsplanung zur Erfassung des Einflusses einzelner Pulverei-
genschaften auf die resultierende Spritzerbildung in den Aluminiumversuchsreihen

Stellgröße [Einheit]	untersuchte Werte
Schichtstärke [µm]	50
Laserleistung [W]	370
Scangeschwindigkeit [mm/s]	805, 825, 845, 865, 885, 905, 925, 945, 965, 985, 1.005, 1.025, 1.045, 1.065, 1.085, 1.105, 1.125, 1.145, 1.165, 1.175, 1.185, 1.205, 1.225, 1.245, 1.265, 1.285, 1.305, 1.325, 1.345, 1.365, 1.385, 1.405
Spurabstand [mm]	0,1
schichtweise Rotation der Scanvektoren [°]	67
Partikelgrößenverteilung [µm]	20-45, 20-70, 20-100, 20-125, 45-70, 80-125
Morphologie	sphärisch, eher entartet
Sauerstoffgehalt [µg/g]	105, 113, 123, 130, 140

4.6 Analyse der Laserstrahlform

4.6.1 PBF-LB/M-Maschine

Innerhalb dieser Versuchsreihe wird die bereits in Kapitel 4.4.1 beschriebene PBF-LB/M-
Anlage M290 der EOS GmbH [37] verwendet, welche für die Experimente jedoch ein
Stück weit modifiziert wird. Eine schematische Darstellung des Aufbaus der angepassten
PBF-LB/M-Anlage zur Untersuchung, wie sich die Strahlform auf die resultierende
Spritzerbildung auswirkt, ist in Abbildung 4.20 visualisiert.

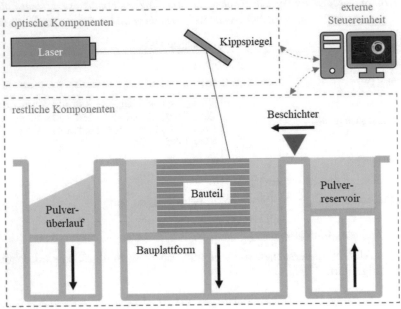

Abbildung 4.20: Schematische Darstellung der modifizierten PBF-LB/M-Anlage für die Untersu-chungen zur Strahlformung

Ziel des Anlagenumbaus ist es, den Laser AFX-1000 der nLIGHT Inc. [98] in das konventionelle PBF-LB/M-Anlagensystem zu integrieren. Hierbei handelt es sich um einen Laser, der es in weniger als 25 ms ermöglicht, die Strahlform über Zwischenstufen von einer gaußförmigen hin zu einer ringförmigen Intensitätsverteilung umzuschalten. Bei der Integration wird als erstes die originale Laserfaser mitsamt des herstellerseitig in die PBF-LB/M-Anlage integrierten Kollimators abgeklemmt und stattdessen an gleicher Position der AFX-1000 mit einem D25-F60-Kollimator gekoppelt und angeschlossen. Anschließend wird das originale Kabel, welches die optischen Komponenten steuert, entfernt und durch eine Verbindung ersetzt, welche diese mit der externen Steuereinheit verbindet. Zusätzlich wird ein Kabel in den Maschinenaufbau integriert, welches die für die optische Bank relevanten Signale der M290 ausliest und an die externe Steuereinheit weiterleitet. Dadurch ist zum einen gewährleistet, dass der originale Laser nicht mehr auf diese Informationen reagieren kann, auf der anderen Seite stattdessen jedoch die externe Steuereinheit dazu in die Lage versetzt wird, die von der PBF-LB/M-Anlage kommenden Signale abzufangen, auszuwerten und an die optischen Komponenten der Anlage weiterzuleiten. Somit stellt die externe Steuereinheit einen Bypass zur Weiterleitung der Informationen an die optischen Komponenten dar.

Nach erfolgter Integration werden die resultierenden Strahlformen mitsamt der zugehörigen Fokusdurchmesser aller sogenannten Indizes ermittelt. Die Zwischenstufen zwischen den gauß- und ringförmigen Profilen definieren sich darüber, dass mit steigender Zahl der Indizes die Intensität des Gaußprofils reduziert, gleichzeitig jedoch der Anteil des ringförmigen Profils im äußeren Durchmesser erhöht wird. Dieser Zusammenhang mitsamt der resultierenden Fokusdurchmesser im gewählten Versuchsaufbau ist in Abbildung 4.21 dargestellt.

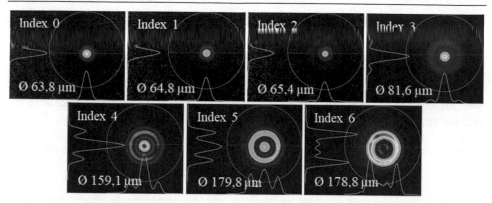

Abbildung 4.21: Übersicht über die Indizes des AFX-1000 mitsamt der resultierenden Fokusdurchmesser im finalen Aufbau

Da die originalen Umlenkspiegel mit einer maximalen Flächenintensität von 1.000 W/cm² nicht für die vergleichsweise hohen Laserleistungen von über 1.000 W ausgelegt sind, wurde basierend auf den jeweiligen Strahlprofilen und resultierenden Strahldurchmessern die maximal nutzbare Leistung je Index ermittelt. Dabei wurden unter Berücksichtigung der Laserkennwerte in Verbindung mit dem im Versuchsaufbau verwendeten D25-F60-Kollimator und einem 1,5-fach-Strahlaufweiter die in Tabelle 4.18 aufgeführten maximalen Leistungen ermittelt.

Tabelle 4.18: Maximal nutzbaren Laserleistung je Laser-Index

Laser-Index	max. verfügbare Laserleistung in W	max. nutzbare Laserleistung in W
0	600	353
1	700	400
2	800	447
3	1.050	537
4	1.236	668
5	1.236	806
6	1.236	982

Die maximal nutzbare Leistung je Laser-Index wird über das Abbildungsverhältnis des verwendeten optischen Aufbaus bestimmt und über eine Bildanalyse bei der Laservermessung ermittelt, indem die maximalen Flächenintensitäten ausgelesen und auf die jeweilige Laserleistung bezogen werden. Im gewählten Versuchsaufbau sollte ein Wert von 1.000 W/cm² nicht überschritten werden, um die Beschichtung auf den Scannerspiegeln nicht nachhaltig zu schädigen. Die hierfür ermittelten Ergebnisse je Index sind in Spalte 3 in Tabelle 4.18 aufgeführt und liegen zwischen 353 und 982 W.

4.6.2 Pulvermaterial

Innerhalb dieser Versuchsreihe wird das bereits in Kapitel 4.2.2 beschriebene Pulvermaterial Ti-6Al-4V verwendet.

4.6.3   Prozessparameter und Versuchsaufbau

4.6.3.1   *Einzelspurversuche gleicher Laserleistung zur Bestimmung der Schmelzbahnqualität*

Innerhalb dieser Versuchsreihe soll ermittelt werden, wie sich unterschiedliche Strahlformen bei gleicher Laserleistung auf die Schmelzbahnqualität auswirken. Die dabei fixierten und variierten Stellgrößen sind in Tabelle 4.19 aufgeführt.

Tabelle 4.19: Stellgrößen der Versuchsplanung zur Erfassung der unterschiedlichen Strahlformen bei gleicher Laserleistung auf die resultierende Schmelzbahnqualität

Stellgröße [Einheit]	untersuchte Werte
Schichtstärke [μm]	60
Laserleistung [W]	300
Scangeschwindigkeit [mm/s]	500, 600, 700, 800, 900, 1.000. 1.100, 1.200, 1.300, 1.400, 1.500, 1.600, 1.700, 1.800, 1.900, 2.000, 2.100, 2.200, 2.300, 2.400, 2.500, 2.600, 2.700, 2.800, 2.900, 3.000, 3.100, 3.200, 3.300, 3.400, 3.500, 3.600, 3.700, 3.800, 3.900, 4.000
Fokusdurchmesser [μm]	abhängig vom Laserindex
Laserindex	0, 1, 2, 3, 4, 5, 6
Bauplattformtemperatur [°C]	200

Mit den in Tabelle 4.19 aufgeführten Parametern werden Einzelspurversuche gefahren. Die zu untersuchende Anzahl an Prozessparameterkombinationen ergibt sich durch die sechsunddreißig Laserleistungen und sieben Laserindizes zu 252, die basierend auf ihrer jeweiligen Schweißbahnqualität bewertet werden. Zur Einstellung der exakten Schichtstärke wird ähnlich zu Kapitel 4.2.3.1 und Kapitel 4.3.3 eine Tasche von 60 μm in die Bauplattform gefräst. Diese wird vor Versuchsbeginn mit Pulver befüllt und in der Arbeitsebene des Lasers glattgezogen, sodass die äußere Umrandung der Bauplattform durch Ankratzen mit dem Beschichter keine verbleibenden Pulverreste aufweist, innerhalb der Tasche jedoch exakt die definierte Schichthöhe an Pulvermaterial verfügbar ist. Zur weiteren Steigerung der Genauigkeit wird dieser Schritt anschließend manuell mit einem Haarlineal wiederholt. Die Anordnung der Einzelspuren ist in Abbildung 4.22 dargestellt.

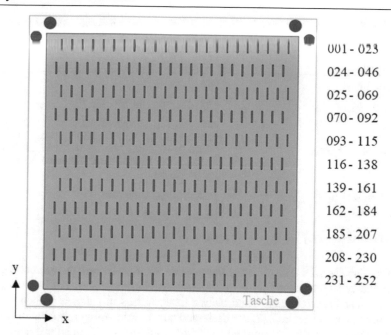

Abbildung 4.22: Anordnung der Schweißbahnen im Einzelspurversuch in den Laserstrahlformversuchsreihen

Die einzelnen Spuren mit einer Länge von 10 mm werden in positive y-Richtung generiert, in ihrer zeitlichen Abfolge jedoch zunächst in positive x- und anschließend negative y-Richtung. Die in Abbildung 4.22 gewählte Benennung der Einzelspuren entspricht also der zeitlichen Reihenfolge in der Herstellung und breitet sich von oben links nach unten rechts aus. Die Abfolge ist so gewählt, dass zunächst mit den niedrigsten Laserindizes und Scangeschwindigkeiten begonnen wird und anschließend zunächst die Scangeschwindigkeit gesteigert, bevor der Laserindex erhöht wird. Eine genaue Aufschlüsselung aller Parameterkombinationen ist dem Anhang E zu entnehmen.

Zu der sich dem Baujob anschließenden qualitativen Bewertung der Einzelspuren wird die gesamte Bauplattform mit einem Keyence VHX-5000 [65] bei 200-facher Vergrößerung aufgenommen. Daraufhin werden die Einzelspuren hinsichtlich der sich durch die jeweilige Prozessparameterkombination ergebende Schweißbahnqualität klassifiziert. Hierbei erfolgt dieselbe Unterteilung wie in Kapitel 4.2.3.1 in die drei Klassen „hoch", „mittel" und „niedrig", wobei für jede Gruppe ein exemplarisches Beispiel in Abbildung 4.8 dargestellt ist und die Qualitätsmerkmale darunter kurz erläutert sind.

4.6.3.2   Einzelspurversuche mit maximaler Laserleistung je Laserindex zur Bestimmung der Schmelzbahnqualität

Innerhalb dieser Versuchsreihe soll ermittelt werden, wie sich unterschiedliche Strahlformen bei maximaler Laserleistung je Laserindex auf die Schmelzbahnqualität auswirken. Die dabei fixierten und variierten Stellgrößen sind in Tabelle 4.20 aufgeführt.

Tabelle 4.20: Stellgrößen der Versuchsplanung zur Erfassung der unterschiedlichen Strahlformen bei gleicher Laserleistung auf die resultierende Schmelzbahnqualität

Stellgröße [Einheit]	untersuchte Werte
Schichtstärke [μm]	60
Laserleistung [W]	300, 350, 400, 500, 650, 800, 950
Scangeschwindigkeit [mm/s]	500, 600, 700, 800, 900, 1.000. 1.100, 1.200, 1.300, 1.400, 1.500, 1.600, 1.700, 1.800, 1.900, 2.000, 2.100, 2.200, 2.300, 2.400, 2.500, 2.600, 2.700, 2.800, 2.900, 3.000, 3.100, 3.200, 3.300, 3.400, 3.500, 3.600, 3.700, 3.800, 3.900, 4.000
Fokusdurchmesser [μm]	abhängig vom Laserindex
Laserindex	0, 1, 2, 3, 4, 5, 6
Bauplattformtemperatur [°C]	200

Mit den in Tabelle 4.20 aufgeführten Parametern werden Einzelspurversuche gefahren. Die zu untersuchende Anzahl an Prozessparameterkombinationen ergibt sich durch die sechsunddreißig Laserleistungen und sieben Laserindizes mit den je sieben maximalen Laserleistungen auch hier zu 252, die basierend auf ihrer jeweiligen Schweißbahnqualität bewertet werden. Der Versuchsaufbau sowie das weitere Vorgehen ist mit dem der zuvor beschriebenen Einzelspurversuche gleicher Laserleistung in Kapitel 4.6.3.1 identisch. Die genaue Aufschlüsselung aller Parameterkombinationen ist dem Anhang E zu entnehmen.

4.6.3.3   Einzelspurversuche zur Bestimmung der resultierenden Spritzerbildung

Innerhalb dieser Versuchsreihe soll ermittelt werden, wie sich unterschiedliche Strahlformen auf die resultierende Spritzerbildung auswirken. Die dabei fixierten und variierten Stellgrößen sind in Tabelle 4.21 aufgeführt.

Tabelle 4.21: Stellgrößen der Versuchsplanung zur Erfassung des Einflusses der unterschiedlichen Strahlformen auf die resultierende Spritzerbildung

Stellgröße [Einheit]	untersuchte Werte
Schichtstärke [μm]	60
Laserleistung [W]	100, 150, 200, 250, 300, 650, 950
Scangeschwindigkeit [mm/s]	500, 750, 1.000, 1.250, 1.500
Fokusdurchmesser [μm]	abhängig vom Laserindex
Laserindex	0, 4, 6
Bauplattformtemperatur [°C]	200

Mit den in Tabelle 4.21 aufgeführten Parametern werden Einzelspurversuche gefahren. Die zu untersuchende Anzahl an Prozessparameterkombinationen ergibt sich durch die fünf Laserleistungen (100-300 W), fünf Scangeschwindigkeiten und drei Laserindizes zu 75, wobei für die Indizes 4 und 6 zusätzlich noch deren Maximalleistung (650 respektive 950 W) bei den jeweils fünf Scangeschwindigkeiten untersucht wird. Somit ergeben sich insgesamt je 85 Einzelspurversuche. Die Länge der Einzelspuren beträgt 10 mm, wobei diese auf kleine zuvor generierte Quadrate mit einer Fläche von 10 x 10 mm² mittig und

orthogonal zur Kamera, also in positive x-Richtung, generiert werden. Dazu werden zunächst in immer neuen Durchläufen zunächst die Quadrate mit einem Standard-
parameter gedruckt, anschließend neues Pulvermaterial aufgetragen und daran anknüpfend die Einzelspuren hergestellt, wobei diese während der Belichtung mit der in Kapitel 4.1.1 beschriebenen Hochgeschwindigkeitskamera gefilmt und im Anschluss an die
Versuche mit der in Kapitel 4.1.2 beschriebenen Software zur automatisierten Auswertung
der Prozessspritzer quantifiziert werden. Anschließend werden erneut zehn Schichten der
Würfelgeometrie generiert, wobei sich dieser Vorgang wiederholt, bis alle in Tabelle 4.21
aufgeführten Parameterkombinationen der Einzelspuren für alle Laser-Indizes erfolgreich
aufgenommen wurden.

4.6.3.4 Einzelspurversuche zur Bestimmung der geometrischen Kennwerte der resul-
tierenden Schweißbahnen im Querschliff

Innerhalb dieser Versuchsreihe soll ermittelt werden, wie sich unterschiedliche Strahlformen auf die resultierenden geometrischen Kennwerte der Schweißbahnen im Querschliff
auswirken. Die dabei fixierten und variierten Stellgrößen sind in Tabelle 4.21 aufgeführt.

Mit den in Tabelle 4.21 aufgeführten Parametern werden auch hier Einzelspurversuche
gefahren, welche in diesem Fall jedoch direkt auf die Bauplattform aufgebracht werden
(vgl. Abbildung 4.22). In diesem Fall wurden zur statistischen Absicherung der Ergebnisse jeweils drei Einzelspuren je Parameterkombination, also insgesamt 255 Schweißbahnen gefertigt. Diese werden anschließend aufgetrennt und metallographisch aufbereitet. Im Querschliff geometrisch vermessen wird letztlich immer eine repräsentative
Schweißbahn je Parameterkombination, wobei die Einzelspurhöhe, Einzelspurbreite, Einzelspurfläche, Schmelzbadtiefe sowie die Schmelzbadfläche bestimmt werden. Abbildung 4.23 gibt eine Übersicht über die Bezeichnung der einzelnen Kennwerte.

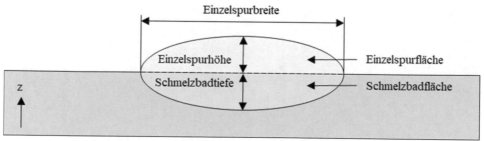

Abbildung 4.23: Bezeichnung der Schmelzbadkennwerte im Querschliff in Anlehnung an [35]

Dabei ergeben sich das Aspektverhältnis sowie der Aufmischungsgrad zu:

$$Aspektverhältnis = \frac{Einzelspurbreite}{Einzelspurhöhe} \qquad 4.1$$

$$Aufmischungsgrad = \frac{Schmelzbadfläche}{Einzelspurfläche + Schmelzbadfläche} \qquad 4.2$$

5 Prozessspritzeranalyse

In diesem Kapitel werden die resultierenden Ergebnisse aus der Prozessspritzeranalyse aufbereitet und anhand der im Stand der Technik beschriebenen Mechanismen diskutiert. Dazu gliedern sich die Unterkapitel gemäß der analysierten Stellgrößen und Einflussfaktoren in die Prozessparameter, den Umgebungsdruck, das Prozessgas, das Pulvermaterial sowie die Laserstrahlform.

5.1 Einfluss von grundlegenden Prozessparametern auf die Spritzerbildung

Innerhalb dieses Abschnittes wird auf die Ergebnisse der in der Methodik in Kapitel 4.2 beschriebenen Versuche zu den grundlegenden Prozessparametern eingegangen. Dieser unterteilt sich weiter in zwei Unterkapitel, bei denen es im ersten Teil um die Ergebnisse aus den Einzelspurversuchen (Kapitel 5.1.1) und anschließend um die 3D-Untersuchungen (Kapitel 5.1.2) geht. Jedes dieser Unterkapitel gliedert sich in die Analysen hinsichtlich der Ist-Spritzerbildung, der Spritzerbildung normiert auf die Geometrie sowie der Spritzerbildung normiert auf die Zeit. Diese Unterteilung ist wichtig, weil durch verschiedene Normierungen unterschiedliche Kernaussagen herausgearbeitet werden können und eine Vergleichbarkeit zwischen unterschiedlichen Parameterkombinationen erst dadurch sinnhaft wird.

5.1.1 Einzelspuren

Die Einzelspurversuche bilden die Grundlage zur Ermittlung geeigneter Prozessparameterkombinationen, wobei anschließend aussichtsreiche Kombinationen ausgewählt und in 3D-Versuche überführt wurden. Aus diesem Grund wurden die generierten Einzelspuren zunächst gemäß der beispielhaft in Abbildung 4.8 aufgezeigten Einteilung klassifiziert und hinsichtlich ihrer jeweils resultierenden Schmelzbahnbreite vermessen. Die ausführlichen Ergebnisse aller Messungen sind im Anhang A.2 und A.3 aufgelistet.

5.1.1.1 Ist-Spritzerbildung

Während des Herstellungsprozesses wurden alle Einzelspuren mit der in Kapitel 4.1 beschriebenen Hochgeschwindigkeitskamera gefilmt und mit der im selben Abschnitt beschriebenen Software zur Ermittlung der resultierenden Spritzerbildung ausgewertet. Die Ergebnisse aller 1.120 Messwerte aus Kapitel 4.2.3.1 sind zusammenfassend als Haupteffektdiagramm in Abbildung 5.1 dargestellt.

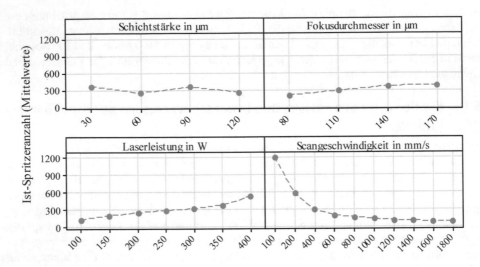

*Abbildung 5.1: Haupteffektdiagramm der Ist-Spritzerbildung von den grundlegenden Prozesspa-
            rametern im Einzelspurversuch (Schichtstärke, Fokusdurchmesser, Laserleistung,
            Scangeschwindigkeit)*

Hierbei sind die arithmetischen Mittelwerte der resultierenden Spritzeranzahl bei unterschiedlichen Schichtstärken, Fokusdurchmessern, Laserleistungen und Scangeschwindigkeiten dargestellt. Unter anderem wird deutlich, dass die Spritzeranzahl unabhängig von
der verwendeten Schichtstärke ist, jedoch deutlich von der Scangeschwindigkeit abhängt.
Es ist ersichtlich, dass gerade bei vergleichsweise geringen Scangeschwindigkeiten zwischen 100 und 600 mm/s ein exponentiell abnehmender Trend vorliegt, höhere Scangeschwindigkeiten also zu einer deutlich geringeren Spritzerbildung neigen. Dies ist vor allem dadurch zu erklären, dass ein höherer Energieeintrag, welcher durch eine niedrigere
Scangeschwindigkeit bedingt wird, vermehrt zu lokalen Verdampfungen führt, die wiederrum aufgrund der plötzlichen Ausdehnung Rückstoßkräfte erzeugen, die das Material
senkrecht aus dem Schmelzbad austreiben. Ein größerer Fokusdurchmesser und höhere
Laserleistungen hingegen weisen einen eher linear zunehmenden Trend auf, bei dem höhere Werte auch eine höhere Spritzeranzahl bedingen. Dieser Trend ist jedoch eher mäßig
ausgebildet und resultiert nicht in so deutlichen Unterschieden wie der Einfluss der Scangeschwindigkeit. Dies lässt sich dadurch begründen, dass die Scangeschwindigkeit die
einzige Kenngröße ist, welche die Interaktionszeit zwischen dem Laser und dem Schmelzbad beeinflusst. Über die Laserleistung und auch den Fokusdurchmesser lässt sich zwar
der lokale Energieeintrag steuern, welcher im Falle einer zunehmenden Laserleistung
ebenfalls mit einer Erhöhung der resultierenden Spritzeranzahl einhergeht, nicht jedoch
die zeitliche Komponente des Aufschmelzprozesses. Die zeitliche Komponente bildet jedoch einen wesentlichen Einflussfaktor zur Ausprägung des Schmelzbades, welcher nicht
über die anderen Prozessparameter gesteuert werden kann. Ein größerer Fokusdurchmesser reduziert bei gleichbleibender Laserleistung gemäß Gleichung 2.6 die radiale Strahlintensitätsverteilung. Dies lässt vermuten, dass im Falle eines größeren Fokusdurchmessers
voraussichtlich weniger ausgeworfene, sondern eher mitgerissene Spritzer auftreten, weil
die Interaktionsfläche zwischen Laserstrahl und Pulverbett größer wird, somit mehr Pulverpartikel potenziell beeinflusst werden, die geringere Strahlintensität jedoch zu weniger

Verdampfungen führt. Im Falle eines größer werdenden Fokusdurchmessers überwiegt jedoch der FM heidei mitgerissenen Spritzer, da insgesamt eine Zunahme der Spritzer ermittelt wurde.

Um diese Zusammenhänge statistisch korrekt auszuweisen und mit Zahlenwerten zu untermauern, wurde zudem eine Korrelationsanalyse nach Pearson und Spearman durchgeführt. Die Korrelationsanalyse nach Pearson beurteilt lineare Zusammenhänge, wohingegen die Korrelationsanalyse nach Spearman zusätzlich auch Rückschlüsse auf nicht-lineare Zusammenhänge zulässt. Dabei wird neben der Signifikanz, die eine Aussage darüber zulässt, wie hoch die Evidenz ist die Nullhypothese abzulehnen, auch der jeweilige Korrelationskoeffizient ermittelt, der eine Aussage über mögliche Zusammenhänge der betrachteten Variablen zulässt. In Tabelle 5.1 ist eine vergleichsweise weit verbreitete Möglichkeit der Interpretation der resultierenden Korrelationskoeffizienten aufgezeigt.

Tabelle 5.1: Interpretation des Korrelationskoeffizienten ε angelehnt an [25]

ε	bis |0,1|	|0,1| - |0,3|	|0,3| - |0,5|	|0,5| - |1|
Zusammenhang	keiner	mäßig	deutlich	stark

Cohen [25] postuliert, dass bis 0,1 keine, zwischen 0,1 und 0,3 eine mäßige, zwischen 0,3 und 0,5 eine deutliche sowie zwischen 0,5 und 1 eine starke Korrelation der untersuchten Variablen besteht. Die gewählten Grenzen sind jedoch nicht normiert, sondern können individuell festgelegt werden, wobei jedoch immer derselbe Zusammenhang besteht, also ein höherer Betrag der Werte auch immer eine deutlichere Korrelation aufzeigt. In Tabelle 5.2 sind die Ergebnisse der durchgeführten Korrelationsanalyse der grundlegenden Prozessparameter mit der resultierenden Ist-Spritzerbildung im Einzelspurversuch zusammengefasst und gemäß Tabelle 5.1 bewertet worden.

Tabelle 5.2: Korrelationsanalyse der grundlegenden Prozessparameter mit der resultierenden Ist-Spritzerbildung im Einzelspurversuch (Schichtstärke, Fokusdurchmesser, Laserleistung, Scangeschwindigkeit)

	Pearson-Korrelation			Spearman-Korrelation		
	Korrelationskoeffizient ε	Signifikanz (2-seitig) p	Anzahl n	Korrelationskoeffizient ε	Signifikanz (2-seitig) p	Anzahl n
Schichtstärke	-0,0548	0,0665	1.120	-0,0170	0,5687	1.120
Fokusdurchmesser	0,1519	0,0000	1.120	0,1742	0,0000	1.120
Laserleistung	0,2539	0,0000	1.120	0,3741	0,0000	1.120
Scangeschwindigkeit	-0,5533	0,0000	1.120	-0,7858	0,0000	1.120

Für die Schichtstärke ergibt sich, wie auch bereits bei der Interpretation von Abbildung 5.1 angedeutet, gemäß der Klassifizierung in Tabelle 5.1 auch bei der statistischen Auswertung keine Abhängigkeit der Spritzerbildung von der Schichtstärke. Die Korrelationsanalyse der Abhängigkeit der Spritzerbildung vom Fokusdurchmesser sowie der Laserleistung zeigen einen mäßigen bis deutlichen Zusammenhang, wohingegen die Abhängigkeit der Scangeschwindigkeit mit Beträgen von 0,55 (Pearson) und 0,79 (Spearman) starke Korrelationen aufzeigen und mit den Erkenntnissen aus Abbildung 5.1 übereinstimmen.

Somit untermauert die statistischen Korrelationsanalyse in Tabelle 5.2 trendmäßig die grafische Auswertung in Abbildung 5.1 und gibt die jeweiligen Korrelationsfaktoren wieder.

Aufbauend auf diesen Erkenntnissen wurde mit dem in Abbildung 4.12 dargestelltem Versuchsaufbau die Abhängigkeit der Ist-Spritzerbildung von der Winkelabhängigkeit der Lasertrajektorie gegenüber des Gasstromwinkels bestimmt, wobei zusätzlich die jeweilige Position auf der Bauplattform berücksichtigt wurde. Die Ergebnisse dieser Versuchsreihe sind in Abbildung 5.2 dargestellt.

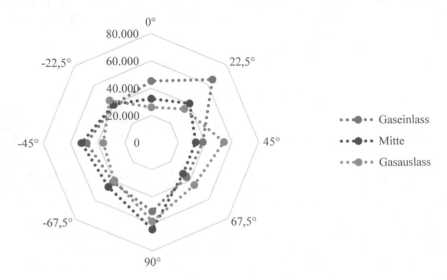

Abbildung 5.2: Ist-Spritzerbildung in Abhängigkeit der Lasertrajektorie gegenüber des Gasstromwinkels sowie in Abhängigkeit der Position auf der Bauplattform

Es wird deutlich, dass bei sonst gleichen Prozessparametern ein Winkel von 0° gegenüber dem Gasstrom zur geringsten und ein 90°-Winkel zur höchsten Anzahl an resultierenden Spritzern führt. Ein möglicher Grund für dieses Ergebnis sind durch den Inertgasstrom umhergewirbelte Pulverpartikel, die auf einen orthogonal verlaufenden Laserstrahl treffen, wodurch eine größere Fläche für mögliche Interaktionen zwischen der umherfliegenden Pulverpartikel und dem Laserstrahl zur Verfügung steht. Die Zwischenwinkel liegen jeweils recht symmetrisch verteilt inmitten der beiden Wertepaare. Der Messwert von 22,5° am Gaseinlass wird hierbei als Messungenauigkeit aufgefasst, da sich alle weiteren Werte anhand des beschriebenen Verlaufs eingliedern. Deutliche Unterschiede zwischen den unterschiedlichen Positionen auf der Bauplattform ergeben sich nicht, weswegen in Abbildung 5.3 die Anzahl an Spritzern an den unterschiedlichen Positionen aufsummiert wurde, um kleinere Messungenauigkeiten herauszufiltern und einen klareren Zusammenhang und Trend aufzuzeigen.

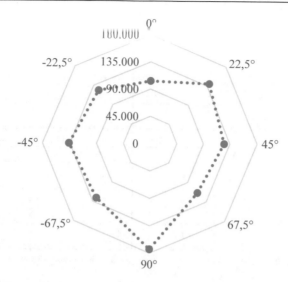

Abbildung 5.3: Aufsummierte Ist-Spritzerbildung in Abhängigkeit der Lasertrajektorie gegenüber des Gasstromwinkels

Der bereits anhand von Abbildung 5.2 beschriebene Verlauf der resultierenden Spritzer über die unterschiedlichen Winkel wird in Abbildung 5.3 dadurch noch etwas deutlicher. Bei einem Winkel von 0° liegt mit etwa 100.000 ein Minimum der Spritzer vor, wobei es über die weiteren Winkel zunimmt, sich etwa 135.000 Spritzern annähert und mit etwa 170.000 Spritzern bei 90° gegenüber dem Gaswinkel ein Maximum ausbildet.

Um die gewonnenen Erkenntnisse und aufgezeigten Abhängigkeiten zielführend für die Folgeversuche anzuwenden, wurden entsprechend in allen weiteren Versuchsreihen nur gleiche Winkel der Lasertrajektorien miteinander verglichen. Dabei ist es grundsätzlich egal, welcher Winkel verwendet wird, solange dieser einheitlich innerhalb einer Versuchsreihe fixiert wird.

5.1.1.2   Spritzerbildung normiert auf Geometrie

Da verschiedene Prozessparameterkombinationen zu unterschiedlichen Schmelzbahnbreiten führen, muss die resultierende Spritzerbildung auf die Geometrie normiert werden. Eine Prozessparameterkombination mit nur einer geringen Spritzeranzahl kann nicht unmittelbar mit einer anderen verglichen werden, wenn beide unterschiedliche Schmelzbahnbreiten aufweisen, da beispielsweise die Kombination mit der geringeren Schmelzbahnbreite zu einem geringeren Spurabstand und damit einer höheren Anzahl an Lasertrajektorien führen würde. Somit werden die Ergebnisse aus Kapitel 5.1.1.1 innerhalb dieses Abschnittes hinsichtlich ihrer geometrischen Ausdehnung normiert. Die Ergebnisse aller 80 geometrisch normierten Messwerte, für welche die resultierenden Schmelzspurbreiten als Grundlage ermittelt worden sind, sind zusammenfassend in Abbildung 5.4 dargestellt.

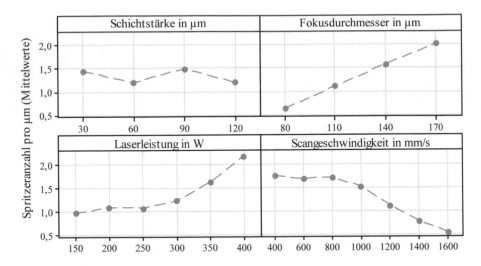

Abbildung 5.4: Haupteffektdiagramm der geometrisch normierten Spritzerbildung von den grund-legenden Prozessparametern im Einzelspurversuch (Schichtstärke, Fokusdurch-messer, Laserleistung, Scangeschwindigkeit)

Hierbei sind die arithmetischen Mittelwerte der resultierenden Spritzeranzahlen bei unterschiedlichen Schichtstärken, Fokusdurchmessern, Laserleistungen und Scangeschwindigkeiten dargestellt, dies Mal jedoch mit dem Unterschied, dass alle Werte durch die resultierenden Schmelzbahnbreiten (siehe Anhang A.3) dividiert wurden. Somit lässt sich eine Aussage darüber treffen, wie viele Spritzer pro Mikrometer Schmelzbahnbreite entstehen, wobei die Länge über alle Einzelspuren konstant gehalten wurde. Unter anderem wird deutlich, dass die Spritzeranzahl auch hier unabhängig von der verwendeten Schichtstärke ist, jedoch deutlich vom Fokusdurchmesser, der Laserleistung sowie der Scangeschwindigkeit abhängt. Bezogen auf den Fokusdurchmesser lässt sich ein nahezu perfekter linearer Trend erkennen, der mit größeren Durchmessern zu einer höheren Spritzerbildung führt. Dies lässt sich dadurch erklären, dass der in Kapitel 5.1.1.1 beschriebene Effekt einer höheren Anzahl an mitgerissenen Spritzern der Zunahme an Schmelzbahnbreite überwiegt. Da die radiale Strahlintensität durch den größeren Fokusdurchmesser abnimmt, nimmt insgesamt die Schmelzbahnbreite zwar noch zu, jedoch nicht im gleichen Verhältnis wie die Zunahme des Fokusdurchmessers. Somit entstehen bei einem größeren Fokusdurchmesser mehr Prozessspritzer pro Schmelzbahnbreite. Außerdem ist ersichtlich, dass Laserleistungen zwischen 150 und 250 W zu keinen signifikanten Unterschieden führen, eine weitere Erhöhung der Laserleistung jedoch zu einem starken Anstieg der Spritzerbildung führt. Erklären lässt sich dies dadurch, dass bis 250 W die in Kapitel 5.1.1.1 beschriebene Zunahme an Prozessspritzern mit breiter werdenden Schmelzbahnen im Einklang sind und erst ab diesem Punkt die zusätzliche Laserleistung nicht in gleichem Maße in breiterer Schmelzbahnen, sondern in lokalen Verdampfungen resultiert, die letztlich zu mehr Spritzern führen. Bei der Scangeschwindigkeit verhält es sich nahezu umgekehrt, indem bei Scangeschwindigkeiten zwischen 400 und 800 mm/s keine signifikanten Unterschiede in der resultierenden Spritzeranzahl pro µm auftreten, eine weitere Erhöhung jedoch zu einer deutlichen Abnahme der Spritzerbildung führt. Dieser Effekt lässt sich dadurch erklären, dass bei einer zunehmenden Scangeschwindigkeit sowohl die Schmelzbahnbreite als auch die Spritzerbildung gemäß Kapitel 5.1.1.1 abnimmt. Bis etwa 800 mm/s liegt dies in einem konstanten Verhältnis vor und erst danach nimmt die Anzahl an Prozessspritzern deutlicher ab als die resultierende Schmelzbahnbreite.

Um diese Zusammenhänge statistisch korrekt auszuweisen und mit Zahlenwerten zu untermauern, wurde auch hier eine Korrelationsanalyse nach Pearson und Spearman durchgeführt. In Tabelle 5.3 sind die Ergebnisse der durchgeführten Korrelationsanalyse der grundlegenden Prozessparameter mit der geometrisch normierten resultierenden Spritzerbildung im Einzelspurversuch zusammengefasst und gemäß Tabelle 5.1 bewertet worden.

Tabelle 5.3: *Korrelationsanalyse der grundlegenden Prozessparameter mit der resultierenden geometrisch normierten Spritzerbildung im Einzelspurversuch (Schichtstärke, Fokusdurchmesser, Laserleistung, Scangeschwindigkeit)*

	Pearson-Korrelation			Spearman-Korrelation		
	Korrelations-koeffizient ε	Signifikanz (2-seitig) p	Anzahl n	Korrelations-koeffizient ε	Signifikanz (2-seitig) p	Anzahl n
Schichtstärke	-0,0767	0,4987	80	-0,0368	0,7459	80
Fokusdurch-messer	0,8000	0,0000	80	0,8889	0,0000	80
Laserleistung	0,4489	0,0000	80	0,4539	0,0000	80
Scange-schwindigkeit	-0,5615	0,0000	80	-0,7265	0,0000	80

Für die Schichtstärke ergibt sich, wie auch bereits bei der Interpretation von Abbildung 5.4 angedeutet, gemäß der Klassifizierung in Tabelle 5.1 auch bei der statistischen Auswertung keine Abhängigkeit der geometrischen normierten Spritzerbildung von der Schichtstärke. Die Korrelationsanalyse der Abhängigkeit der Spritzerbildung von der Laserleistung ($\varepsilon = 0,44/0,45$) zeigt einen deutlichen Zusammenhang und die Ergebnisse des Fokusdurchmessers ($\varepsilon = 0,80/0,88$) sowie der Scangeschwindigkeit ($\varepsilon > -0,56/-0,73$) zeigen einen starken Zusammenhang auf. Somit untermauert die statistischen Korrelationsanalyse in Tabelle 5.3 trendmäßig die grafische Auswertung in Abbildung 5.4 und gibt die jeweiligen Korrelationsfaktoren wieder.

5.1.1.3 Spritzerbildung normiert auf Zeit

Da verschiedene Prozessparameterkombinationen zu unterschiedlichen Spritzeranzahlen je Zeit führen, muss die resultierende Spritzerbildung zeitlich normiert werden. Dadurch lassen sich Aussagen darüber treffen, welche Prozessparameterkombinationen zu mehr beziehungsweise weniger Spritzern pro Zeit führt. Dies ist vor allem wichtig, da beispielsweise bestimmte Prozessparameterkombinationen zwar eine geringe Ist-Spritzeranzahl aufweisen können, die Spritzer jedoch innerhalb kürzester Zeit produziert werden und somit unter Umständen zu herabgesetzten Bauteilqualitäten führen können. Das ist dann der Fall, wenn beispielsweise der Laserstrahl mit den Spritzern interagiert und ein Teil der eigentlich für den Aufschmelzprozess benötigten Energie bereits durch verschiedene Spritzer absorbiert wird. Aus diesem Grund werden die Ergebnisse aus Kapitel 5.1.1.1 innerhalb dieses Abschnittes zeitlich normiert. Die Ergebnisse aller 1.120 zeitlich normierten Messwerte sind zusammenfassend in Abbildung 5.5 dargestellt.

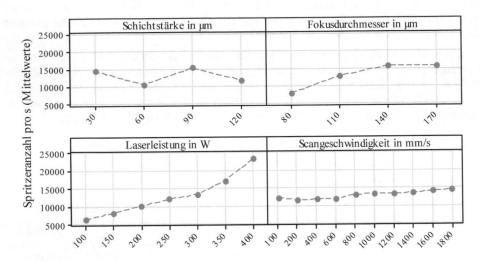

*Abbildung 5.5: Haupteffektdiagramm der zeitlich normierten Spritzerbildung von den grundle-
genden Prozessparametern im Einzelspurversuch (Schichtstärke, Fokusdurchmesser, Laserleistung, Scangeschwindigkeit)*

Hierbei sind die arithmetischen Mittelwerte der resultierenden Spritzeranzahlen bei unterschiedlichen Schichtstärken, Fokusdurchmessern, Laserleistungen und Scangeschwindigkeiten dargestellt, dieses Mal jedoch mit dem Unterschied, dass alle Werte durch die benötigte Zeit zum Aufschmelzen dividiert wurden. Somit lässt sich eine Aussage darüber
treffen, wie viele Spritzer pro Sekunde entstehen. Unter anderem wird deutlich, dass die
Spritzeranzahl auch hier unabhängig von der verwendeten Schichtstärke ist, jedoch deutlich von der Laserleistung und mäßig vom Fokusdurchmesser abhängt. Sowohl auf den
Fokusdurchmesser als auch auf die Laserleistung bezogen wird ersichtlich, dass ein zunehmender Zahlenwert beider Variablen in einer höheren Spritzerbildung pro Sekunde
resultiert. Dies lässt sich durch die bereits in Kapitel 5.1.1.1 beschriebenen Effekte begründen, da ein größerer Fokusdurchmesser pro Zeiteinheit mit mehr Pulverpartikeln interagiert und eine höhere Laserleistung zu insgesamt mehr Schmelzbadauswürfen durch
Verdampfung führt und dies entsprechend auch pro Zeitintervall. Außerdem ist anschau-
lich dargestellt, dass erstmalig die Scangeschwindigkeit keinen signifikanten Unterschied
in der resultierenden Spritzerbildung aufzeigt und mit zunehmender Scangeschwindigkeit
nur eine vergleichsweise geringer Zunahme an Spritzern einhergeht. Dies lässt sich durch
die Zeitnormierung erklären, da die unterschiedlichen Scangeschwindigkeiten zwar pro
Sekunde zu einer ähnlichen Anzahl an Prozessspritzern führen würden, die höheren Scangeschwindigkeiten jedoch eigentlich nur einen Bruchteil der Prozesszeit für ein herzustel-
lendes Bauteil benötigen. Somit würde bei gleicher Zeit und höheren Scangeschwindigkeiten zwar die gleiche Menge Prozessspritzer anfallen, jedoch auch deutlich mehr Bauteilvolumen generiert werden.

Um diese Zusammenhänge statistisch korrekt auszuweisen und mit Zahlenwerten zu untermauern, wurde auch hier eine Korrelationsanalyse nach Pearson und Spearman durchgeführt. In Tabelle 5.4 sind die Ergebnisse der durchgeführten Korrelationsanalyse der
grundlegenden Prozessparameter mit der zeitlich normierten resultierenden Spritzerbildung im Einzelspurversuch zusammengefasst und gemäß Tabelle 5.1 bewertet worden.

Tabelle 5.4:   Korrelationsanalyse der grundlegenden Prozessparameter mit der resultierenden
~~zeitlich normierten Spritzerbildung im Einzelspurversuch (Schichtstärke, Fokus-~~
durchmesser, Laserleistung, Scangeschwindigkeit)

	Pearson-Korrelation			Spearman-Korrelation		
	Korrelations-koeffizient ε	Signifikanz (2-seitig) p	Anzahl n	Korrelations-koeffizient ε	Signifikanz (2-seitig) p	Anzahl n
Schichtstärke	-0,0484	0,1052	1.120	-0,0420	0,1604	1.120
Fokusdurch-messer	0,3448	0,0000	1.120	0,3268	0,0000	1.120
Laserleistung	0,6103	0,0000	1.120	0,6557	0,0000	1.120
Scange-schwindigkeit	0,1065	0,0004	1.120	0,1018	0,0006	1.120

Für die Schichtstärke ergibt sich, wie auch bereits bei der Interpretation von Abbildung 5.5 angedeutet, gemäß der Klassifizierung in Tabelle 5.1 auch bei der statistischen Auswertung keine Abhängigkeit der zeitlich normierten Spritzerbildung von der Schichtstärke. Die Korrelationsanalyse der Abhängigkeit der Spritzerbildung von der Scangeschwindigkeit (ε = 0,11/0,10) weist einen mäßigen Zusammenhang auf, wohingegen der Fokusdurchmesser (ε = 0,34/0,33) einen deutlichen und die Laserleistung (ε = 0,61/0,66) eine starke Korrelation aufzeigen. Somit untermauert die statistischen Korrelationsanalyse in Tabelle 5.4 trendmäßig die grafische Auswertung in Abbildung 5.5 und gibt die jeweiligen Korrelationsfaktoren wieder.

5.1.2   3D-Untersuchungen

Die in Kapitel 5.1.1 gewonnenen Erkenntnisse wurden anschließend in die Folgeversuche überführt, die sich mit der Analyse der Prozessspritzerbildung bei Volumenkörpern beschäftigen. Dabei wurden, wie in Kapitel 4.2.3.3 beschrieben, die jeweils vier aussichtsreichsten Parameterkombinationen je Schichtstärke und Fokusdurchmesser ausgewählt, um diese mittels ihrer jeweiligen Spurabstände von 60, 70 und 80 % der Schmelzbahnbreite zu generieren und währenddessen mit der Hochgeschwindigkeitskamera aufzunehmen. Zusätzlich wurde je Schichtstärke und Fokusdurchmesser ein Kontrollwürfel mit einer Laserleistung von 100 W und einer Scangeschwindigkeit von 200 mm/s generiert, welcher einen direkten Vergleich des Effektes der Spritzerbildung über alle Schichtstärken und Fokusdurchmesser bei sonst gleichbleibenden Parametern ermöglicht. Dadurch liegen insgesamt 48 Parameterkombinationen vor (siehe Tabelle A.36 und Tabelle A.38), deren resultierenden Porositätswerte im Anhang A.4 aufgelistet sind und die im weiteren Verlauf hinsichtlich der resultierenden Spritzerbildung vergleichend gegenübergestellt werden.

5.1.2.1   Ist-Spritzerbildung

Während des Herstellungsprozesses wurden alle Würfelgeometrien mit der in Kapitel 4.1 beschriebenen Hochgeschwindigkeitskamera gefilmt und mit der im selben Abschnitt beschriebenen Software zur Ermittlung der resultierenden Spritzerbildung ausgewertet. Die Ergebnisse aller 48 Messwerte aus Kapitel 4.2.3.3 sind zusammenfassend in Abbildung 5.6 dargestellt.

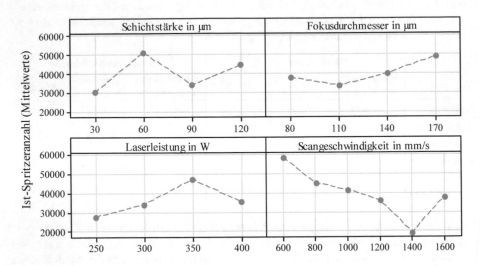

Abbildung 5.6:   Haupteffektdiagramm der Ist-Spritzerbildung von den grundlegenden Prozesspa-
rametern im 3D-Versuch (Schichtstärke, Fokusdurchmesser, Laserleistung, Scan-
geschwindigkeit)

Hierbei sind ebenfalls die arithmetischen Mittelwerte der resultierenden Spritzeranzahlen bei unterschiedlichen Schichtstärken, Fokusdurchmessern, Laserleistungen und Scangeschwindigkeiten dargestellt. Vergleichend zu den Ergebnissen der Einzelspurversuche (Abbildung 5.1) kann zusammengefasst werden, dass auch hier kein eindeutiger Trend hinsichtlich der verwendeten Schichtstärke ausgemacht werden kann und sich der generelle Trend einer höheren Spritzerbildung bei zunehmendem Fokusdurchmesser und höherer Laserleistung auch hier feststellen lässt. Ebenso verhält es sich mit dem Trend der Scangeschwindigkeit, bei der eine Erhöhung zu einer verringerten Spritzeranzahl führt. Insgesamt lässt das obige Diagramm bei zwei Messwerten Spielraum zur Diskussion, da es sich sehr wahrscheinlich bei den 400 W Laserleistung und den 1.600 mm/s um Messungenauigkeiten aufgrund der deutlich geringeren Stichprobenanzahl handelt. Dies wird auf Basis der in Kapitel 5.1.1 gewonnenen Erkenntnisse und damit einhergehenden Erläuterungen, was zu einer höheren/niedrigeren Spritzerbildung führt, angenommen.

Zusätzlich zu den obigen vier Variablen werden bei den 3D-Versuchen auch der Hatch-Abstand, die eingetragene Volumenenergie, die Aufbaurate und die resultierende Porosität hinsichtlich des Einflusses auf die Spritzerbildung analysiert. Die Ergebnisse dieser Analyse sind grafisch in Abbildung 5.7 dargestellt.

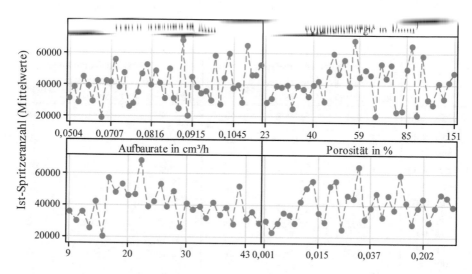

Abbildung 5.7: *Haupteffektdiagramm der Ist-Spritzerbildung von den grundlegenden Prozesspa-rametern im 3D-Versuch (Hatch-Abstand, Volumenenergie, Aufbaurate, Porosi-tät)*

Bei der Auswertung der generierten Graphen wird deutlich, dass keine der untersuchten Variablen in einem deutlichen Zusammenhang mit der resultierenden Spritzerbildung steht. Es ist jedoch festzuhalten, dass die Betrachtung der Anzahl an Spritzern bezogen auf unterschiedliche Porositätswerte nur einen Rückschluss darauf zulässt, wie viele Spritzer ein Bauteil mit niedrigen/hohen Porositätswerten liefert, nicht jedoch, wie sich eine höhere Spritzeranzahl auf die resultierende Porosität auswirkt. Spritzer beeinflussen aufgrund ihrer Flugbahn häufig eher etwas weiter entfernt platzierte Bauteile, weswegen ein Bauteil mit hoher Spritzeranzahl theoretisch selbst gute Dichtewerte erzielt, jedoch andere Bauteile negativ beeinflusst. Die Parameterkombination mit der niedrigsten Anzahl an Prozessspritzern (14.186) in dieser Versuchsreihe, die hochdichte Bauteile erzielt, besitzt eine Schichtstärke von 30 µm, einen Fokusdurchmesser von 110 µm, eine Laserleistung von 250 W, eine Scangeschwindigkeit von 1.400 mm/s sowie einen Hatch-Abstand von 67,2 µm und resultiert in einer Bauteildichte von 99,99 %, weist jedoch eine Aufbaurate von lediglich 10 cm³/h auf. Damit unterstreicht diese Prozessparameterkombination die zuvor aufgestellten Thesen, dass ein kleiner Fokusdurchmesser, eine geringe Laserleis-tung sowie eine hohe Scangeschwindigkeit für eine geringe Prozessspritzerbildung ver-wendet werden sollten (vgl. Abbildung 5.1 und Abbildung 5.6).

Um die Zusammenhänge aus Abbildung 5.6 und Abbildung 5.7 statistisch korrekt auszu-weisen und mit Zahlenwerten zu untermauern, wurde auch hier eine Korrelationsanalyse nach Pearson und Spearman durchgeführt. In Tabelle 5.5 sind die Ergebnisse der durch-geführten Korrelationsanalyse der grundlegenden Prozessparameter mit resultierenden Ist-Spritzerbildung im 3D-Versuch zusammengefasst und gemäß Tabelle 5.1 bewertet worden.

Tabelle 5.5:   *Korrelationsanalyse der grundlegenden Prozessparameter mit der resultierenden*
               Ist-Spritzerbildung im 3D-Versuch (Schichtstärke, Fokusdurchmesser, Laserleis-
               tung, Scangeschwindigkeit, Hatch-Abstand, Volumenenergie, Aufbaurate, Porosität)

	Pearson-Korrelation			Spearman-Korrelation		
	Korrelations-koeffizient ε	Signifikanz (2-seitig) p	Anzahl n	Korrelations-koeffizient ε	Signifikanz (2-seitig) p	Anzahl n
Schichtstärke	0,2402	0,1002	48	0,1964	0,1810	48
Fokusdurch-messer	0,3668	0,0103	48	0,3524	0,0140	48
Laserleistung	0,5403	0,0001	48	0,5787	0,0000	48
Scange-schwindigkeit	-0,5602	0,0000	48	-0,5155	0,0002	48
Hatch-Abstand	0,2942	0,0424	48	0,2207	0,1318	48
Volumen-energie	0,0385	0,7950	48	0,1328	0,3683	48
Aufbaurate	-0,0378	0,7985	48	-0,0294	0,8427	48
Porosität	0,0782	0,5974	48	0,2481	0,0891	48

Für die Schichtstärke ergibt sich laut Korrelationsanalyse zwar ein mäßiger Zusammenhang, jedoch liegt die Signifikanz mit einem Wert von mehr als 0,10 respektive 0,18 deutlich über dem Wert von 0,05, weswegen die Nullhypothese nicht abgelehnt werden kann.
Dies wird durch Abbildung 5.1 sowie durch Abbildung 5.6 untermauert, sodass insgesamt
kein Zusammenhang zwischen der Spritzerbildung und der Schichtstärke identifiziert werden kann. Dies ist ebenfalls bei der Betrachtung des Hatch-Abstandes der Fall, weil auch
hier laut Korrelationsanalyse zwar ein mäßiger Zusammenhang besteht, der aufgrund der
vergleichsweise hohen Signifikanzen ($p = 0{,}04/0{,}13$) jedoch nicht eindeutig genug ist, um
die Nullhypothese abzulehnen. Außerdem wird auch dies durch die grafische Darstellung
in Abbildung 5.7 bestätigt und kein Zusammenhang zwischen dem Hatch-Abstand und
der resultierenden Spritzerbildung identifiziert. Bei der Analyse des Fokusdurchmessers
($\varepsilon = 0{,}37/0{,}35$) wird ein deutlicher Zusammenhang ausgemacht, der sich auch grafisch
darstellt und entsprechend mit einem zunehmenden Fokusdurchmesser zu einer höheren
Spritzerbildung neigt. Auch bei der Analyse der beiden Variablen Laserleistung ($\varepsilon =
0{,}54/0{,}58$) und Scangeschwindigkeit ($\varepsilon = -0{,}56/-0{,}52$) zeigt sich derselbe Trend, der schon
bei den Einzelspurversuchen in Kapitel 5.1.1.1 identifiziert werden konnte, sodass eine
zunehmender Laserleistung die Spritzerbildung erhöht und mit zunehmender Scangeschwindigkeit die Spritzerbildung abnimmt. Bezogen auf die Volumenenergie, die Aufbaurate und die Porosität ergeben sich, wie auch bei der grafischen Auswertung, auch hier
keine stichhaltigen Korrelationen.

5.1.2.2   Spritzerbildung normiert auf Geometrie

Da verschiedene Prozessparameterkombinationen zu unterschiedlichen Schmelzbahnbreiten führen, muss die resultierende Spritzerbildung auf die Geometrie normiert werden.
Eine Prozessparameterkombination mit nur einer geringen Spritzeranzahl kann nicht unmittelbar mit einer anderen verglichen werden, wenn beide unterschiedliche Schmelzbahnbreiten aufweisen, da beispielsweise die Kombination mit der geringeren Schmelzbahnbreite zu einem geringeren Spurabstand und damit einer höheren Anzahl an

Lasertrajektorien führen würde. Somit werden die Ergebnisse aus Kapitel 5.1.2.1 innerhalb dieses Abschnittes hinsichtlich ihrer geometrischen Ausdehnung normiert. Die Ergebnisse aller geometrisch normierten Messwerte sind zusammenfassend in Abbildung 5.8 dargestellt.

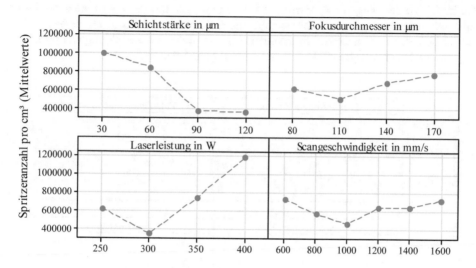

Abbildung 5.8: Haupteffektdiagramm der geometrisch normierten Spritzerbildung von den grundlegenden Prozessparametern im 3D-Versuch (Schichtstärke, Fokusdurchmesser, Laserleistung, Scangeschwindigkeit)

Hierbei sind die arithmetischen Mittelwerte der resultierenden Spritzeranzahl bei unterschiedlichen Schichtstärken, Fokusdurchmessern, Laserleistungen und Scangeschwindigkeiten dargestellt, dieses Mal jedoch mit dem Unterschied, dass alle Werte sich auf ein 1 cm³ großes Aufschmelzvolumen beziehen. Somit lässt sich eine Aussage darüber treffen, wie viele Spritzer pro Kubikzentimeter entstehen. Unter anderem wird deutlich, dass die resultierende Spritzeranzahl von der Schichtstärke, dem Fokusdurchmesser und von der Laserleistung abhängt, nicht jedoch von der Scangeschwindigkeit. Für die Schichtstärke ergibt sich mit Erhöhung des Wertes eine Abnahme der Spritzeranzahl, wohingegen sich ein steigender Trend für den Fokusdurchmesser und die Laserleistung ergibt. Sowohl der Fokusdurchmesser als auch die Laserleistung unterstreichen damit den bereits in Kapitel 5.1.1.2 aufgezeigten Zusammenhang. Bei der Schichtstärke verhalten sich die Ergebnisse der 3D-Untersuchungen jedoch anders als die Ergebnisse der Einzelspurversuche. Bezogen auf die Volumenkörper stellt sich mit zunehmender Schichtstärke ein abnehmender Verlauf der resultierenden Spritzeranzahl heraus. Dies lässt sich dadurch erklären, dass bei höheren Schichtstärken insgesamt weniger Schichten pro Volumenkörper mit dem Laser bearbeitet werden, sodass auch das Risiko und der Effekt von mitgerissenen Spritzern reduziert wird. Bei der Gegenüberstellung des Einflusses der Scangeschwindigkeit auf die Spritzerbildung stellt sich ebenfalls ein Unterschied in den Einzelspur- und 3D-Versuchen dar. Bei den Einzelspurversuchen nahm die Spritzeranzahl mit zunehmender Scangeschwindigkeit ab, wohingegen sie bei den 3D-Versuchen weitestgehend unabhängig von der gewählten Scangeschwindigkeit ist. Dieser Effekt lässt sich dadurch begründen, dass in diesem Fall nur die Prozessparameterkombinationen analysiert wurden, welche hohe

Bauteildichten erzeugten, jedoch keine vollfaktorielle Versuchsreihe zugrunde liegt. Ziel dieser Versuchsreihe ist es, die Effekte der Spritzerbildung bei möglichst hohen Bauteildichten zu analysieren, wobei sich zeigte, dass in diesem Fall keine Abhängigkeit von der Scangeschwindigkeit vorliegt, wohingegen das Ziel von Kapitel 5.1.1 ist, die Effekte unabhängig vom Resultat zu bewerten.

Zusätzlich zu den obigen vier Variablen werden bei den 3D-Versuchen auch der Hatch-Abstand, die eingetragene Volumenenergie, die Aufbaurate und die resultierende Porosität hinsichtlich des Einflusses auf die geometrisch normierte Spritzerbildung analysiert. Die Ergebnisse dieser Analyse sind grafisch in Abbildung 5.9 dargestellt.

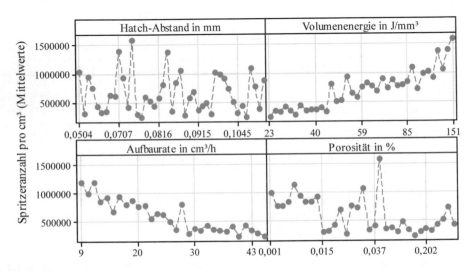

Abbildung 5.9: Haupteffektdiagramm der geometrisch normierten Spritzerbildung von den grund-
legenden Prozessparametern im 3D-Versuch (Hatch-Abstand, Volumenenergie,
Aufbaurate, Porosität)

Bei der Auswertung der generierten Graphen wird deutlich, dass sowohl der Hatch-Abstand als auch die Porosität in keinem Zusammenhang mit der resultierenden Spritzerbildung stehen. Die Volumenenergie sowie die Aufbaurate zeigen jedoch eine Abhängigkeit auf. Im Falle der Volumenenergie führt eine Erhöhung auch zu einer höheren Anzahl an Spritzern, wohingegen die Aufbaurate einen negativen Zusammenhang verdeutlicht, also bei höheren Werten eine geringe Spritzeranzahl auftritt. Die Parameterkombination mit der niedrigsten Anzahl an Prozessspritzern pro cm³ (236.725) in dieser Versuchsreihe, die hochdichte Bauteile erzielt, besitzt eine Schichtstärke von 120 µm, einen Fokusdurchmesser von 80 µm, eine Laserleistung von 250 W, eine Scangeschwindigkeit von 1.200 mm/s sowie einen Hatch-Abstand von 76,5 µm und resultiert in einer Bauteildichte von 99,88 % und weist eine Aufbaurate von 40 cm³/h auf. Damit unterstreicht diese Prozessparameterkombination die zuvor aufgestellten Thesen, dass ein kleiner Fokusdurchmesser, eine geringe Laserleistung sowie eine hohe Scangeschwindigkeit für eine geringe Prozessspritzerbildung verwendet werden sollten (vgl. Abbildung 5.4 und Abbildung 5.8). Im Falle der 3D-Versuche und der Normierung der resultierenden Spritzeranzahl auf die Geometrie wird zudem noch deutlich, dass eine möglichst hohe Schichtstärke verwendet werden sollte, um Prozessspritzer zu vermeiden.

Um die Zusammenhänge aus Abbildung 5.8 und Abbildung 5.9 statistisch korrekt auszuweisen und mit Zahlenwerten zu untermauern, wurde auch hier eine Korrelationsanalyse nach Pearson und Spearman durchgeführt. In Tabelle 5.6 sind die Ergebnisse der durchgeführten Korrelationsanalyse der grundlegenden Prozessparameter mit der geometrisch normierten Spritzerbildung im 3D-Versuch zusammengefasst und gemäß Tabelle 5.1 bewertet worden.

Tabelle 5.6: *Korrelationsanalyse der grundlegenden Prozessparameter mit der resultierenden geometrisch normierten Spritzerbildung im 3D-Versuch (Schichtstärke, Fokusdurchmesser, Laserleistung, Scangeschwindigkeit, Hatch-Abstand, Volumenenergie, Aufbaurate, Porosität)*

	Pearson-Korrelation			Spearman-Korrelation		
	Korrelations-koeffizient ε	Signifikanz (2-seitig) p	Anzahl n	Korrelations-koeffizient ε	Signifikanz (2-seitig) p	Anzahl n
Schichtstärke	-0,8032	0,0000	48	-0,8044	0,0000	48
Fokusdurch-messer	0,2200	0,1329	48	0,2394	0,1012	48
Laserleistung	0,4080	0,0040	48	0,4538	0,0012	48
Scange-schwindigkeit	0,0513	0,7291	48	0,0469	0,7517	48
Hatch-Abstand	-0,0471	0,7506	48	-0,0217	0,8835	48
Volumen-energie	0,9151	0,0000	48	0,9072	0,0000	48
Aufbaurate	-0,8008	0,0000	48	-0,8488	0,0000	48
Porosität	-0,2511	0,0851	48	-0,5066	0,0002	48

Beim Fokusdurchmesser (ε = 0,22/0,24) ergibt sich ein mäßiger Zusammenhängt, bei dem jedoch aufgrund der recht hohen Signifikanz (p = 0,13/0,10) die Nullhypothese nicht abgelehnt werden kann. Die Porosität stellt im Falle der Pearson-Korrelation einen mäßigen Zusammenhang von -0,25 bei jedoch hoher Signifikanz von 0,09 heraus, wohingegen die Spearman-Korrelation einen starken Zusammenhang bei niedriger Signifikanz ergibt. Wie auch bereits in der Analyse von Abbildung 5.8 aufgezeigt, unterstreicht die Korrelationsanalyse den positiven Zusammenhang von Laserleistung und Volumenenergie sowie den negativen Zusammenhang von Schichtstärke und Aufbaurate bezogen auf die Spritzeranzahl. Sowohl bei der Scangeschwindigkeit als auch beim Hatch-Abstand ergeben sich keine Zusammenhänge.

5.1.2.3   Spritzerbildung normiert auf Zeit

Da verschiedene Prozessparameterkombinationen zu unterschiedlichen Spritzeranzahlen je Zeit führen, muss die resultierende Spritzerbildung zeitlich normiert werden. Dadurch lassen sich Aussagen darüber treffen, welche Prozessparameterkombinationen zu mehr beziehungsweise weniger Spritzern pro Zeit führt. Dies ist vor allem wichtig, da beispielsweise bestimmte Prozessparameterkombinationen zwar eine geringe Ist-Spritzeranzahl aufweisen können, die Spritzer jedoch innerhalb kürzester Zeit produziert werden und somit unter Umständen zu herabgesetzten Bauteilqualitäten führen können. Das ist dann der Fall, wenn beispielsweise der Laserstrahl mit den Spritzern interagiert und ein Teil der eigentlich für den Aufschmelzprozess benötigten Energie bereits durch verschiedene Spritzer absorbiert wird. Aus diesem Grund werden die Ergebnisse aus Kapitel 5.1.2.1 innerhalb dieses Abschnittes zeitlich normiert. Die Ergebnisse aller zeitlich normierten Messwerte sind zusammenfassend in Abbildung 5.10 dargestellt.

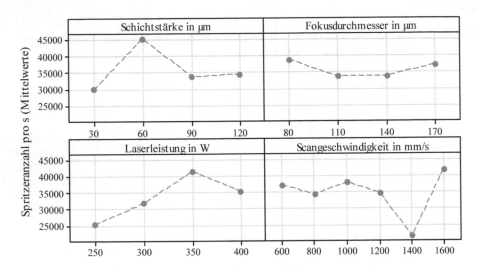

Abbildung 5.10: Haupteffektdiagramm der zeitlich normierten Spritzerbildung von den grundlegenden Prozessparametern im 3D-Versuch (Schichtstärke, Fokusdurchmesser, Laserleistung, Scangeschwindigkeit)

Hierbei sind die arithmetischen Mittelwerte der resultierenden Spritzeranzahl bei unterschiedlichen Schichtstärken, Fokusdurchmessern, Laserleistungen und Scangeschwindigkeiten dargestellt, dieses Mal jedoch mit dem Unterschied, dass alle Werte durch die benötigte Zeit zum Aufschmelzen dividiert wurden. Somit lässt sich eine Aussage darüber treffen, wie viele Spritzer pro Sekunde entstehen. Unter anderem wird deutlich, dass keine signifikante Abhängigkeit der Schichtstärke, des Fokusdurchmessers und der Scangeschwindigkeit bezogen auf die Spritzeranzahl besteht. Hingegen wird auch hier die Abhängigkeit der Spritzerbildung von der Laserleistung ersichtlich, wobei mit zunehmender Laserleistung die Spritzeranzahl zunimmt. Ein ähnliches Bild wurde bei der Analyse der Einzelspuren deutlich, sodass ein Vergleich von Abbildung 5.5 und Abbildung 5.10 die gleichen Schlüsse zulässt.

Zusätzlich zu den obigen vier Variablen werden bei den 3D-Versuchen auch der Hatch-Abstand, die eingetragene Volumenenergie, die Aufbaurate und die resultierende Porosität hinsichtlich des Einflusses auf die zeitlich normierte Spritzerbildung analysiert. Die Ergebnisse dieser Analyse sind grafisch in Abbildung 5.11 dargestellt.

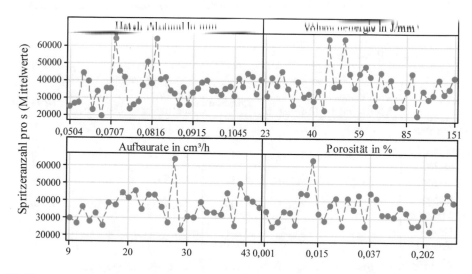

Abbildung 5.11: Haupteffektdiagramm der zeitlich normierten Spritzerbildung von den grundle-genden Prozessparametern im 3D-Versuch (Hatch-Abstand, Volumenenergie, Aufbaurate, Porosität)

Bei der Auswertung der Graphen wird deutlich, dass keine der Variablen in einem Zusammenhang mit der zeitlich normierten Spritzerbildung steht. Die Parameterkombination mit der niedrigsten Anzahl an Prozessspritzern pro Sekunde (14.186) in dieser Versuchsreihe, die hochdichte Bauteile erzielt, ist dieselbe wie bei der Ist-Spritzerbildung in Kapitel 5.1.2.1, besitzt eine Schichtstärke von 30 µm, einen Fokusdurchmesser von 110 µm, eine Laserleistung von 250 W, eine Scangeschwindigkeit von 1.400 mm/s sowie einen Hatch-Abstand von 67,2 µm und resultiert in einer Bauteildichte von 99,99 %, weist jedoch eine Aufbaurate von lediglich 10 cm³/h auf. Damit unterstreicht diese Prozessparameterkombination die zuvor aufgestellten Thesen, dass ein kleiner Fokusdurchmesser, eine geringe Laserleistung sowie eine hohe Scangeschwindigkeit für eine geringe Prozessspritzerbildung verwendet werden sollten (vgl. Abbildung 5.5 und Abbildung 5.10).

Um die Zusammenhänge aus Abbildung 5.10 und Abbildung 5.11 statistisch korrekt auszuweisen und mit Zahlenwerten zu untermauern, wurde auch hier eine Korrelationsanalyse nach Pearson und Spearman durchgeführt. In Tabelle 5.7 sind die Ergebnisse der durchgeführten Korrelationsanalyse der grundlegenden Prozessparameter mit der zeitlich normierten Spritzerbildung im 3D-Versuch zusammengefasst und gemäß Tabelle 5.1 bewertet worden.

Tabelle 5.7: *Korrelationsanalyse der grundlegenden Prozessparameter mit der resultierenden*
zeitlich normierten Spritzerbildung im 3D-Versuch (Schichtstärke, Fokusdurchmes-
ser, Laserleistung, Scangeschwindigkeit, Hatch-Abstand, Volumenenergie, Aufbau-
rate, Porosität)

	Pearson-Korrelation			Spearman-Korrelation		
	Korrelations-koeffizient ε	Signifikanz (2-seitig) p	Anzahl n	Korrelations-koeffizient ε	Signifikanz (2-seitig) p	Anzahl n
Schichtstärke	0,0220	0,8818	48	0,0417	0,7784	48
Fokusdurch-messer	-0,0528	0,7215	48	0,0511	0,7301	48
Laserleistung	0,5792	0,0000	48	0,6443	0,0000	48
Scange-schwindigkeit	0,0693	0,6396	48	-0,0512	0,7298	48
Hatch-Abstand	0,1974	0,1786	48	0,2421	0,0974	48
Volumen-energie	-0,0689	0,6418	48	-0,0294	0,8429	48
Aufbaurate	0,1824	0,2146	48	0,1680	0,2537	48
Porosität	0,0209	0,8880	48	0,0842	0,5693	48

Auch die Korrelationsanalyse weist keine signifikanten Zusammenhänge bezogen auf die
Spritzerbildung auf, außer bei der Laserleistung ($ε = 0{,}58/0{,}64$), die eine starke Korrelation
verdeutlicht. Lediglich der Hatch-Abstand ($ε = 0{,}19/0{,}24$) und die Aufbaurate ($ε =
0{,}18/0{,}17$) ergeben eine mäßige Korrelation, wobei die Signifikanzen in beiden Fällen
deutlich über $p = 0{,}05$ liegen und damit die Nullhypothese nicht abgelehnt werden kann.
Untermauert wird es durch den grafischen Verlauf der Variablen in Abbildung 5.10 und
Abbildung 5.11.

5.2   Einfluss des Umgebungsdruckes auf die Spritzerbildung

Innerhalb dieses Kapitels wird auf die Ergebnisse der in der Methodik in Kapitel 4.3 beschriebenen Versuche eingegangen. Hierbei wurde der Einfluss des Umgebungsdruckes
auf die Spritzerbildung untersucht. Durchgeführt wurden die Versuchsreihen sowohl im
Unterdruckbereich (10 mbar bis 900 mbar), bei Normaldruck (1.000 mbar) sowie in einem
leichten Überdruckbereich (1.100 mbar). In allen Versuchsreihen wurden die Prozessparameter fixiert und nur der Umgebungsdruck variiert. In Abbildung 5.12 sind exemplarisch die sich ergebenden Resultate bezogen auf die Spritzerbildung für immer dieselbe
Einzelspur qualitativ zusammengefasst.

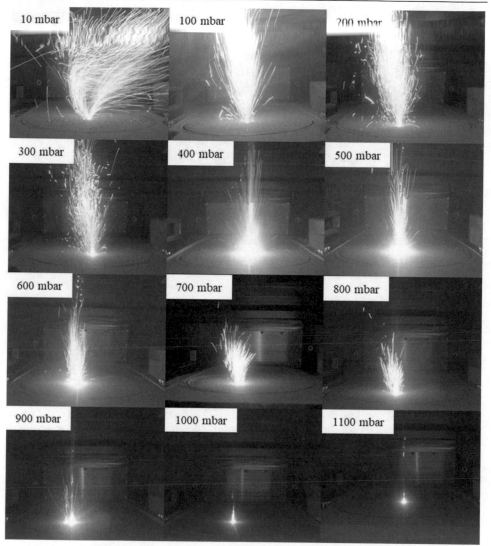

*Abbildung 5.12: Spritzerbildung über unterschiedliche Druckniveaus bei derselben Prozesspara-
meterkombination*

Es ist ersichtlich, dass mit zunehmendem Umgebungsdruck die Spritzeranzahl deutlich abnimmt. Aufgrund der enormen Anzahl an Spritzern in den Druckbereichen von 10 mbar bis etwa 800 mbar wurde keine Quantifizierung der Spritzer durchgeführt, da die qualitativen Verläufe der Prozessspritzer über unterschiedliche Druckregime hinweg bereits ausreichend Rückschlüsse zulassen. Eine exemplarische Videoaufnahmen einer Begleitkamera mit einer Bildwiederholanzahl von 1.000 Bildern pro Sekunde macht deutlich, dass es sich eindeutig um eine höhere Anzahl an Spritzern handelt und der Einfluss einer eventuell zu hoch gewählten Belichtungszeit der Hauptkamera, welche eher die Flugbahnen der Spritzer deutlich hervorhebt, auszuschließen ist. Exemplarisch sind in Abbildung 5.13 jeweils eine Aufnahme derselben Parameterkombination bei 200 mbar sowie bei 900 mbar gegenübergestellt.

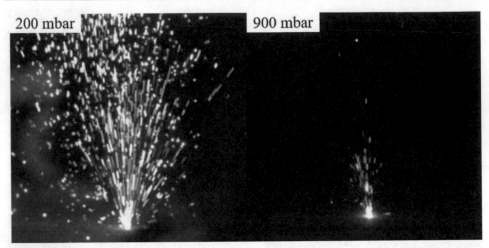

Abbildung 5.13: Detailaufnahme der Spritzerbildung derselben Prozessparameterkombination bei 200 und 900 mbar

Es wird deutlich, dass die Anzahl an Spritzern beim höheren Druck um ein Vielfaches niedriger ist als bei einem niedrigeren Umgebungsdruck. Außerdem hebt die Abbildung sehr klar hervor, dass die Austrittsgeschwindigkeiten aus dem Schmelzbad bei niedrigeren Umgebungsdrücken deutlich höher sind. Dies wird durch einen Vergleich der Länge der hellen Linien beider Aufnahmen deutlich, die bei exakt denselben Kameraeinstellungen und damit auch gleichen Belichtungszeiten erstellt wurden. Somit deuten längere Linien auf schnellere Spritzer hin, als nahezu perfekt runde Lichterscheinungen. Es kann also zusammengefasst werden, dass ein im Unterdruck durchgeführter PBF-LB/M-Prozess zu einer höheren Spritzeranzahl führt, die gleichzeitig auch wesentlich schneller aus dem Schmelzbad austreten. Dies ist dadurch zu erklären, dass der aus dem Schmelzbad austretende Metalldampf sich im Vakuum frei in alle Raumrichtungen ausbreiten kann und somit auch seitlich gerichtete Anteile aufweist (vgl. Abbildung 2.29). Dies wird auch durch die Aufnahmen in Abbildung 5.12 deutlich, bei denen der Austrittswinkel mit zunehmendem Druck kanalisiert und fast ausschließlich senkrechte Anteile aufweist. Die höhere Austrittsgeschwindigkeit beruht dabei auf einem geringeren Umgebungsdruck, sodass die Spritzer sich entsprechend ungehinderter ausbreiten können.

Um die These des sich in alle Raumrichtungen frei ausbreitenden Metalldampfes und damit einhergehenden Spritzern zu untermauern, wurden zudem Aufnahmen der noch pulverbedeckten Bauplattformen unmittelbar nach den Baujobs angefertigt und vergleichend gegenübergestellt. Exemplarisch ist hierfür in Abbildung 5.14 je eine Aufnahme der jeweils gleichen Einzelspuren mit denselben Prozessparametern bei 100 mbar respektive 800 mbar dargestellt.

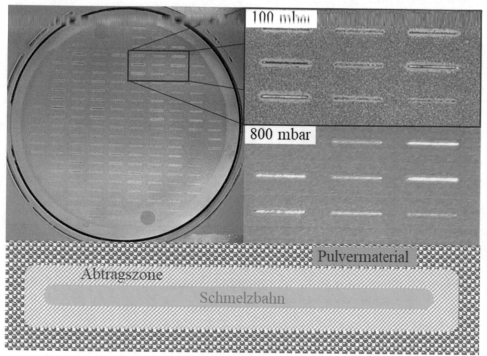

Abbildung 5.14: Abtragszone um die Schmelzbahn bei denselben Parameterkombinationen aber unterschiedlichen Umgebungsdrücken

Bei der Auswertung aller Aufnahmen lässt sich feststellen, dass ein höherer Umgebungsdruck mit einer geringeren Abtragszone rund um die Schmelzbahn einhergeht. Dies hängt mit den bereits erwähnten breiteren Austrittswinkeln des Metalldampfes aus dem Schmelzbad zusammen, die herumliegendes Pulvermaterial aufwirbeln und aus der Prozesszone entfernen. Somit lässt sich festhalten, dass eine spritzerreduzierte Prozessführung von Ti-6Al-4V bei Umgebungsdruck beziehungsweise leichtem Überdruck abläuft, wobei es sehr wahrscheinlich ist, dass sich die beschriebenen Effekte auch auf andere Legierungen übertragen lassen, da es sich um materialunabhängige Mechanismen handelt. Bei deutlich höheren Überdruckniveaus lässt sich vermuten, dass die Schmelzbadtemperatur zunimmt und die dynamische Viskosität der Schmelze abnimmt, was in instabileren Schmelzbädern resultiert, sodass deutlich höhere Umgebungsdrücke auch eher zu vermeiden sind. Eine weitere geringfügige Erhöhung des Umgebungsdruck wird jedoch als sinnhafte Ergänzung für die vorliegenden Versuchsreihen angesehen.

5.3 Einfluss des Prozessgases auf die Spritzerbildung

Innerhalb dieses Abschnittes wird auf die Ergebnisse der in der Methodik in Kapitel 4.4 beschriebenen Versuche eingegangen. Hierbei wurde der Einfluss des Prozessgases auf die Spritzerbildung untersucht, indem zwei verschiedene Prozessgase vergleichend gegenübergestellt wurden. Zum einen wurde das typischerweise verwendete Argon 4.6 und zum anderen das Prozessgas Varigon He30 untersucht, welches einen 30 %igen Anteil an Helium aufweist. Beide Versuche wurden bei sonst gleichen Rahmenbedingungen und Prozessparametern hinsichtlich der resultierenden Spritzerbildung analysiert. Die Ergebnisse dieser Versuchsreihe sind in Abbildung 5.15 dargestellt.

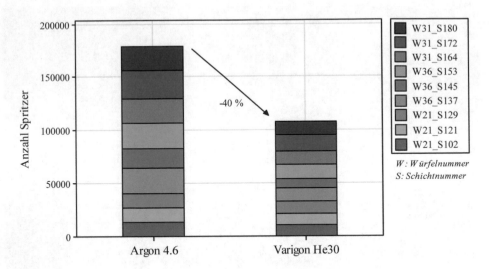

Abbildung 5.15: Resultierende Spritzerbildung unter Verwendung von zwei unterschiedlichen Prozessgasen (Argon 4.6 und Varigon He30)

Bei den Versuchen wurden insgesamt jeweils drei verschiedene Würfel mit derselben Prozessparameterkombination in den gleichen Schichten bei der Verwendung der beiden unterschiedlichen Prozessgase gefilmt. Es wird deutlich, dass bei der Verwendung des Varigon He30 die Anzahl an aufsummierten Spritzern um 40 % niedriger ist als bei der Verwendung des häufig eingesetzten Argon 4.6. Bei Argon 4.6 liegt die Summe bei 178.803 und bei Varigon He30 bei lediglich 107.425 erfassten Spritzern. Auch die Trends innerhalb der Versuchsreihen sehen ähnlich aus, da beispielsweise die in Schicht 102 von Würfel 21 erfassten Spritzer eher zu den kleineren Werten gehören, wohingegen die Schicht 172 von Würfel 31 in beiden Versuchsreihen jeweils die größte Spritzeranzahl ausmacht. Der positive Effekt der Spritzerreduktion durch die Verwendung von Varigon He30 liegt vor allen Dingen daran, dass die zehnmal höhere thermische Leitfähigkeit von Helium die Wärmeabfuhr aus dem Dampfkanal erhöht und damit die entstehende Verdampfungsmenge reduziert. Dadurch entstehen weniger Verwirbelungen des aus der Dampfkapillare austretenden Dampfdrucks, wodurch wiederrum weniger das Schmelzbad umgebende Pulverpartikel aufgewirbelt werden und somit eine Interaktion zwischen Pulverpartikel und Laserstrahl unterbunden wird. Solche Interaktionen können dazu führen, dass durch den Laserstrahl fliegende Pulverpartikel einen Teil der Laserenergie absorbieren und zu einem Zusammenbruch des Schmelzbades führen, infolgedessen Prozessspritzer ausgeworfen werden. Somit lässt sich festhalten, dass die Verwendung von Varigon He30 bei der Verarbeitung von Ti-6Al-4V positive Effekte auf die resultierende Spritzerbildung hat. Es lässt sich vermuten, dass auch andere Legierungen positiv auf die oben beschriebenen Effekte von Argon-Helium-Mischgasen reagieren und eine entsprechend geringere Prozessspritzerneigung aufweisen.

5.4 Einfluss verschiedener Pulvereigenschaften auf die Spritzerbildung

Innerhalb dieses Abschnittes wird auf die Ergebnisse der in der Methodik in Kapitel 4.5 beschriebenen Versuche eingegangen. Hierbei wurden verschiedene Pulvereigenschaften und deren Auswirkung auf die Spritzerbildung untersucht. Variiert wurden dabei die Partikelgrößenverteilung, die Morphologie sowie der Oxidationszustand des Pulvermaterials. Die Versuche wurden sowohl mit der Aluminiumlegierung AlMgty80 als auch mit der in den anderen Versuchsreihen verwendeten Titanlegierung Ti-6Al-4V durchgeführt. Für alle Versuche innerhalb dieses Kapitels wurden bei sonst gleichen Rahmenbedingungen und Prozessparametern die obigen Variablen einzeln untersucht und anschließend hinsichtlich der resultierenden Spritzerbildung analysiert.

5.4.1 Aluminiumlegierung

In den durchgeführten Untersuchungen konnten klare Trends der verschiedenen Pulvereigenschaften im Hinblick auf die resultierende Spritzerbildung identifiziert werden. Die Ergebnisse der Versuchsreihen sind in Abbildung 5.16 zusammenfasst.

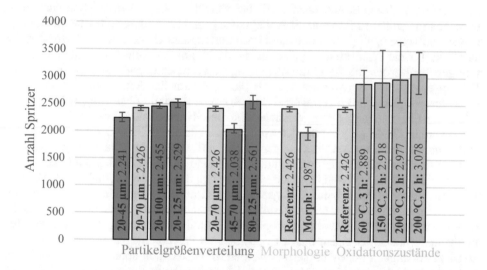

Abbildung 5.16: Resultierende Spritzerbildung unter Verwendung von Pulvermaterialien mit unterschiedlichen Partikelgrößenverteilungen, Morphologien und Oxidationszuständen aus den Aluminiumversuchsreihen

Hierbei sind die Mittelwerte der jeweiligen Anzahl an Spritzern pro Untersuchung dargestellt, wobei die minimalen und maximalen Werte durch die Fehlerbalken visualisiert wurden. Zunächst fällt auf, dass im Vergleich zur Titanlegierungen die AlMgty-Legierung recht spritzerarm ist, wobei die Werte für eine generierte 10 x 10 mm²-Fläche im Durchschnitt bei um die 2.000 bis 3.000 Spritzer pro Schicht liegen, während beispielsweise die Ti-6Al-4V-Legierung mit etwa 20.000 bis 35.000 Spritzern deutlich höhere Werte erzielt. Im ersten Block (blau) von Abbildung 5.16 wurde links die untere Partikelgröße auf 20 μm festgelegt und die obere Partikelgröße für die jeweilige Untersuchung angepasst, sodass der Einfluss einer größeren Partikelgrößenspanne auf die Spritzerbildung deutlich wird. Im rechten Teil des ersten Blocks (blau) wurden hingegen sowohl die untere als auch die obere Grenze der Partikelgrößenverteilung angepasst, jedoch bei einer einigermaßen konstanten Spanne von 25 bis 50 μm und dies ebenfalls wieder im Bereich von Partikelgrößen von 20 bis 125 μm. Hierdurch kann herausgearbeitet werden, inwiefern tendenziell kleinere oder größere Partikel einen Einfluss auf die Spritzerbildung haben. Aus beiden

Versuchsreihen geht hervor, dass je größer die Partikelgrößenspanne ist, desto mehr Spritzer treten auf. Dies ist sowohl im linken als auch im rechten Block von Abbildung 5.16 ersichtlich, wobei im linken Bereich ein nahezu linearer Anstieg mit zunehmender Partikelgrößenverteilung deutlich wird. Bei Betrachtung des rechten Blocks der Partikelgrößenverteilung ergeben sich eine 25 µm-, eine 45 µm- sowie eine 50 µm-Spanne. Hierbei kann die 45 µm- mit der 50 µm-Spanne verglichen werden und die 25 µm-Spanne mit der Partikelgröße 20-45 µm aus dem linken Teil von Abbildung 5.16. Es lässt sich festhalten, dass beide 25 µm-Spannen eine geringere Spritzeranzahl als die 45/50 µm-Spanne erzeugen. Unter Berücksichtigung der sich ergebenden Fließfähigkeit der Pulvermaterialien anhand der Kohäsion (vgl. Abbildung 4.18) lässt sich nun aufzeigen, dass eine größere Partikelgrößenspanne mit einer besseren Fließfähigkeit einhergeht. Das wiederrum führt aufgrund der verschiedenen Absorptionsgrade der unterschiedlichen Partikelgrößen innerhalb der die Schmelzbahn umgebenden Abtragszone zu größeren Instabilitäten und resultiert in einer größeren Spritzeranzahl. Hierbei führt die höhere Fließfähigkeit dazu, dass benachbarte Partikel einfacher in die Abtragszone gelangen. Andererseits ist es nicht möglich eine allgemeingültige Aussage darüber zu treffen, dass kleinere oder größere Partikel anfälliger für die Spritzerbildung sind, da die 45-70 µm Partikelgrößenverteilung etwas weniger Spritzer als die 20-45 µm-Verteilung hervorbrachte, aber andererseits die 80-125 µm etwas mehr Spritzer erzeugte als die 20-70 µm Partikelgrößenverteilung. Das nicht ganz so sphärische Pulvermaterial (Morph) weist eine um 18 % geringere Spritzeranzahl auf, wobei innerhalb dieser Versuchsreihe dieselbe Partikelgrößenverteilung wie bei der Referenz (20-70 µm) verwendet wurde, sodass Einflussfaktoren dieser Art ausgeschlossen werden können. Dies kann dadurch erklärt werden, dass die leicht unförmigen Partikel sich besser ineinander verklammern und dadurch die Fließfähigkeit herabsetzen, was durch die höheren Lawinenschüttwinkel in Abbildung 4.18 deutlich wird. Es wird angenommen, dass dadurch die Abtragszone insgesamt verkleinert wird, was zu einer geringeren Spritzeranzahl führt. Dies resultiert in einem stabileren Aufschmelzprozess. Es wird ein für den PBF-LB/M-Prozess optimaler Anteil an eher unregelmäßig geformten Partikeln vermutet, der einem qualitativ reduzierten Pulverauftrag aufgrund einer geringeren Fließfähigkeit gegenübergestellt werden muss, letztlich aber in einem stabileren Aufschmelzprozess resultiert. Ähnlich wie im ersten Block links von Abbildung 5.16 ergibt die Untersuchungsreihe zur Ermittlung des Einflusses des Oxidationsgrades des Pulvermaterials einen nahezu linearen Trend, wobei mit zunehmendem Grad der Oberflächenoxidation auch die Spritzeranzahl zunimmt. Eine ausführliche Analyse dieses Zusammenhangs ist in Abbildung 5.17 dargestellt.

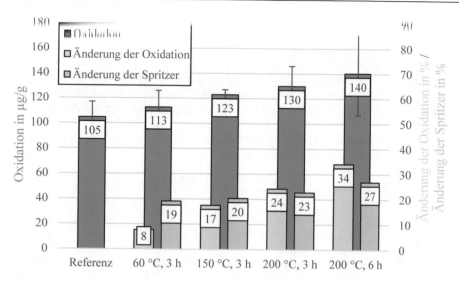

Abbildung 5.17: Korrelation der Spritzerbildung mit dem Oxidationsgrad des Pulvermaterials

Es wird deutlich, dass bereits ein geringer Anstieg der Oberflächenoxidation des Pulvermaterials gegenüber der Referenz zu einem vergleichsweisen hohen Anstieg in der Anzahl an resultierenden Spritzern führt. Nach erfolgter Erstoxidation sind die Unterschiede durch eine weiterführende Oxidation im Hinblick auf die Spritzerbildung relativ gering. Das wird insbesondere dadurch deutlich, dass der nahezu lineare Anstieg des Oxidationsgehaltes bezogen auf die Referenz (8 %, 17 %, 24 %, 34 %) sich nicht in gleichem Maße auf die Spritzeranzahl auswirkt (19 %, 20 %, 23 %, 27 %). Es ist zu erkennen, dass die anfängliche Exposition der Pulverpartikel mit Sauerstoff (8 %) zu der größten Veränderung bei der Spritzerbildung (19 %) führt. Eine weitere Veränderung des Oxidationsgehaltes in ähnlichen Größenordnungen führt zu vergleichsweisen geringen Veränderungen in der Spritzeranzahl. In den ersten beiden Fällen überwiegt die prozentuale Veränderung der Spritzer die prozentuale Änderung des Sauerstoffgehaltes, während sie im dritten Fall fast gleich groß sind und im vierten Fall die prozentuale Veränderung des Oxidationsgehaltes sogar überwiegt. Anhand der vorliegenden Ergebnisse kann festgehalten werden, dass selbst eine geringe Oxidation der Pulverpartikel im Hinblick auf die Spritzerneigung vermieden werden sollte. Da viele Pulvermaterialien bei unsachgemäßer Handhabung mit der Zeit oxidieren, ist davon auszugehen, dass ältere und häufig wiederverwendete Pulver tendenziell zu mehr Spritzern neigen als neue Pulvermaterialien. Unter der Annahme einer bereits vorhandenen, leicht ausgeprägten Oxidation führt dann eine weitere Zunahme der Oberflächenoxidation nur noch zu einem vergleichsweise geringen Anstieg der Spritzer. Der generelle Trend einer höheren Spritzerbildung bei höheren Oxidationswerten des Pulvermaterials lässt sich dadurch erklären, dass beim Aufschmelzprozess aufgrund der hohen Abkühlraten der Sauerstoff im Material eingeschlossen wird und als Gaspore zurückbleibt. Beim Wiederaufschmelzen in den darauffolgenden Schichten können diese Poren schließlich zu defekt-induzierten Spritzern führen, da die schlagartige Freisetzung des in der Pore eingeschlossenen Gases zu einer plötzlichen Eruption der flüssigen Schmelze führt, infolgedessen eine Veränderung des Absorptionsverhaltens aufgrund der veränderten Reflektionen innerhalb des Schmelzbades auftritt und das Schmelzbad schließlich kollabiert.

Zudem wurde untersucht, welche Partikel auf der Bauplattform abgelegt wurden, indem das Pulvermaterial im Überlaufbehälter mit dem Neupulver vergleichend gegenübergestellt wurde. Diese Untersuchung ist wichtig, da die eingestellte Schichtstärke von 50 µm sich teilweise sehr deutlich von der oberen Grenze der Partikelgröße unterscheidet, wenngleich die sich im Prozess einstellende Schichtstärke durch die Füll- und Klopfdichte sowie durch die Abtragszone um die Lasertrajektorie deutlich höher ist, als der voreingestellte Wert [146]. Die Ergebnisse dieser Untersuchung sind in Tabelle 5.8 aufgeführt.

Tabelle 5.8:   Partikelgrößenverteilung (PSD; D10-D90) des Aluminiumpulvers im Überlaufbehälter nach den durchgeführten Baujobs

PSD in µm	D10 in µm	D50 in µm	D90 in µm
20-45	+ 2,5	+ 3,3	+ 3,3
20-70	- 0,4	- 0,7	- 0,7
20-100	+ 6,0	+ 16,6	+ 9,4
20-125	+ 9,5	+ 20,5	+ 14,3
45-70	+ 3,4	+ 3,0	+ 3,8
80-125	+ 1,3	+ 2,6	+ 2,8
Morph	+ 1,0	+ 1,9	+ 1,7

Für die Partikelgrößenverteilung 20-45 µm, 20-70 µm, 45-70 µm und 80-125 µm sowie für das nicht ganz so sphärische Pulvermaterial ergibt sich, dass im Rahmen kleinerer Messabweichungen alle Partikelgrößen und Formen auf der Bauplattform abgelegt wurden. Die Pulver mit einer vergleichsweise großen Partikelgrößenspanne von 20-100 µm sowie von 20-125 µm weisen jedoch eine Verschiebung zu größeren Partikelgrößen auf, sodass hierbei ein Teil der gröberen Partikel nicht auf dem Pulverbett appliziert wurde. Interessant ist jedoch, dass bei der Partikelgrößenverteilung 80-125 µm, die in einer ähnlichen Größenordnung liegt, nahezu alle Partikel auf der Bauplattform aufgebracht wurden. Dies ist durch die sich unterschiedlich ausbildenden Packungsdichten von Pulvermaterialien im Pulverbett begründet. Dabei führen unterschiedliche Partikelgrößenverteilungen auch bei gleichen Werten für die Schütt- und Klopfdichte zu unterschiedlichen Packungsdichten. Bei der industriellen Nutzung von Pulvermaterialien werden diese häufig in verschiedene Baujobs wiederverwendet, sodass in diesem Fall eine mögliche Verschiebung der Partikelgrößenverteilungen 20-100 µm sowie 20-125 µm über mehrere Baujobs hin zu größeren Partikelgrößen überprüft werden muss. Zusammenfassend lässt sich jedoch für die Aluminiumlegierung festhalten, dass für eine spritzerreduzierte Prozessführung das Pulvermaterial in einer möglichst geringen Partikelgrößenspanne, bei möglichst geringen Oxidationswerten verarbeitet werden sollte. In diesem Fall wurde die optimale Partikelgrößenverteilung bei 45-70 µm ermittelt, wobei sich jedoch kein eindeutiger Trend in der Verarbeitung kleiner und großer Pulverpartikel aufzeigen ließ. Bezogen auf die Morphologie des Pulvermaterials lässt sich festhalten, dass eine leicht unrunde Partikelgeometrie sich positiv auf die Spritzermechanismen auswirken kann, da sich die Partikel untereinander verklammern, die Fließfähigkeit herabsetzen und dadurch die Anzahl an mitgerissenen Spritzer reduzieren. Es gilt jedoch zu berücksichtigen, dass hierdurch der Pulverauftrag negativ beeinträchtigt wird, weswegen ein optimaler Anteil an unförmigen Partikeln oder die jeweilige Sphärizität beziehungsweise Symmetrie gezielt eingestellt werden muss.

5.4.2 Titanlegierung

Wie immer bei den Aluminiumversuchen konnte auch bei den durchgeführten Untersuchungen zu verschiedenen Partikelgrößenverteilungen bei Titan ein Trend ausgemacht werden. Die Ergebnisse der Versuchsreihen sind in Abbildung 5.18 zusammenfassend dargestellt.

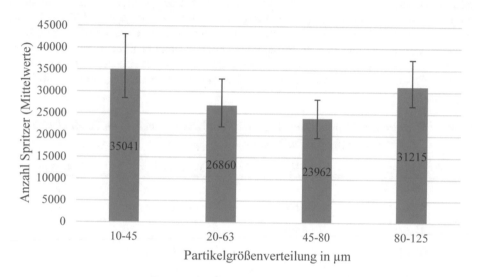

Abbildung 5.18: Resultierende Spritzerbildung unter Verwendung von Pulvermaterialien mit unterschiedlichen Partikelgrößenverteilungen in den Titanversuchsreihen

Hierbei wurden ähnliche Partikelgrößenspannen zwischen 35 bis 45 µm verwendet, jedoch die unteren und oberen Grenzen entsprechend angepasst. Die Partikelgrößenverteilung 20-63 µm stellt dabei den Referenzprozess dar, wobei die Partikelgrößenverteilung 10-45 µm kleine Partikel, 45-80 µm mittlere Partikel und 80-125 µm große Partikel repräsentieren. Es wird ersichtlich, dass eine kleine Partikelgröße mit 35.041 Spritzern die größte Anzahl an Prozessspritzern aufweist, mit 31.215 Spritzern gefolgt von den großen Partikeln. Darauf folgen die Referenzpartikelgröße mit 26.860 sowie die mittlere Partikelgröße mit 23.962 Spritzern, was dem geringsten Wert der Versuchsreihe entspricht. Beim Vergleich mit den Aluminiumversuchen (siehe Abbildung 5.16) zeigt sich für die untersuchten Partikelgrößen 20-63 µm (respektive 20-70 µm), 45-80 µm (respektive 45-70 µm) sowie 80-125 µm derselbe Trend, dass vergleichsweise enge untere und obere Grenzwerte der Partikelgröße rund um die im Prozess definierte Schichtstärke in der geringsten Spritzeranzahl resultieren. Sowohl die zusätzlichen kleineren Partikel bei den Referenzpulvern als auch die ausschließlich größer als die Schichtstärke gewählten Partikelgrößen resultieren in einer höheren Spritzerbildung, wobei die ausschließlich größeren Partikel in beiden Fällen eine höhere Anzahl an Prozessspritzern bedingen. Einzig die Versuchsreihe 10-45 µm reiht sich nicht entsprechend den Ergebnissen der Aluminiumversuchen zwischen das Referenzpulver sowie der mittleren Partikelgröße ein, sondern ergibt in diesem Fall die höchste Spritzeranzahl. Dieser Effekt kann dadurch erklärt werden, dass im Falle der Aluminiumversuche die untere Grenze bei 20 µm lag und die 10 µm Unterschied zum innerhalb der Titanversuche analysierten Pulvermaterial 10-45 µm einen höheren Feinanteil bedingen, der eine höhere Spritzeranzahl ergibt. Dieser Trend, dass höhere Feinanteile solch ein Prozessverhalten bedingen, wird sowohl in den Aluminium- als auch in den Titanversuchen beim Vergleich der mittleren Partikelgröße (45-70/80 μm) mit dem Referenzpulver (20-63/70 μm) deutlich, die sich jeweils nur im höheren Feinanteil unterscheiden.

Zudem wurde auch hier untersucht, welche Partikel auf der Bauplattform abgelegt wurden, indem das Pulvermaterial im Überlaufbehälter mit dem Neupulver vergleichend gegenübergestellt wurde. Diese Untersuchung ist wichtig, da die eingestellte Schichtstärke von 60 μm sich teilweise sehr deutlich von der oberen Grenze der Partikelgröße unterscheidet, wenngleich die sich im Prozess einstellende Schichtstärke durch die Füll- und Klopfdichte sowie durch die Abtragszone um die Lasertrajektorie deutlich höher ist als der voreingestellte Wert [146]. Die Ergebnisse dieser Untersuchung sind in Tabelle 5.9 aufgeführt.

Tabelle 5.9: Partikelgrößenverteilung (PSD; D10-D90) des Titanpulvers im Überlaufbehälter nach den durchgeführten Baujobs

PSD in μm	D10 in μm	D50 in μm	D90 in μm
10-45	+ 0,5	+ 1,3	+ 12
20-63	+ 0,9	± 0	- 0,3
45-80	+ 0,8	+ 1,1	+ 1,2
80-125	+ 4,7	+ 3,9	+ 4,1

Auch hier unterscheidet sich einzig die Partikelgrößenverteilung 10-45 μm von den Ergebnissen der Aluminiumlegierung, da sich ein deutlich größerer D90-Wert gegenüber dem Ausgangsmaterial ermitteln ließ. Es lässt sich jedoch vermuten, dass eine höhere Anzahl an Prozessspritzern (vgl. Abbildung 5.18) zu einer Verschiebung des D90-Wertes, also zu einer Vergröberung des Pulvermaterials führt. Dies lässt sich dadurch erklären, dass ein gewisser Teil des Pulvermaterials in Prozessspritzer umgesetzt wird, die letztlich direkt (über die Flugbahn) oder indirekt (über den Beschichter) in das Pulverreservoir gelangen. Das wird insbesondere dadurch deutlich, dass die D10- und D50-Werte nahezu gleichgeblieben sind und sich lediglich der Anteil großer Partikel erhöht hat. Zusammenfassend lässt sich auch für die Titanlegierung festhalten, dass für eine spritzerreduzierte Prozessführung das Pulvermaterial in einer möglichst geringen Partikelgrößenspanne verarbeitet werden sollte. In diesem Fall wurde die optimale Partikelgrößenverteilung bei 45-80 μm ermittelt, wobei sich jedoch auch hier kein eindeutiger Trend in der Verarbeitung kleiner und großer Pulverpartikel aufzeigen ließ. In beiden Fällen wird jedoch deutlich, dass das für eine spritzeroptimierte Prozessführung gewählte Pulvermaterial in einer engen Partikelgrößenverteilung um die gewählte Schichtstärke liegen sollte.

5.5   Einfluss der Laserstrahlform auf die Spritzerbildung

Innerhalb dieses Abschnittes wird auf die Ergebnisse der in Kapitel 4.6 beschriebenen Versuche eingegangen. Hierbei wurde der Einfluss der Laserstrahlform auf die resultierende Spritzerbildung anhand eines gaußförmigen, eines ringförmigen sowie einer Mischform aus beiden Laserstrahlprofilen untersucht. Die Ergebnisse wurden außerdem hinsichtlich des verwendeten Fokusdurchmessers sowie der resultierenden Einzelspurbreiten normiert. In den durchgeführten Einzelspurversuchen konnte klare Trends bezüglich der verwendeten Strahlprofile im Hinblick auf die resultierende Spritzerbildung identifiziert werden. Die Ergebnisse der Versuchsreihen sind in Abbildung 5.19 zusammengefasst.

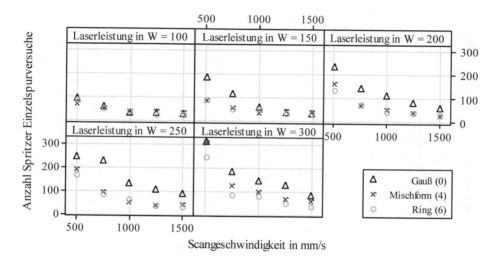

Abbildung 5.19: Resultierende Spritzeranzahl verschiedener Laserstrahlformen über unterschiedliche Laserleistungen und Scangeschwindigkeiten in Einzelspurversuchen

Es wird ersichtlich, dass der Kurvenverlauf aller Laserstrahlformen dem in Abbildung 5.1 ähnelt und die dort bereits aufgezeigten Ergebnisse unterstreicht. Somit nimmt die Spritzeranzahl mit zunehmender Scangeschwindigkeiten auch innerhalb dieser Versuchs-reihe bei unterschiedlichen Strahlprofilen ab, steigt jedoch mit zunehmender Laserleistung an. Unterschiede werden indessen für die erzeugte Menge an Prozessspritzern bei den un-tersuchten Strahlprofilen deutlich. Bei einer Laserleistung von 100 W erzeugen alle Strahlprofile noch nahezu die gleiche Anzahl an Prozessspritzern, wohingegen ab einer Laserleistung von 150 W das gaußförmige Strahlprofil (Index 0) höhere Werte als das ringförmige (Index 6) respektive die Mischform aus beiden Formen (Index 4) erzeugt. Ins-besondere bei niedrigen Scangeschwindigkeiten liegt der Unterschied teilweise bei Faktor zwei, wobei dieser mit zunehmender Scangeschwindigkeit abnimmt und sich den anderen beiden Strahlprofilen annähert. Da die unterschiedlichen Strahlprofile maschinenbaube-dingt unterschiedliche Fokusdurchmesser aufweisen, müsste sich gemäß Abbildung 5.1 eine größere Spritzeranzahl für die Laserindizes 4 und 6 ergeben, jedoch ist innerhalb die-ser Versuchsreihen das Gegenteil der Fall. Sowohl das ringförmige als auch das Misch-profil verlaufen über alle Messreihen hinweg nahezu identisch und deutlich unterhalb der gaußförmigen Laserstrahlform. Dies kann dadurch erklärt werden, dass ein ringförmiges Strahlprofil für eine homogenere Temperaturverteilung sorgt und dadurch Verdampfungs-effekte weitestgehend vermieden werden. Dies resultiert in einem stabileren Schmelzbad, was durch die kleinere Abtragszone um die Schweißbahn herum sowie durch eine gerin-gere Anzahl an Prozessspritzern deutlich wird.

Um zu überprüfen, ob diese Ergebnisse nur für Einzelspurversuche gelten beziehungs-weise um zudem eine größeren Stichprobenanzahl durch längere Aufnahmezeiten zu un-tersuchen, wurden zusätzlich Mehrspurversuche bei den unterschiedlichen Prozesspara-meterkombinationen und Laserstrahlprofilen durchgeführt und die resultierende

Spritzerbildung quantifiziert. Die Ergebnisse dieser Versuchsreihen sind in Abbildung 5.20 dargestellt.

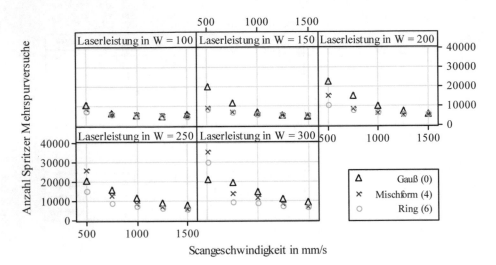

Abbildung 5.20: Resultierende Spritzeranzahl verschiedener Laserstrahlformen über unterschiedliche Laserleistungen und Scangeschwindigkeiten in Mehrspurversuchen

Die Messwerte spiegeln gut die bereit an den Einzelspuren in Abbildung 5.19 aufgezeigten Zusammenhänge wider. Auch hier führt die Verwendung des gaußförmigen Strahlprofils zu einer höheren Spritzerbildung, verglichen mit dem ringförmigen und dem Mischprofil. Einzig der Messwert für Index 0 bei einer Laserleistung von 300 W und einer Scangeschwindigkeit von 500 mm/s sollte kritisch hinterfragt werden, da dieser vermutlich etwas höher im Bereich von etwa 35.000 Spritzern liegen müsste, was sich durch einen Vergleich mit den Ergebnissen aus Abbildung 5.19 vermuten lässt.

Ähnlich zu Kapitel 5.1 werden auch in diesem Fall die Anzahl an resultierenden Prozessspritzern der einzelnen Versuchsreihen auf die sich ergebende Einzelspurbreiten sowie in diesem Fall auch auf die sich ergebenden Einzelspurflächen (vgl. Abbildung 4.23) bezogen und dadurch geometrisch normiert. Hierzu ist in Abbildung 5.21 eine exemplarische Messreihe bei 300 W Laserleistung dargestellt, wobei im linken Teil der Grafik die Spritzer auf die Einzelspurbreite normiert sind sowie im rechten Teil auf die Einzelspurflächen. Die zugehörigen Messwerte der resultierenden Einzelspurbreiten und -flächen sind im Anhang E.3 aufgeführt.

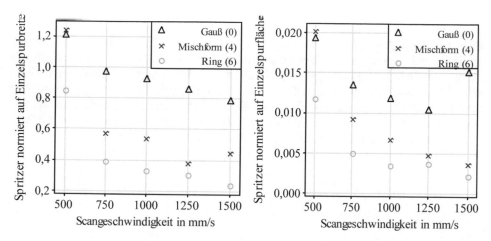

Abbildung 5.21: Resultierende Spritzeranzahl verschiedener Laserstrahlformen über unterschiedliche Scangeschwindigkeiten bei 300 W normiert auf die Einzelspurbreite und -fläche

Es wird deutlich, dass das gaußförmige Laserstrahlprofil bei einer Laserleistung von 300 W über die unterschiedlichen Scangeschwindigkeiten hinweg 1,4 bis 3,3 Mal so viele Prozessspritzer pro Mikrometer Einzelspurbreite sowie 1,6 bis 6,7 Mal so viele Prozessspritzer pro Quadratmikrometer Einzelspurfläche erzeugt wie das ringförmige Laserstrahlprofil. Dies ist ebenfalls auf den deutlich homogeneren Energieeintrag zurückzuführen, der mit deutlich geringeren Verdampfungseffekten einhergeht.

Zusätzlich wurde in einer weiteren Versuchsreihe verglichen, wie sich die unterschiedlichen Laserindizes bei der maximal möglichen Laserleistung je Index auf die Anzahl an Prozessspritzern auswirkt.

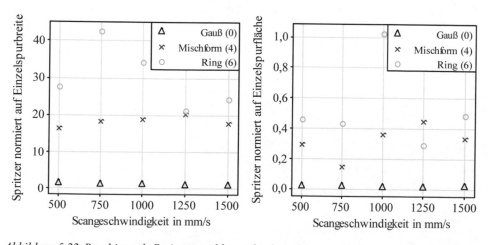

Abbildung 5.22: Resultierende Spritzeranzahl verschiedener Laserstrahlformen über unterschiedliche Scangeschwindigkeiten bei maximaler Laserleistung je Index normiert auf die Einzelspurbreite und -fläche

Es stellt sich heraus, dass das ringförmige Laserstrahlprofil bei der maximal möglichen Laserleistung von 950 W über die unterschiedlichen Scangeschwindigkeiten hinweg in diesem Fall 23 bis 44 Mal so viele Prozessspritzer pro Mikrometer Einzelspurbreite erzeugt wie das gaußförmige Laserstrahlprofil. Zudem erzeugt das ringförmige Laserstrahlprofil bei der maximal möglichen Laserleistung von 950 W über die unterschiedlichen Scangeschwindigkeiten hinweg 24 bis 87 Mal so viele Prozessspritzer pro Quadratmikrometer Einzelspurfläche wie das gaußförmige Laserstrahlprofil. Dabei liegt die verwendete Laserleistung allerdings um das 3,2-fache höher als beim gaußförmigen Strahlprofil, wobei in Abbildung 5.1 und auch in Abbildung 5.19 nachgewiesen wurden, dass eine höhere Laserleistung mit einer höheren Anzahl an Prozessspritzern einhergeht.

6 Wirtschaftlichkeitsbetrachtung

Innerhalb dieses Kapitels wird auf Basis der generierten Ergebnisse eine Wirtschaftlichkeitsbetrachtung für eine spritzerreduzierte PBF-LB/M-Prozessführung durchgeführt. Hierbei werden die einzelnen Stellgrößen hinsichtlich der Auswirkungen auf die Produktivität analysiert und bewertet.

6.1 Kostenmodell

Zur Berechnung der für jedes Szenario anfallenden Baujob- und Bauteilkosten wurde ein Kostenmodell erstellt, welches sich aus einer Vielzahl unterschiedlicher Kennwerte zusammensetzt. Innerhalb dieser Arbeit wurden Prozessoptimierungen untersucht, die miteinander verglichen werden sollen, weswegen das Kostenmodell entsprechend auch ausschließlich die PBF-LB/M-Kosten berücksichtigt und keine Aussagen zur Daten- und Maschinenvor-/Nachbereitung sowie einer eventuell notwendigen Nachbearbeitung der Bauteile treffen soll. Diese Kostenanteile wären entsprechend über alle Vergleiche konstant und könnten nachträglich als Summen zu Gleichung 6.1 addiert werden. Die Gesamtkosten pro Baujob setzen sich aus den Fertigungs- und Materialkosten zusammen, sodass gilt:

$$K_{Baujob} = K_{Fertigung} + K_{Material} \qquad 6.1$$

K_{Baujob}: *Kosten pro Baujob*
$K_{Fertigung}$: *Fertigungskosten*
$K_{Material}$: *Materialkosten*

Die Fertigungskosten wiederrum setzen sich aus der Fertigungszeit und den Maschinenkosten zusammen, zu denen die Inertgaskosten pro Baujob addiert werden, sodass gilt:

$$K_{Fertigung} = t_{Fertigung} \cdot K_{Maschinenst.} + K_{Inertgas} \qquad 6.2$$

$K_{Fertigung}$: *Fertigungskosten*
$t_{Fertigung}$: *Fertigungszeit*
$K_{Maschinenst.}$: *Maschinenstundensatz*
$K_{Inertgas}$: *Inertgaskosten pro Baujob*

Dabei kann Gleichung 6.2 als erster Summand in Gleichung 6.1 eingesetzt werden. Zur Berechnung der Fertigungszeit müssen die Zeitanteile des Beschichtungs- sowie Belichtungsvorgänge addiert werden, sodass gilt:

$$t_{Fertigung} = t_{Beschichtung} + t_{Belichtung} \qquad 6.3$$

$t_{Fertigung}$: *Fertigungszeit*
$t_{Beschichtung}$: *Zeitdauer aller Beschichtungsvorgänge*
$t_{Belichtung}$: *Zeitdauer aller Belichtungsvorgänge*

Gleichung 6.3 kann dabei als erster Faktor in die Gleichung 6.2 eingesetzt werden. Die Zeitdauer aller Beschichtungsvorgänge berechnet sich über die Zeitdauer eines Beschichtungsvorganges, welcher mit der Anzahl an Schichten multipliziert wird, sodass gilt:

© Der/die Autor(en), exklusiv lizenziert an
Springer-Verlag GmbH, DE, ein Teil von Springer Nature 2024
P. Kohlwes, *Prozessstabile additive Fertigung durch spritzerreduziertes
Laserstrahlschmelzen*, Light Engineering für die Praxis,
https://doi.org/10.1007/978-3-662-69082-6_6

$$t_{Beschichtung} = t_{Beschichter} \cdot n_{Schichten} \qquad\qquad 6.4$$

$t_{Beschichtung}$: *Zeitdauer aller Beschichtungsvorgänge*
$t_{Beschichter}$: *Zeitdauer eines Beschichtungsvorganges*
$n_{Schichten}$: *Schichtanzahl des Baujobs*

Gleichung 6.4 kann somit als erster Summand in Gleichung 6.3 eingesetzt werden. Um die Anzahl an Bauteilschichten zu berechnen, wird die Höhe des Baujobs durch die Schichtstärke dividiert, sodass gilt:

$$n_{Schichten} = \frac{h_{Baujob}}{d_{SD}} \qquad\qquad 6.5$$

$n_{Schichten}$: *Schichtanzahl des Baujobs*
h_{Baujob}: *Höhe des Baujobs*
d_{SD}: *Schichtdicke*

Dabei kann Gleichung 6.5 als erster Faktor in Gleichung 6.4 eingesetzt werden. Zur Bestimmung der Maschinenkosten, also des zweiten Faktors aus Gleichung 6.2, ist es notwendig, die jährliche Maschinenabschreibungsrate, die jährlichen Wartungskosten sowie die jährlichen Stromkosten auf die jährliche Maschinenauslastung zu beziehen, sodass gilt:

$$K_{Maschinenst.} = \frac{K_{Maschinenabschr.} + K_{Wartung} + K_{Strom}}{t_{Auslastung}} \qquad\qquad 6.6$$

$K_{Maschinenst.}$: *Maschinenstundensatz*
$K_{Maschinenabschr.}$: *jährliche Maschinenabschreibung*
$K_{Wartung}$: *jährliche Maschinenwartungskosten*
K_{Strom}: *jährliche Maschinenstromkosten*
$t_{Auslastung}$: *jährliche Maschinenauslastung*

Die resultierende Gleichung 6.6 kann als zweiter Faktor in Gleichung 6.2 eingesetzt werden. Die Maschinenabschreibungskosten berechnen sich über den Quotienten aus Maschinenkaufpreis und der Abschreibungsdauer, sodass gilt:

$$K_{Maschinenabschr.} = \left(\frac{K_{Maschinenkauf}}{t_{Abschreibungsdauer}} \right) \qquad\qquad 6.7$$

$K_{Maschinenabschr.}$: *jährliche Maschinenabschreibung*
$K_{Maschinenkauf}$: *Maschinenkaufpreis*
$t_{Abschreibungsdauer}$: *Maschinenabschreibungsdauer*

Gleichung 6.7 kann dann als Dividend in den ersten Summanden von Gleichung 6.6 eingesetzt werden. Um die Inertgaskosten, also den letzten Summanden aus Gleichung 6.2 zu berechnen, müssen die Kosten zum Herstellen der Prozessbedingungen mit den Inertgaskosten während der Fertigung addiert werden, sodass gilt:

$$K_{Inertgas} = K_{Inertgas,Prozessb.} + K_{Inertgas,Fertigung}$$ (6.8)

$K_{Inertgas}$: Inertgaskosten pro Baujob
$K_{Inertgas,Prozessb.}$: Inertgaskosten zum Herstellen der Prozessbedingungen
$K_{Inertgas,Fertigung}$: Inergaskosten für die Fertigung

Dabei kann Gleichung 6.8 als letzter Summand in Gleichung 6.2 eingesetzt werden. Die Inertgaskosten zum Herstellen der Prozessbedingungen berechnen sich aus dem verbrauchten Inertgasvolumen und werden mit den Kosten des Inertgases multipliziert, sodass gilt:

$$K_{Inertgas,Prozessb.} = V_{Inertgas,Prozessb.} \cdot K_{Inertgaspreis}$$ 6.9

$K_{Inertgas,Prozessb.}$: Inertgaskosten zum Herstellen der Prozessbedingungen
$V_{Inertgas,Prozessb.}$: verbrauchtes Inertgasvolumen beim Fluten
$K_{Inertgaspreis}$: Kosten für das Inertgas

Somit kann Gleichung 6.9 als erster Summand in Gleichung 6.8 eingesetzt werden. Zur Bestimmung des zweiten Summanden, also der Inertgaskosten für die Fertigung, muss das verbrauchte Inertgasvolumen während der Fertigung mit der Fertigungszeit sowie den Kosten für das Inertgas multipliziert werden, sodass gilt:

$$K_{Inertgas,Fertigung} = V_{Inertgas,Fertigung} \cdot t_{Fertigung} \cdot K_{Inertgaspreis}$$ 6.10

$K_{Inertgas,Fertigung}$: Inertgaskosten für die Fertigung
$V_{Inertgas,Fertigung}$: verbrauchtes Inertgasvolumen während der Fertigung
$t_{Fertigung}$: Fertigungszeit
$K_{Inertgaspreis}$: Kosten für das Inertgas

Glcichung 6.10 kann dabei als zweiter Summand in Gleichung 6.8 eingesetzt werden. Zur Bestimmung der Zeitdauer aller Belichtungsvorgänge, also dem zweiten Summanden in Gleichung 6.3, muss das gesamte Aufschmelzvolumen des Baujobs durch die reale Aufbaurate dividiert werden, sodass gilt:

$$t_{Belichtung} = \frac{V_{Baujob}}{\dot{V}_{real}}$$ 6.11

$t_{Belichtung}$: Zeitdauer aller Belichtungsvorgänge
V_{Baujob}: Aufschmelzvolumen des gesamten Baujobs
$\dot{V}_{real}$: reale Aufbaurate

Infolgedessen kann Gleichung 6.11 als zweiter Summand in Gleichung 6.3 eingesetzt werden. Um die reale Aufbaurate zu berechnen, müssen die im Aufschmelzprozess auftretenden Delays (unter anderem Sprungdelays) von der realen Aufbaurate subtrahiert werden, sodass gilt:

$$\dot{V}_{real} = \dot{V}_{theoretisch} \cdot (1 - C_{Delays})$$ 6.12

$\dot{V}_{real}$: reale Aufbaurate
$\dot{V}_{theoretisch}$: theoretische Aufbaurate
C_{Delays}: Konstante für Delays während des Belichtungsvorganges

Somit kann Gleichung 6.12 als Divisor in Gleichung 6.11 eingesetzt werden. Zur Berechnung der Materialkosten, also des zweiten Summanden in Gleichung 6.1, muss das Aufschmelzvolumen des Baujobs mit der Materialdichte und dem Materialpreis multipliziert werden, wobei ein gewisser prozentualer Anteil an Materialausschuss dazu addiert werden muss, sodass gilt:

$$K_{Material} = V_{Baujob} \cdot \rho \cdot K_{Materialpreis} \cdot (1 + C_{Ausschuss}) \hspace{2cm} 6.13$$

$K_{Material}$: $Materialkosten$
V_{Baujob}: $Aufschmelzvolumen\ des\ gesamten\ Baujobs$
ρ: $Materialdichte$
$K_{Materialpreis}$: $Materialpreis$
$C_{Ausschuss}$: $Konstante\ für\ Materialausschuss$

Gleichung 6.13 kann dabei als zweiter Summand in Gleichung 6.1 eingesetzt werden, sodass durch Einsetzen der in Tabelle 6.1 aufgeführten Werte die Fertigungskosten eines Baujobs für die unterschiedlichen Prozessführungen berechnet werden können.

Tabelle 6.1:   Getroffene Annahmen zur Berechnung der resultierenden Kosten für einen Baujob

Benennung	Annahmen	Einheit
Zeitdauer eines Beschichtungsvorganges	8,82	s
Höhe des Baujobs	119,13	mm
Schichtdicke	0,03-0,12	mm
jährliche Maschinenauslastung	5.256	h
jährliche Maschinenwartungskosten	10.000	€
jährliche Maschinenstromkosten	3.000	€
Maschinenkaufpreis	700.000	€
Maschinenabschreibungsdauer	5	a
verbrauchtes Inertgasvolumen zum Herstellen der Prozessbedingungen	3	m³
Kosten für das Inertgas	24,2; 55,9	€/m³
verbrauchtes Inertgasvolumen während Fertigung	0,6	m³/h
Aufschmelzvolumen des gesamten Baujobs	842.263	mm³
theoretische Aufbaurate	10-122	cm³/h
Konstante für Delays während des Belichtungsvorganges	1	%
Materialdichte	4,43	g/cm³
Materialpreis	75,13-187,66	€/kg
Konstante für Materialausschuss	2-6	%

Die Annahme der jährlichen Maschinenauslastung beruht hierbei auf einem Wert von 60 % und die Kosten für die beiden Inertgase beziehen sich auf einen Beschaffungspreis von 259 € für 10,7 m³ Argon 4.6 [78, 79] sowie auf 557 € für 9,97 m³ Varigon He30 [80, 82]. Die Höhe sowie das Aufschmelzvolumen ergeben sich beispielhaft anhand des in Abbildung 6.1 dargestellten industrienahen Baujobs.

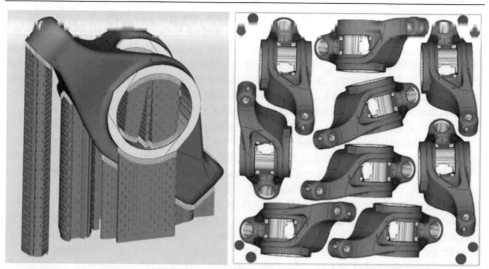

Abbildung 6.1: Modifizierter Motorkipphebel aus dem Truck- und Bussegment in Anlehnung an [76]

6.2 Grundlegende Prozessparameter

Zur Analyse der grundlegenden Prozessparameter wurden zu Beginn Einzelspurversuche durchgeführt, wobei die Parameter Schichtstärke, Fokusdurchmesser, Laserleistung sowie Scangeschwindigkeit variiert wurden. Diese wurden anschließend grafisch dargestellt sowie einer Korrelationsanalyse unterzogen. Die Ergebnisse der Korrelationsanalyse sind schematisch in Tabelle 6.2 zusammengetragen und hinsichtlich der Ist-Spritzeranzahl, der geometrisch sowie der zeitlich normierten Anzahl an Spritzern unterteilt, da diese Betrachtungsweisen unterschiedliche Kernaussagen zulassen.

Tabelle 6.2: Ergebnisse der Korrelationsanalyse von den durchgeführten Einzelspurversuchen (Farben der Pfeile in Anlehnung an Tabelle 5.1; Winkel der Pfeile in Abhängigkeit des resultierenden Ergebnisses der Korrelationsanalyse nach Spearman)

untersuchte Größe	Ist-Spritzeranzahl	geometrisch normiert	zeitlich normiert
Schichtstärke			
Fokusdurchmesser			
Laserleistung			
Scangeschwindigkeit			

Bezogen auf die Schichtstärke wird deutlich, dass diese in den Einzelspurversuchen keinen Einfluss auf die resultierende Anzahl an Prozessspritzern hat, wohlgleich aber die

Aufbaurate signifikant beeinflusst. Eine höhere Schichtstärke reduziert die Anzahl an Beschichtungsvorgängen, also die Nebenzeiten, in denen die Anlage nicht gewinnbringend produziert. Somit kann gefolgert werden, dass unter wirtschaftlichen Aspekten eine spritzerreduzierte Prozessführung eine möglichst hohe Schichtstärke aufweisen sollte. Bezüglich des Fokusdurchmessers konnte der Zusammenhang identifiziert werden, dass ein größerer Fokusdurchmesser auch zu einer höheren Spritzeranzahl führt. Dies ist sowohl bei der Ist-Spritzeranzahl als auch bei den geometrisch normierten Werten der Fall, bei denen die Spritzeranzahl auf die resultierenden Einzelspurbreiten bezogen wurde. Ein größerer Fokusdurchmesser geht häufig mit einem höheren Hatch-Abstand einher, der wiederrum die Aufbaurate positiv beeinflusst, sodass wirtschaftlich gesehen ein Zielkonflikt entsteht. Für eine spritzerreduzierte Prozessführung sollte der Fokusdurchmesser jedoch möglichst gering gehalten werden. Die Laserleistung ist die erste Variable, die in keinem unmittelbaren Zusammenhang mit der Aufbaurate steht. Indirekt ist sie jedoch an beispielsweise den Fokusdurchmesser gekoppelt, da bei der Verwendung eines größeren Fokusdurchmessers häufig auch die Laserleistung erhöht werden sollte, da die Flächenintensität sonst abnehmen und keine homogene Schmelzspur entstehen würde (vgl. Gleichung 2.6). Es konnte herausgearbeitet werden, dass die Laserleistung in einem positiven Zusammenhang mit der Spritzeranzahl steht, also eine Erhöhung der Laserleistung auch zu einer höheren Spritzerbildung führt. Für eine spritzerreduzierte Prozessführung sollte die Laserleistung möglichst gering gehalten werden, was wiederrum keine negativen Auswirkungen auf die Aufbaurate hat. Bei einer Erhöhung der Scangeschwindigkeit konnte nachgewiesen werden, dass sowohl die Ist-Spritzeranzahl als auch die geometrische normierte Anzahl an Prozessspritzern abnimmt. Die Scangeschwindigkeit wirkt sich positiv auf die Aufbaurate aus, sodass für eine spritzerreduzierte Prozessführung eine hohe Scangeschwindigkeit abgeleitet werden kann. Bei der zeitlich normierten Spritzeranzahl, die eine Aussage darüber zulässt wie viele Spritzer pro Sekunde entstehen, wurde jedoch deutlich, dass ein leicht positiver Zusammenhang besteht, also etwas mehr Spritzer pro Sekunde bei höheren Scangeschwindigkeiten entstehen. Dies sollte bei der Prozessauslegung berücksichtigt werden, da eine höhere Anzahl an Spritzern in einem vergleichsweise kurzen Zeitintervall die Prozessführung negativ beeinflussten kann, indem beispielsweise der Laserstrahl unmittelbar mit den Spritzern interagieren kann und diese einen gewissen Teil der für das Schmelzbad benötigten Laserleistung absorbieren, sofern die Spritzer über den Inertgasstrom nicht aus der Prozesszone abgeführt werden können. Die Steigung des Graphen in Abbildung 5.5 ist jedoch vergleichsweise gering, sodass der bereits beschriebene Zusammenhang, dass die Ist-Spritzeranzahl sowie die geometrisch normierte Anzahl an Prozessspritzern mit einer zunehmenden Scangeschwindigkeit abnimmt, überwiegt und für eine spritzerreduzierte PBF-LB/M-Prozessführung eine möglichst hohe Scangeschwindigkeit verwendet werden sollte, die soweit erhöht werden sollte, dass die höhere Anzahl an Spritzern pro Zeitintervall den Aufschmelzprozess nicht negativ beeinflusst. Außerdem ist zu berücksichtigen, dass in dem Falle der zeitlichen Normierung auch mehr Bauteilvolumen in derselben Zeit aufgeschmolzen werden würde, also ein deutlich produktivere Prozessführung vorliegt.

Aufbauend auf den Einzelspurversuchen wurden 3D-Versuche mit hohen resultierenden Bauteildichten durchgeführt, wobei die bereits an den Einzelspuren untersuchten Variablen Schichtstärke, Fokusdurchmesser, Laserleistung und Scangeschwindigkeit um die Variablen Hatch-Abstand, Volumenenergie, Aufbaurate und Porosität ergänzt wurden. Die Ergebnisse der Korrelationsanalyse sind schematisch in Tabelle 6.3 zusammengetragen und hinsichtlich der Ist-Spritzeranzahl, der geometrisch sowie der zeitlich normierten

Anzahl an Spritzern unterteilt, da diese Betrachtungsweisen, wie bereits in Tabelle 6.2 ~~angeführt, unterschiedliche Kernaussagen zulassen.~~

Tabelle 6.3: Ergebnisse der Korrelationsanalyse von den durchgeführten 3D-Versuchen (Farben
der Pfeile in Anlehnung an Tabelle 5.1; Winkel der Pfeile in Abhängigkeit des resultierenden Ergebnisses der Korrelationsanalyse nach Spearman)

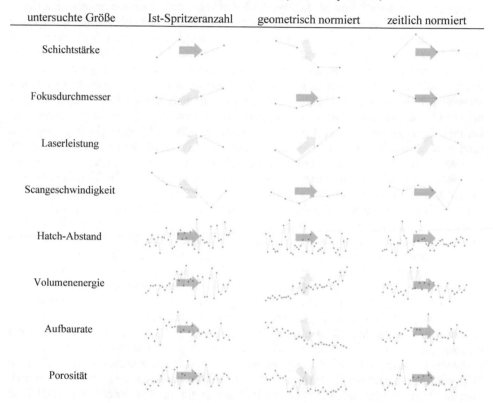

untersuchte Größe	Ist-Spritzeranzahl	geometrisch normiert	zeitlich normiert
Schichtstärke			
Fokusdurchmesser			
Laserleistung			
Scangeschwindigkeit			
Hatch-Abstand			
Volumenenergie			
Aufbaurate			
Porosität			

In den 3D-Versuchen wird ersichtlich, dass die Schichtstärke in einem negativen Zusammenhang mit der geometrisch normierten Anzahl an Prozessspritzern steht, also eine höhere Schichtstärke zu einer geringeren Spritzerbildung führt. Dieses Ergebnis unterscheidet sich von den Einzelspurversuchen, kann jedoch dadurch begründet werden, dass die
Einzelspurversuche lediglich auf die resultierende Schmelzbahnbreite bezogen, die 3D-
Versuche jedoch auf ein komplettes Aufschmelzvolumen bezogen werden können. Eine
höhere Schichtstärke führt dazu, dass insgesamt weniger Schichten belichtet werden müssen und dadurch weniger Spritzer aus dem Schmelzbad ausgeworfen werden. Sowohl die
Ist-Spritzeranzahl als auch die zeitlich normierte Anzahl an Prozessspritzern werden hiervon jedoch nicht beeinflusst. Entsprechend kann gefolgert werden, dass für eine spritzerreduzierte Prozessführung eine möglichst hohe Schichtstärke verwendet werden sollte und
sich dies zeitgleich positiv auf die Aufbaurate auswirkt. Die Auswertung der Versuchsreihen bezüglich des Einflusses des Fokusdurchmessers auf die Spritzerbildung ergibt für die
Ist-Spritzeranzahl einen positiven und für die zeitlich normierte Anzahl an Prozessspritzern keinen Zusammenhang und deckt sich damit mit den Ergebnissen der Einzelspurversuche. Ein Unterschied besteht jedoch hinsichtlich der geometrisch normierten Anzahl, da

diese ebenfalls keine Korrelation zwischen dem verwendeten Fokusdurchmesser und der resultierenden Spritzeranzahl zulässt. Dies kann durch die geringere Probenanzahl bei den 3D-Versuchen begründet werden, da ein leichter Anstieg der Spritzeranzahl bei größeren Fokusdurchmessern auch in Abbildung 5.8 identifiziert werden kann. Hinsichtlich der Laserleistung sind die Ergebnisse der Einzelspur- sowie der 3D-Versuche deckungsgleich, sodass auch bei den 3D-Versuchen eine Steigerung der Laserleistung in einer höheren Spritzeranzahl resultiert und entsprechend möglichst gering gehalten werden sollte. Bezogen auf die Scangeschwindigkeit konnte für die Ist-Spritzeranzahl ebenfalls ein negativer Zusammenhang abgeleitet, für die geometrisch und zeitlich normierten Spritzeranzahlen jedoch keine Korrelation nachgewiesen werden. Dies wiederrum bedeutet, dass für eine spritzerreduzierte Prozessführung eine möglichst hohe Scangeschwindigkeit verwendet werden sollte, die zeitgleich eine höhere Aufbaurate bedingt. Die Auswertung unterschiedlicher Hatch-Abstände legte keine Korrelation nahe. Ein größerer Hatch-Abstand hat jedoch unmittelbaren Einfluss auf die Aufbaurate, da weniger Schmelzspuren zum Generieren der Bauteile benötigt werden. Entsprechend sollte der Hatch-Abstand möglichst groß gewählt werden, um wirtschaftlich zu fertigen, da dadurch keine höhere Anzahl an Spritzern hervorgerufen wird. Darüber hinaus konnte keine Korrelation der Ist-Spritzeranzahl sowie der zeitlich normierten Anzahl an Prozessspritzern für die Volumenenergie, die Aufbaurate und die Porosität identifiziert werden. Für die geometrisch normierte Anzahl an Prozessspritzern wird jedoch eine positive Korrelation mit der Volumenenergie und negative Zusammenhänge bezüglich der Aufbaurate und Porosität deutlich. Die Volumenenergie steht lediglich in einem indirekten Verhältnis zur Aufbaurate und sollte für eine wirtschaftliche Prozessführung hinsichtlich der resultierenden Spritzerbildung möglichst gering gehalten werden. Dies wird bereits durch die Analyse des Einflusses der Laserleistung sowie der Scangeschwindigkeit deutlich, die beide einen direkten Einfluss auf die Volumenenergie haben. Die bestehende negative Korrelation mit der Aufbaurate wird bereits durch die vorherigen Ergebnisse noch einmal untermauert, bei denen unter anderem deutlich wurde, dass für eine wirtschaftliche, aber spritzerreduzierte Prozessführung eine möglichst hohe Schichtstärke sowie eine hohe Scangeschwindigkeit gewählt werden sollte, die beide in die Gleichung zur Berechnung der Aufbaurate eingehen. Bezüglich der Porosität konnte nachgewiesen werden, dass ebenfalls eine negative Korrelation besteht, also die Spritzeranzahl mit zunehmender Porosität abnimmt. Wie bereits in Kapitel 5.1.2 aufgezeigt ist jedoch festzuhalten, dass bei der Betrachtung der Anzahl an Spritzern bezogen auf unterschiedliche Porositätswerte nur ein Rückschluss darauf zulässig ist, wie viele Spritzer ein Bauteil mit niedrigen/hohen Porositätswerten liefert, nicht jedoch, wie sich eine höhere Spritzeranzahl auf die resultierende Porosität auswirkt. Spritzer beeinflussen aufgrund ihrer Flugbahn häufig eher benachbarte Bauteile, weswegen ein Bauteil mit hoher Spritzeranzahl theoretisch selbst gute Dichtewerte erzielt, jedoch andere Bauteile negativ beeinflusst.

Exemplarisch wurde für verschiedene Aufbauraten zwischen 10 cm³/h und 60 cm³/h die resultierenden Kosten pro Baujob (vgl. Kapitel 6.1) mit den in Tabelle 6.1 getroffenen Annahmen berechnet. Dabei wurde für die Aufbauraten 10 cm³/h und 20 cm³/h eine Schichtstärke von 30 µm, für 30 cm³/h und 40 cm³/h eine Schichtstärke von 60 µm, für 50 cm³/h eine Schichtstärke von 90 µm sowie für 60 cm³/h eine Schichtstärke von 120 µm angenommen. Die Kosten des Inertgases wurden anhand der Verwendung von Argon 4.6 berechnet, der Materialpreis auf 180,40 €/kg (vgl. Tabelle 6.6) sowie die Konstante für den Materialausschuss auf 3 % festgelegt, da gemäß Kapitel 5.1 die resultierende Spritzeranzahl unabhängig von der Aufbaurate ist. Die Ergebnisse der Berechnung sind in Abbildung 6.2 zusammengefasst.

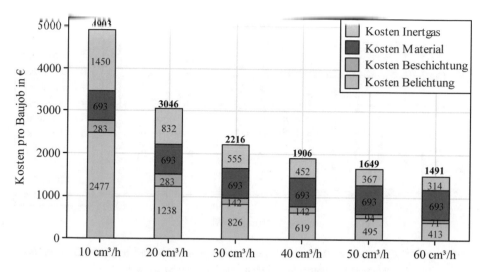

Abbildung 6.2: Zusammensetzung der Gesamtkosten des exemplarischen Baujobs in Abhängigkeit unterschiedlicher Aufbauraten

Es wird deutlich, dass die Belichtungszeit bei niedrigen Aufbauraten den mit 51 % höchsten Kostenanteil an des Gesamtkosten des Baujobs ausmacht. Die Beschichtung beläuft sich auf 6 %, das Material auf 14 % und das Inertgas auf 30 %. Bei hohen Aufbauraten überwiegt jedoch der Kostenanteil des Materials mit 46 %, wohingegen die Belichtung nur noch 28 %, die Beschichtung 5 % und das Inertgas 21 % der Kosten beiträgt. Die Kostenanteile des Inertgases sind direkt mit der Fertigungsdauer verknüpft (vgl. Gleichung 6.10), sodass eine kürzere Prozesslaufzeit einen niedrigeren Inertgasverbrauch bedingt und dadurch geringere Kosten erzeugt. Die bei höheren Aufbauraten geringeren Kostenanteile der Beschichtung hängen mit den höheren Schichtstärken und einer dadurch reduzierten Anzahl an Beschichtungsvorgängen zusammen (vgl. Gleichung 6.4).

Da die resultierende Spritzerbildung gemäß Kapitel 5.1 nicht von der Aufbaurate abhängt, sollte für eine wirtschaftliche Prozessführung also eine möglichst hohe Aufbaurate gewählt werden, um die Kosten von beispielsweise etwa 2.000 € auf 1.500 € um 25 % zu reduzieren. Hierbei ist jedoch zu beachten, dass die Auswahl der Prozessparameterkombination stark von den jeweiligen Bauteilen abhängt, da eine höhere Schichtstärke auch höhere Oberflächenrauheiten bedingt, deren Glättung durch eine Oberflächennachbearbeitung wiederrum kostenintensiver als die im PBF-LB/M-Prozess eingesparten Kosten sein können.

6.3 Umgebungsdruck

Zur Analyse des Einflusses des Umgebungsdruck wurden Einzelspurversuche in unterschiedlichen Umgebungsdruckniveaus durchgeführt, bei denen die Prozessparameter Laserleistung und Scangeschwindigkeit zur besseren Vergleichbarkeit über alle Baujobs konstant gehalten wurden. Die resultierenden Schmelzbahnbreiten der einzelnen Parameterkombinationen wurden anschließend vermessen, wobei in Abbildung 6.3 exemplarisch die Werte über 13 verschiedene Laserleistungen zwischen 100 W und 400 W bei 1.000 mm/s für die 12 unterschiedlichen Druckniveaus aufgetragen sind.

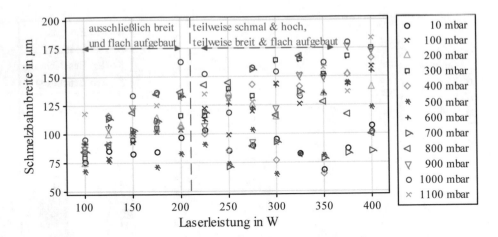

Abbildung 6.3: Resultierende Schmelzbahnbreiten über unterschiedlichen Laserleistungen bei 1.000 mm/s in unterschiedlichen Umgebungsdruckniveaus

Bei der Analyse der Ergebnisse wird deutlich, dass sich kein eindeutiger Trend in der resultierenden Schmelzbahnbreite ausmachen lässt. Somit wirken sich die unterschiedlichen Druckniveaus weder positiv noch negativ auf die Schmelzbahnbreiten und somit auch auf die Produktivität aus, die bei einer breiteren Schmelzbahn durch einen höheren Hatch-Abstand potenziell hätte gesteigert werden können. Auffällig ist, dass in allen Umgebungsdruckregimen bis 200 W ausschließlich breite und flach aufgebaute Schmelzbahnen vorliegen, wohingegen ab 200 W auch teilweise schmale, aber hoch aufgebaute Schweißbahnen vorliegen. Eine detaillierte Übersicht über breit/flach sowie schmal/hoch aufbauende Schweißbahnen aus den Versuchsreihen gibt Tabelle 6.4.

Tabelle 6.4: Übersicht über breit/flach (↔) sowie schmal/hoch (↕) aufbauende Schweißbahnen in den Umgebungsdruckversuchen

	Laserleistung in W							
	225	250	275	300	325	350	375	400
10	↕	↕	↕	↕	↕	↕	↕	↕
100	↔	↕	↕	↕	↕	↕	↕	↕
200	↕	↕	↕	↕	↕	↕	↕	↕
300	↔	↔	↔	↔	↔	↔	↔	↔
400	↕	↕	↔	↕	↔	↕	↔	↔
500	↕	↕	↔	↕	↕	↕	↔	↕
600	↕	↔	↔	↔	↔	↔	↔	↔
700	↔	↕	↔	↕	↕	↕	↕	↕
800	↔	↔	↕	↕	↔	↕	↕	↕
900	↕	↔	↕	↔	↔	↔	↔	↔
1000	↔	↕	↔	↔	↕	↔	↔	↕
1100	↔	↔	↔	↕	↔	↔	↕	↔

Umgebungsdruck in mbar

Es lässt sich vermuten, dass unterhalb von 200 W Laserleistung gemäß Abbildung 2.20 ein kontinuierlich negativer Oberflächenspannungsgradient vorliegt, welcher die Abnahme der Oberflächenspannung bei zunehmender Temperatur beschreibt, bei dem der Materialfluss innerhalb der Schmelze nach außen gerichtet ist. Bei mehr als 200 W liegt gemäß Tabelle 6.4 hingegen teilweise auch ein positiver Oberflächenspannungsgradient vor, bei dem der Materialfluss innerhalb der Schmelze nach innen gerichtet ist, weswegen einzelne Schmelzbahnen eher schmal und hoch aufbauen. Eine Art Systematik lässt sich bei den unterschiedlichen Druckniveaus nicht herausarbeiten, wobei auffällt, dass ab 900 mbar Umgebungsdruck je Druckbereich lediglich zwei bis drei Einzelspuren schmal und hoch aufbauen, wohingegen dies bei niedrigeren Druckbereichen häufiger der Fall ist. Ebenso fallen die Druckbereiche 300 mbar sowie 600 mbar auf, bei denen keine beziehungsweise lediglich eine Schweißbahn schmal/hoch aufbaut, was aber den nicht vorhandenen Trend in den Ergebnissen umso mehr untermauert, da bei beispielsweise 700 mbar bis auf zwei Werte alle Einzelspuren schmal und hoch aufbauen. In Abbildung 6.4 sind exemplarisch zwei Schweißbahnen beider Kategorien bei 10 mbar und 1.000 mm/s dargestellt, wobei oben die Schweißbahn bei 200 W und unten die Schweißbahn bei 350 W visualisiert sind.

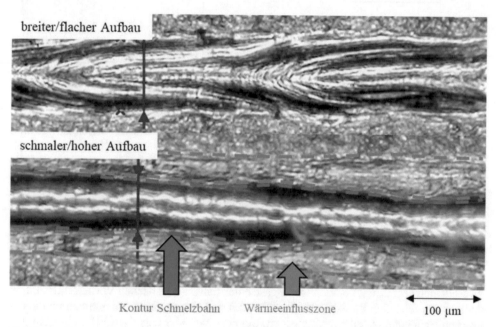

Abbildung 6.4: *Exemplarische Auswahl breit und flach aufgebauter Schmelzbahnen im Vergleich zu schmal und hoch aufgebauten Schmelzbahnen in den Umgebungsdruckversuchen (oben: 10 mbar, 200 W, 1.000 mm/s; unten: 10 mbar, 350 W, 1.000 mm/s)*

Da der Umgebungsdruck keine Auswirkungen auf die Kostenanteile der Belichtung, Beschichtung, Material oder Inertgas besitzt, wird an dieser Stelle auf eine Berechnung anhand des Kostenmodells verzichtet. Die Kostenanteile der Belichtung verlaufen über die unterschiedlichen Druckniveaus konstant, da die resultierende Produktivität des PBF-LB/M-Prozesses gemäß Abbildung 6.3 unabhängig vom Umgebungsdruck ist. Auch die Kostenanteile des Inertgases werden als konstant angenommen, da auch bei niedrigen Umgebungsdrücken weiterhin ein Inertgas verwendet werden sollte, um den restlichen

Sauerstoff aus der Prozesskammer zu entfernen und ungewollte Reaktionen mit dem Material zu verhindern.

6.4 Prozessgas

Um nicht ausschließlich die Auswirkungen auf die Spritzerbildung zu analysieren, sondern zusätzlich die Eignung des Varigon He30 für die Prozessierbarkeit anhand der resultierenden Bauteildichte als Kriterium heranzuziehen, wurden die generierten Prüfkörper zusätzlich hinsichtlich der sich einstellenden Porosität bei unterschiedlichen Scangeschwindigkeiten und somit auch verschiedenen Energieeinträgen ausgewertet. Dabei wurde rund um den Referenzparameter die Scangeschwindigkeit variiert, um hierüber gegebenenfalls einen Unterschied in der Bauteilqualität oder hinsichtlich der Produktivität zu identifizieren. Die Ergebnisse sind in Abbildung 6.5 dargestellt.

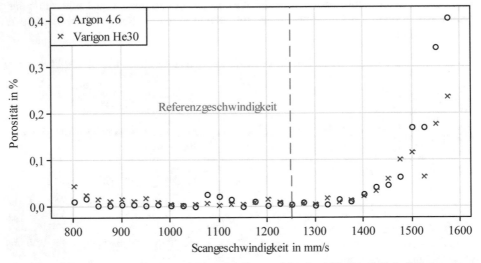

Abbildung 6.5: Resultierender Porositätsverlauf bei verschiedenen Scangeschwindigkeiten unter Verwendung von zwei unterschiedlichen Prozessgasen (Argon 4.6 und Varigon He30)

Es stellt sich heraus, dass beide Prozessgase einen nahezu identischen Verlauf hinsichtlich der sich einstellenden Porositätswerte aufweisen und sich sogar häufig nicht einmal in der zweiten Nachkommastelle unterscheiden. Ein positiver oder negativer Effekt hinsichtlich der resultierenden Aufbaurate konnte entsprechend nicht identifiziert werden. Die vergleichsweise hohe Streuung der Ergebnisse bei Scangeschwindigkeiten ab 1.500 mm/s lässt sich dadurch erklären, dass die Werte außerhalb des Bereichs liegen, indem eine gute und prozessstabile Verarbeitung der Legierung Ti-6Al-4V bei der verwendeten Laserleistung von 304 W abläuft. Auffällig ist jedoch, dass alle Porositätswerte bei mehr als 1.500 mm/s bei der Verwendung des Varigon He30-Gemisches unterhalb des Argon 4.6-Prozessgases liegen, was auf eine etwas höhere Prozessstabilität zurückzuführen ist. Dadurch lassen sich verglichen mit Argon 4.6 unter Verwendung des Varigon He30 geringfügig höhere Scangeschwindigkeiten bei gleichen Porositätswerten erzielen, wobei fallspezifisch kritisch hinterfragt werden muss, ob die geringfügige Steigerung der

Produktivität die exponentiell ansteigende Porosität und die damit einhergehenden höhe
ren Prozessinstabilitäten annwiegen

Zu berücksichtigen sind jedoch die deutlich höheren Beschaffungskosten des Varigon
He30. Diese sind vergleichend gegenüber Argon 4.6 sowie Helium 4.6 in Tabelle 6.5 zusammengetragen.

Tabelle 6.5: Kostenvergleich unterschiedlicher Prozessgase

Inertgas	Fassungsvermögen	Druck	Preis	Quelle
Argon 4.6	50 l	200 bar	259 €	[78]
Varigon He30	50 l	200 bar	557 €	[82]
Helium 4.6	50 l	200 bar	905 €	[81]

Es wird deutlich, dass das Varigon He30 etwa um das 2,2-fache teurer ist als das häufig
verwendete Argon 4.6, wobei zusätzlich noch das um etwa 7 % geringere Füllvolumen
der Flasche berücksichtigt werden muss. Dies liegt vor allen Dingen in den hohen Kosten
von Helium begründen, dessen Preis ebenfalls beispielhaft in Tabelle 6.5 aufgeführt ist.

Exemplarisch wurde für die verschiedenen Prozessgase die resultierenden Kosten pro
Baujob (vgl. Kapitel 6.1) mit den in Tabelle 6.1 getroffenen Annahmen berechnet. Dabei
wurde für die Aufbaurate ein Wert von 40,5 cm³/h bei einer Schichtstärke von 60 µm (verwendeter Referenzparameter) und ein Materialpreis von 180,40 €/kg (vgl. Tabelle 6.6) angenommen. Da das Varigon He30 gemäß Kapitel 5.3 weniger Prozessspritzer verglichen
mit Argon 4.6 erzeugt, wurde für das Varigon He30 eine Konstante für den Materialausschuss von 2 % und für das Argon 4.6 ein Wert von 3 % angenommen. Die Ergebnisse
der Kostenanalyse sind in Abbildung 6.6 zusammengefasst.

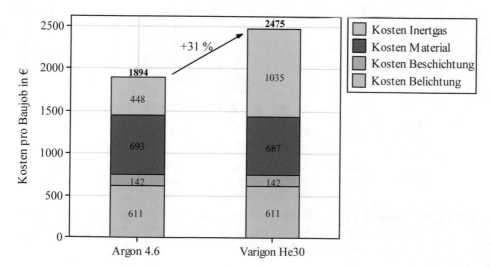

*Abbildung 6.6: Zusammensetzung der Gesamtkosten des exemplarischen Baujobs in Abhängigkeit
des verwendeten Prozessgases*

Basierend auf den gleichbleibenden Prozessparametern bleiben auch die Kostenanteile für die Belichtung und Beschichtung unverändert. Bei den Materialkosten stellt sich aufgrund des geringeren Materialausschusses ein um 6 € niedrigerer Wert ein, der aber gegenüber den deutlich gestiegenen Kosten für das Inertgas zu vernachlässigen ist. Die Verwendung des Varigon He30 bedingt um 587 € höhere Kosten pro Baujob als das Argon 4.6. Dadurch liegen die Gesamtkosten des exemplarischen Baujobs beim Argon 4.6 bei 1.894 € und beim Varigon He30 um 31 % höher bei 2.475 €. Für die angenommenen Rahmenbedingungen lässt sich also festhalten, dass die Verwendung von Varigon He30 bei gleichbleibenden Prozessparametern zwar eine Verringerung der Spritzeranzahl um etwa 40 % ermöglicht, gleichzeitig müssen jedoch die deutlich höheren Kosten bei der Verwendung des Varigon He30 berücksichtigt werden, sodass sich dieses Prozessgas vermutlich eher für Bauteile mit sehr hohen Anforderungen eignet. Die Aufbaurate müsste unter den gewählten Annahmen und Prozessgaskosten bei Varigon He30 gegenüber Argon 4.6 auf 72,4 cm³/h gesteigert werden, um dieselben Kosten pro Baujob (1.894 €) zu erzielen.

6.5   Pulvereigenschaften

6.5.1   Aluminiumlegierung

Zur Überprüfung, ob sich Pulvermaterialien mit den untersuchten Partikelgrößenverteilungen und der leicht veränderten Sphärizität grundsätzlich für die PBF-LB/M-Prozessierbarkeit eignen, wurden diese gemäß Kapitel 4.5.3 hergestellt und hinsichtlich der resultierenden Porosität untersucht. Ziel ist es, zu überprüfen, ob sich Tendenzen ergeben, die eine stabile Prozessführung ermöglichen oder verhindern. Die Ergebnisse sind zusammenfassend in Abbildung 6.7 dargestellt.

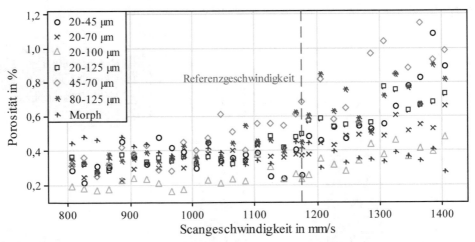

Abbildung 6.7:   Resultierender Porositätsverlauf bei verschiedenen Scangeschwindigkeiten unter Verwendung von Pulvermaterialien mit unterschiedlichen Partikelgrößenverteilungen und Morphologien

Die Grafik kann in drei Bereiche unterteilt werden: Der Bereich mit einer Scangeschwindigkeit von weniger als 1.000 mm/s, jener zwischen 1.000 und 1.200 mm/s sowie der Bereich mit einer Scangeschwindigkeit von mehr als 1.200 mm/s. Bis zu 1.000 mm/s liegen alle Messreihen ungefähr im Bereich von 0,2-0,4 % Porosität, zwischen 1.000 und

1.200 mm/s im Bereich von 0,2-0,6 % Porosität und bei Scangeschwindigkeiten von mehr als 1.200 mm/s schwankt die Porosität zwischen 0,4-1,0 %. Ein klarer Trend zwischen den unterschiedlichen Partikelgrößenverteilungen und der resultierenden Bauteildichte kann nicht identifiziert werden. Es ist ersichtlich, dass die Partikelgrößenverteilung 20-100 µm die besten Ergebnisse über alle Scangeschwindigkeiten hinweg erzielt, aber sowohl 20-70 µm, als auch 20-125 µm deutlich schlechtere Ergebnisse liefern, was wiederrum den unklaren Trend unterstreicht. Die sich ergebende große Streuung oberhalb von 1.200 mm/s ist typisch für Prozesse, die nicht im optimalen Parameterfeld ablaufen und somit keine reproduzierbaren Ergebnisse liefern. Außerdem konnte innerhalb dieser Untersuchungen kein spezifischer Trend hinsichtlich einer notwendigen Anpassung der Prozessparameter ausgemacht werden. Entsprechend wirken sich die gröberen Partikel nicht negativ auf den Aufschmelzprozess und die resultierenden Bauteildichte aus, die denselben Trends folgen wie der Referenzprozess (20-70 µm).

Bezogen auf die Beschaffungskosten ergeben sich jedoch deutliche Vorteile bei dem Pulvermaterial mit der größeren Partikelgrößenspanne, da weniger Ausschuss entsteht und ein Verdüsungsprozess somit eine höhere Ertragsrate bringt. Typischerweise liegen solche Ertragsraten bei etwa 10-35 % [6, 87], wobei diese im vorliegenden Fallbeispiel der 20-125 µm Partikelgrößenverteilung auf 70 % gesteigert werden kann, was wiederrum die Pulverkosten durch Nutzung des 70-125 µm Pulvermaterials um 40 % reduzieren würde. Somit führt die Verwendung einer breiteren Partikelgrößenverteilung zu geringeren Beschaffungskosten bei vergleichbaren resultierenden Bauteildichten.

6.5.2 Titanlegierung

Für die Titanlegierung wurde ähnliche Untersuchungen durchgeführt, hier jedoch mit dem Ziel, die Partikelgrößenspanne weitestgehend konstant zu halten, wohingegen sich sowohl die untere als auch die obere Grenze von kleinen hin zu großen Pulverpartikeln verschieben. Die Prüfkörper wurden gemäß Kapitel 4.5.3 hergestellt und auch in diesem Fall hinsichtlich der resultierenden Porosität untersucht. Die Ergebnisse sind zusammenfassend in Abbildung 6.8 dargestellt.

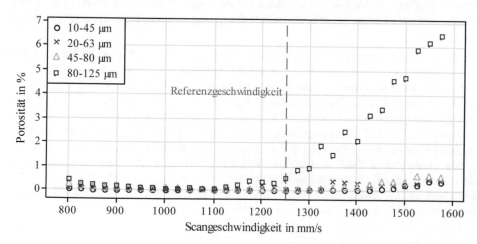

Abbildung 6.8: Resultierender Porositätsverlauf bei verschiedenen Scangeschwindigkeiten unter Verwendung von Pulvermaterialien mit unterschiedlichen Partikelgrößenverteilungen

Es ist ersichtlich, dass sowohl das Referenzpulver als auch die kleine und mittlere Partikelgrößenverteilung zu einem nahezu identischen Porositätsverlauf führt. Lediglich die großen Pulverpartikel von 80-125 µm resultieren ab einer Scangeschwindigkeit von 1.225 mm/s in einer deutlich höheren Porosität, die danach bis 1.575 mm/s auf bis zu 6,5 % Porosität nahezu linear ansteigt. Eine Auswertung der erzeugten Schliffbilder macht deutlich, dass die großen Pulverpartikel im Bereich hoher Scangeschwindigkeiten zu Lack of Fusion-Porosität führen. Diese kann anhand der unregelmäßig geformten Poren klar von Gasporosität abgegrenzt werden, die wiederrum in sehr runden Poren resultieren würde. Erklärt werden kann dieses hohe Maß an Lack of Fusion-Porosität anhand einer für die großen Pulverpartikel zu geringen Energieeinkopplung in den Prozess. Dabei werden die großen Titanpartikeln nicht vollständig aufgeschmolzen und verbinden sich entsprechend nicht ausreichend mit den darunterliegenden Bauteilschichten. Eine darüber hinausgehende Anpassung der Prozessparameter hin zu langsameren/höheren Scangeschwindigkeiten konnte bei den restlichen Partikelgrößenverteilungen nicht nachgewiesen werden. Somit kann die Prozessgeschwindigkeit zwar nicht erhöht werden, jedoch muss sie auf der anderen Seite aufgrund anderer Partikelgrößen auch nicht verlangsamt werden. Lediglich bei der Verwendung der Partikelgrößenverteilung 80-125 µm ist es empfehlenswert, die Scangeschwindigkeit geringfügig zu reduzieren, um weiterhin ausreichend hohe Bauteildichten zu erzielen.

Bezogen auf die Beschaffungskosten ergeben sich auch bei der Titanlegierung deutliche Vorteile bei dem gröberen Pulvermaterial.

Tabelle 6.6: Kostenvergleich verschiedener Partikelgrößenverteilungen der Titanlegierung

10-45 µm	20-63 µm	45-80 µm	80-125 µm
187,66 €/kg (+4 %)	180,40 €/kg (Referenz)	98,35 €/kg (-45 %)	75,13 €/kg (-58 %)

Es wird deutlich, dass das gröbste Pulvermaterial einen um 58 % geringeren Beschaffungspreis aufweist. Bezogen auf die tendenziell eher schlechteren Ergebnisse in der Verarbeitung empfiehlt es sich jedoch eher, das um 45 % günstigere Pulvermaterial mit der Partikelgrößenverteilung 45-80 µm für die Fertigung von Bauteilen mittels PBF-LB/M-Prozess zu verwenden, da dies außerdem die geringste Anzahl an Prozessspritzern erzeugte.

Auch hier wurde exemplarisch für die verschiedenen Partikelgrößenverteilungen die resultierenden Kosten pro Baujob (vgl. Kapitel 6.1) mit den in Tabelle 6.1 getroffenen Annahmen berechnet. Dabei wurde für die Aufbaurate ein Wert von 40,5 cm³/h bei einer Schichtstärke von 60 µm (verwendeter Referenzparameter) und die in Tabelle 6.6 aufgeführten Materialpreise angenommen. Einzig die Scangeschwindigkeit für die Partikelgrößenverteilung 80-125 µm wurde von 1.250 mm/s auf 1.225 mm/s reduziert, da gemäß Abbildung 6.8 eine höhere Porosität in den Bauteilen resultieren würde. Die Kosten des Inertgases wurden anhand der Verwendung von Argon 4.6 berechnet und die Konstante für den Materialausschuss gemäß Kapitel 5.4.2 für 10-45 µm auf 5 %, für 20-63 µm auf 3 %, für 45-80 µm auf 2 % und für 80-125 µm auf 4 % festgelegt. Die Ergebnisse der Berechnungen sind in Abbildung 6.9 zusammengetragen.

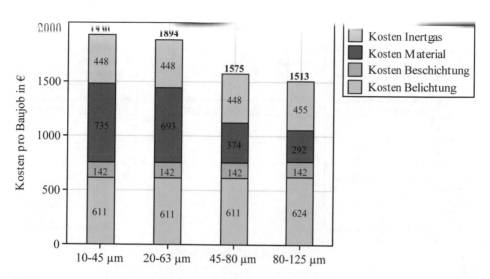

Abbildung 6.9: Zusammensetzung der Gesamtkosten des exemplarischen Baujobs in Abhängigkeit unterschiedlicher Partikelgrößenverteilungen

Die geringfügig angepasste Scangeschwindigkeit bei der Partikelgrößenverteilung 80-125 cm³/ resultiert in 13 € höheren Belichtungskosten. Auf der anderen Seite reduzieren sich bei einem Vergleich des 20-63 μm- mit dem 80-125 μm-Pulvermaterial die Materialkosten um 401 € von 693 € auf 292 €. Der exemplarische Baujob mit der 98,35 €/kg vergleichsweise ebenfalls günstigen Partikelgrößenverteilung von 45-80 μm, die gemäß Kapitel 5.4.2 die geringste Anzahl an Prozessspritzern bei zeitgleich hohen Bauteildichten (vgl. Abbildung 6.8) erzielte, kostet insgesamt 1.575 € und ist damit um 319 € günstiger als bei der Verwendung der häufig verwendeten 20-63 μm-Partikelgrößenverteilung. Da die Kostenunterschiede bei der Verwendung des 45-80 μm- sowie des 80-125 μm-Pulvermaterials vergleichsweise ähnlich sind und sich um lediglich 62 € unterscheiden, jedoch mit einer höheren Prozessstabilität einhergehen, sollte für eine wirtschaftliche und spritzerreduzierte Prozessführung in diesem exemplarischen Beispiel die Partikelgrößenverteilung 45-80 μm verwendet werden.

6.6 Laserstrahlform

Um die Auswirkungen der unterschiedlichen Laserstrahlformen hinsichtlich sich ergebender Wirtschaftlichkeitspotenziale bewerten zu können, wurden die wesentlichen geometrischen Kennwerte der Einzelspuren grafisch ausgewertet und für ein ring- sowie ein gaußförmiges Laserstrahlprofil dargestellt. In Abbildung 6.10 sind die resultierenden Kennwerte bei einer konstanten Laserleistung von 300 W über unterschiedliche Scangeschwindigkeiten beider Strahlformen vergleichend gegenübergestellt, wobei die Bezeichnung gemäß Abbildung 4.23 erfolgte.

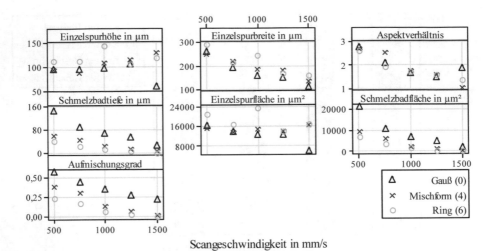

Abbildung 6.10: Resultierende Schmelzbadgeometriekennwerte der unterschiedlichen Laserstrahl-
formen über unterschiedliche Scangeschwindigkeiten bei 300 W

Es wird deutlich, dass das ringförmige Laserstrahlprofil bei gleicher Laserleistung tendenziell eine etwas höhere Einzelspurhöhe bei etwas größeren Einzelspurbreiten über die unterschiedlichen Scangeschwindigkeiten ausbildet und damit ein ähnliches Aspektverhältnis wie das gaußförmige Laserstrahlprofil bedingt. Außerdem lässt sich erkennen, dass
das ringförmige Strahlprofil geringere Schmelzbadtiefen sowie geringere Schmelzbadflächen erzeugt. Zudem resultieren aus der Verwendung eines ringförmigen Laserstrahlprofils tendenziell größere Einzelspurflächen, wodurch sich insgesamt kleinere Aufmi-
schungsgrade ergeben, was insgesamt positiv zu bewerten ist. Zusammenfassend lässt sich
also sagen, dass bei gleicher Laserleistung das ringförmige Strahlprofil mehr Volumen
oberhalb der Bauplattform respektive der bereits generierten Schichten aufschmilzt, was
durch die höheren Einzelspurhöhen und größeren Einzelspurflächen untermauert wird, jedoch weniger Energie zum Aufschmelzen der deutlich darunterliegenden Bauteilschichten
umgesetzt wird, was durch die geringeren Schmelzbadtiefen und kleineren Schmelzbadflächen deutlich wird. Somit erfolgt ein homogenerer Energieeintrag, der tendenziell eher
für den Materialauftragsprozess und weniger für das erneute Umschmelzen bereits gene-
rierter Bauteilschichten genutzt wird, wodurch sich letztlich ein effizienterer und produk-
tiverer PBF-LB/M-Prozess ergibt.

Da aufgrund der unterschiedlichen Fokusdurchmesser in den Versuchen auch unterschiedliche Randbedingungen vorlagen, wurden die sich ergebenden Kennwerte zusätzlich auf
die jeweiligen Flächenintensitäten gemäß Gleichung 2.6 normiert, was in Abbildung 6.11
dargestellt ist.

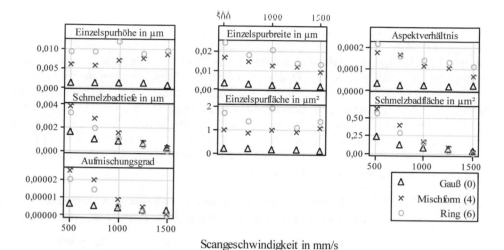

Scangeschwindigkeit in mm/s

Abbildung 6.11: Hinsichtlich Strahlintensitätsverteilung normierte resultierende Schmelzbadgeometriekennwerte der unterschiedlichen Laserstrahlformen über unterschiedliche Scangeschwindigkeiten bei 300 W

Es wird deutlich, dass das ringförmige Laserstrahlprofil bei normierten Flächenintensitäten deutlich höhere Einzelspurhöhen und Einzelspurbreiten ausbildet, wodurch auch das Aspektverhältnis wesentlich höher ist. Hier sind zwar auch die resultierenden Schmelzbadtiefen etwas höher, was in diesem Fall jedoch positiv zu werten ist, da durch die Normierung auf die Flächenintensität der höhere Energieumsatz deutlich wird. Dieser verdeutlich sich ebenfalls in den größeren Schmelzbad- und Einzelspurflächen. Zusammenfassend lässt sich also festhalten, dass die Effizienz des ringförmigen Laserstrahlprofils im PBF-LB/M-Prozess deutlich höher als die des gaußförmigen Strahlprofils ist. Diese Ergebnisse untermauern den zuvor aufgezeigten Sachverhalt, dass der Energieeintrag eher in Aufbauhöhe umgemünzt wird, anstatt in ein erneutes Umschmelzen. Dies wird auch beim Vergleich von Querschliffbildern zweier exemplarisch ausgewählter Prozessparameterkombinationen deutlich, die in Abbildung 6.12 dargestellt sind.

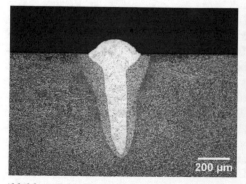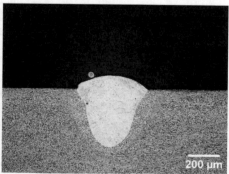

Abbildung 6.12: Exemplarisch ausgewählte Querschliffe eines gauß- sowie eines ringförmigen Laserstrahlprofils (links: gaußförmiges Laserstrahlprofil bei 300 W und 200 mm/s; rechts: ringförmiges Laserstrahlprofil bei 950 W und 500 mm/s)

Beim Vergleich der beiden Querschliffe wird deutlich, dass sich im Falle des gaußförmigen Laserstrahlprofils ein Keyhole ausgebildet hat, welches durch die hohe Laserintensität in der Mitte des Strahlprofils begründet liegt. Beim ringförmigen Laserstrahlprofil hat sich hingegen kein Keyhole ausgebildet, was durch das homogene Temperaturprofil (vgl. Abbildung 2.31) bedingt ist. Darüber hinaus ist die Laserleistung beim gaußförmigen Laserstrahlprofil durch die maximalen Flächenintensitäten der Scannerspiegel maschinenbaulich gegenüber dem ringförmigen Strahlprofil deutlich limitiert. Bei Letzterem können deutlich höhere Leistungen in das Schmelzbad eingekoppelt werden, was sich beim Vergleich der maximal nutzbaren Laserleistung je Index vorteilhaft für das ringförmige Laserstrahlprofil bezogen auf die die Aufbaurate betreffenden Kennwerte auswirkt. Exemplarisch sind einige Messdaten der Querschliffe unter Verwendung der unterschiedlichen Strahlprofile in Tabelle 6.7 zusammengefasst.

Tabelle 6.7: *Exemplarische Auswahl einiger resultierende Schmelzbadgeometriekennwerte bei der Verwendung eines gaußförmigen sowie eines ringförmigen Laserstrahlprofils*

Kennwert	Gauß, 300 W, 200 mm/s	Ring, 300 W, 200 mm/s	Ring, 950 W, 500 mm/s
Einzelspurhöhe in µm	93	120 (+29 %)	86 (-8 %)
Einzelspurbreite in µm	336	391 (+16 %)	456 (+36 %)
Einzelspurfläche in µm²	20.369	28.344 (+39 %)	27.454 (+35 %)
Schmelzbadtiefe in µm	640	95 (-85 %)	372 (-42 %)
Schmelzbadfläche in µm²	83.235	23.666 (-72 %)	105.862 (+27 %)
Schmelzbadbreite in 60 µm Tiefe in µm	232	227 (-2 %)	385 (+66 %)
Schmelzbadfläche in 60 µm Tiefe in µm²	17.510	18.836 (+8 %)	25.575 (+46 %)

Das ringförmige Laserstrahlprofil resultiert bei gleichen Prozessparameterkombinationen in einer um 29 % höheren und 16 % breiteren Einzelspur, wobei die Einzelspurfläche um 39 % größer ist. Auch hier wird deutlich, dass das ringförmige Laserstrahlprofil eine um 85 % niedrigere Einschweißtiefe bei einer um 72 % geringeren Schmelzbadfläche aufweist und entsprechend die Energie gezielt in den Materialauftrag umsetzt. Da für das gaußförmige Laserstrahlprofil die maximal nutzbare Laserleistung für den Vergleich verwendet wurde, wird sie in einem weiteren Schritt mit der maschinenbaulich maximalen Laserleistung des ringförmigen Laserstrahlprofils verglichen. In diesem Fall wurde für die höhere Laserleistung sogar gleichzeitig die Scangeschwindigkeit um den Faktor 2,5 gesteigert, wobei sich trotzdem eine vergleichbare Einzelspurhöhe ausbildet, aber dennoch eine um 36 % breitere Einzelspur bei einer um 35 % größeren Einzelspurfläche. Die Schmelzbadtiefe ist um 42 % flacher als bei der Verwendung eines gaußförmigen Laserstrahlprofils, bildet aber trotzdem eine um 27 % größere Schmelzbadfläche aus. Bezogen auf eine exemplarische Tiefe von 60 µm ergeben sich dadurch um 66 % breitere Schmelzbadbreiten, bei um 46 % größeren Schmelzbadflächen. All dies wirkt sich positiv auf die Aufbaurate aus, sodass beispielsweise der Hatch-Abstand bei der Verwendung eines ringförmigen Laserstrahlprofils deutlich vergrößert und damit die Produktivität erheblich gesteigert werden kann.

Darüber hinaus bietet das ringförmige Strahlprofil maschinenbaulich den Vorteil, eine höhere Laserleistung bei vergleichbarer Flächenintensität auf den Scannerspiegeln in das Schmelzbad einzukoppeln. Die Ergebnisse dieser Versuchsreihe sind in Abbildung 6.13 zusammengefasst.

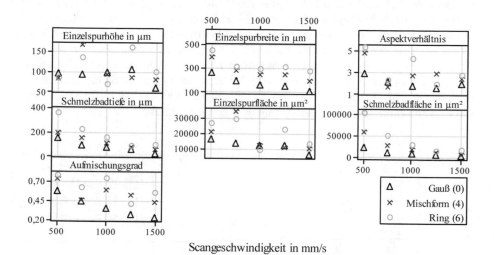

*Abbildung 6.13: Resultierende Schmelzbadgeometriekennwerte der unterschiedlichen Laserstrahl-
formen über unterschiedliche Scangeschwindigkeiten bei maximaler Laserleistung
je Laserstrahlprofil*

Auch hier werden die Vorteile in der Verwendung des ringförmigen Strahlprofils deutlich. Tendenziell bilden sich sowohl höhere sowie breitere Einzelspuren aus, deren Flächen denen eines gaußförmigen Strahlprofils deutlich überlegen sind. Insbesondere aus den fast doppelt so hohen Einzelspurbreiten in Verbindung mit den – je nach Scangeschwindigkeit – doppelt so großen Einzelspurflächen ergibt sich eine höhere Auftragsrate, wodurch die Produktivität deutlich zunimmt. In eigenen Untersuchungen konnte im Falle der Titanlegierung bei gleicher Schichtstärke die Aufbaurate unter Verwendung eines ringförmigen Strahlprofils bei gleicher Bauteildichte um das 1,5-fache gesteigert werden, wobei in eigenen Untersuchungen anhand einer Aluminiumlegierung sogar eine Steigerung um den Faktor 3,3 gegenüber dem Stand der Technik [38] aufgezeigt werden konnte. Dabei waren die resultierende Bauteildichte bei den mittels ringförmigen Strahlprofil hergestellten Prüfkörpern mit 99,97 % Dichte denen des gaußförmigen Strahlprofils mit 99,80 % Dichte sogar überlegen, wodurch weiteres Potenzial zur Erhöhung der Aufbaurate gegeben ist.

Auch hier wurde exemplarisch für das gauß- und ringförmige Strahlprofil die resultierenden Kosten pro Baujob (vgl. Kapitel 6.1) mit den in Tabelle 6.1 getroffenen Annahmen berechnet. Für alle Berechnungen wurde eine Schichtstärke von 60 µm, Argon als Inertgas und ein Materialpreis von 180,40 €/kg (vgl. Tabelle 6.6) definiert. Für das gaußförmige Strahlprofil wurde eine Aufbaurate von 40,5 cm³/h und die Konstante für den Materialausschuss auf 3 % festgelegt. Die Kosten für den exemplarischen Baujob unter Verwendung des ringförmigen Strahlprofils wurden für vier unterschiedliche Szenarien berechnet. In eigenen Voruntersuchungen konnte für die Titanlegierungen bislang eine mögliche Steigerung der Aufbaurate um das 1,5-fache [61] und für eine Aluminiumlegierung

(AlSi10Mg) sogar schon um das 3-fache [70] nachgewiesen werden. Im ersten Szenario wurde entsprechend mit einer um 1,5 % höheren Aufbaurate gerechnet, bei denen die gleiche Anzahl an Prozessspritzern entsteht, wie beim gaußförmigen Strahlprofil. Gemäß Kapitel 5.5 resultieren gleiche Prozessparameterkombinationen aufgrund des homogeneren Energieeintrags in stabileren Schmelzbädern und bedingen dadurch eine geringere Spritzerbildung, jedoch steigt mit zunehmender Energieeinkopplung, die wiederrum eine höhere Aufbaurate bedingt, auch die Anzahl an Prozessspritzern (vgl. Abbildung 5.22). Im zweiten Szenario wurde also entsprechend mit einer 2-fach so hohen Aufbaurate sowie einer Konstante des Materialauschusses von 4 % gerechnet, wohingegen im dritten Szenario mit einer 2,5-fach so hohen Aufbaurate und einer Konstante von 5 % kalkuliert wurde. Das abschließende Szenario ist eine 3-fach so hohe Aufbaurate, die mit einer Konstante für den Materialausschuss von 6 % einhergeht. Die Ergebnisse dieser Kostenanalyse sind zusammenfassend in Abbildung 6.14 zusammengefasst.

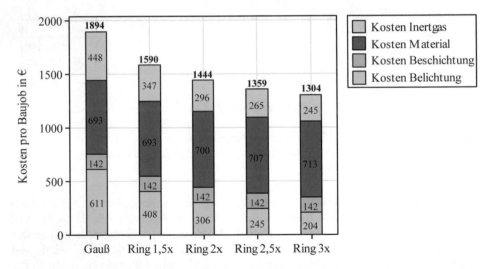

Abbildung 6.14: Zusammensetzung der Gesamtkosten des exemplarischen Baujobs in Abhängigkeit des verwendeten Laserstrahlprofils bei unterschiedlichen Aufbauraten

Es wird deutlich, dass schon die Verwendung des ringförmigen Strahlprofils bei 1,5-facher Aufbaurate zu einer signifikanten Kostenreduktion um 304 € von 1.894 € auf 1.590 € führt. Dies ist durch die geringeren Kostenanteile in der Belichtung von vormals 611 € auf 408 € begründet, wobei sich zeitgleich die Fertigungszeit insgesamt reduziert, die gemäß Gleichung 6.10 auch geringere Kostenanteile für das Inertgas bedingt und somit zu einer Reduzierung um 101 € führt. Für eine weitere Erhöhung der Prozessgeschwindigkeit wurde eine Zunahme des Materialverbrauchs durch eine höhere Spritzeranzahl angenommen, die in Abhängigkeit der unterschiedlichen Szenarien zwischen 7 € und 20 € beträgt und somit einen eher geringen Teil zu den resultierenden Kosten beiträgt. Bei einer Steigerung der Aufbaurate um das 3-fache ließen sich für das gewählte Beispiel die Kosten um 590 € von 1.894 € auf 1.304 € reduzieren, was einem Kosteneinsparpotenzial von 31 % entspricht.

7 Zusammenfassung und Ausblick

7.1 Zusammenfassung

Das PBF-LB/M-Verfahren bietet aufgrund kurzer und schneller Wertschöpfungsketten zur endkonturnahen Bauteilfertigung, der Möglichkeit zur Realisierung resilienter Fertigungslinien sowie dem hohen Maß an möglicher Bauteilkomplexität mittels eines ressourcenschonenden Herstellungsprozesses ein enormes Potenzial für derzeitige sowie zukünftige Prozessketten. Unter anderem wird dies durch die hohe prognostizierte Wachstumsrate von 26,1 % bis ins Jahr 2027 deutlich. Zur Erschließung weiterer Marktpotenziale werden ständig Innovationen im Bereich einer noch produktiveren Prozessführung erarbeitet, die häufig mit einem immer höheren Energieeintrag pro Zeit einhergehen, der jedoch zeitgleich zu einer erhöhten Menge an unerwünschten Prozessnebenprodukten, wie zum Beispiel Prozessspritzer, führt. Diese beeinflussen den Aufschmelzprozess jedoch nachteilig und resultieren aufgrund einer instabileren Prozessführung in herabgesetzten Bauteileigenschaften.

Die vorliegende Forschungsarbeit gibt darüber Aufschluss, wie die Prozessstabilität als Maß für die Qualitätssicherung mit der Spritzerintensität korreliert und welche Einflussgrößen diese beeinflussen. Dazu wurde innerhalb dieser Arbeit zunächst ein methodisches Vorgehen zur Quantifizierung der Prozessinstabilitäten auf Basis der resultierenden Anzahl an Prozessspritzern entwickelt. Diese Methodik wurde in mehreren darauffolgenden Schritten dazu verwendet, um gezielt die Auswirkungen einiger ausgewählter Einfluss- und Stellgrößen im Kontext der PBF-LB/M-Prozessstabilität zu untersuchen und innerhalb einer Potenzialanalyse zur spritzerreduzierten Prozessführung zu bewerten. Weiterführend wurde erforscht, wie sich die spritzerreduzierte Prozessführung für die effiziente und profitable Prozessoptimierung der additiven PBF-Laserbearbeitung eignet und als indirekte Qualitätssicherungsmethode genutzt werden kann.

Dabei wurden zu Beginn die Auswirkungen der grundlegenden Prozessparameter (Schichtstärke, Fokusdurchmesser, Laserleistung, Scangeschwindigkeit, Hatch-Abstand sowie der Gasstromwinkel) untersucht und hinsichtlich der resultierenden Spritzer analysiert und bewertet. Diese Werte wurden sowohl für die Ist-Spritzerbildung als auch für geometrisch und zeitlich normierte Anzahlen an Prozessspritzern ermittelt und einzeln aufgeschlüsselt. Zusammenfassend lässt sich festhalten, dass für einen spritzerreduzierten PBF-LB/M-Prozess eine möglichst hohe Schichtstärke mit geringerem Fokusdurchmesser bei niedriger Laserleistung und hoher Scangeschwindigkeit sowie großem Hatch-Abstand verwendet werden sollte. Es stellte sich außerdem heraus, dass die Aufbaurate keinen direkten Einfluss auf die Spritzerbildung hat, sodass diese für eine wirtschaftliche Fertigung möglichst hoch gewählt werden sollte, wodurch sich ein exemplarisch ermitteltes Kosteneinsparpotenzial von 25 % aufzeigen ließ.

Weiterführend wurde die Auswirkung unterschiedlicher Umgebungsdrücke auf die resultierende Spritzerbildung untersucht und dies ebenfalls hinsichtlich potenzieller Wirtschaftlichkeit bewertet. Es ergab sich mit niedrigeren Umgebungsdrücken sehr deutlich eine Tendenz an zunehmender Spritzerbildung, sodass möglichst bei Normal- beziehungsweise leichtem Überdruck gefertigt werden sollte. Der leichte Überdruck in der Prozesskammer verhindert dabei einen über etwaige Undichtigkeiten einströmenden Sauerstoff in die Prozesskammer, der wiederrum negative Auswirkungen auf die Prozessführung hat. Hinsichtlich der Wirtschaftlichkeit wurde eine große Auswahl an Prozessparametern über verschiedene Scangeschwindigkeiten sowie Umgebungsdrücke analysiert, wobei sich kein signifikanter Effekt beziehungsweise klarer Trend einstellte und die Produktivität somit nicht vom Umgebungsdruck abhängt.

Daran anknüpfend wurde die Auswirkung unterschiedlicher Prozessgase auf die Spritzerbildung am Beispiel des typischerweise verwendeten Argon 4.6 sowie eines Argon-Helium-Gemisches mit 30 % Heliumanteil, dem sogenannten Varigon He30, untersucht. Es stellte sich heraus, dass bei gleichen Prozessparameterkombinationen die resultierende Spritzeranzahl des Argon-Helium-Gemisches um 40 % reduziert werden konnte. Dieses Inertgas weist jedoch deutlich höhere Kosten in der Beschaffung auf, sodass aufgezeigt werden konnte, dass im gewählten Fallbeispiel die Kosten pro Baujob von 1.894 € auf 2.475 € um 31 % ansteigen. Ein positiver Effekt auf die Aufbaurate konnte nicht ermittelt werden, wobei diese um das 1,8-fache auf 72,4 cm³/h gesteigert werden müsste, um dieselben Kosten pro Baujob wie bei der Verwendung von Argon 4.6, zu erzielen.

Anschließend wurden verschiedene Pulvereigenschaften hinsichtlich der PBF-LB/M-Prozessführung untersucht. Dabei wurden unterschiedliche Partikelgrößenspannen, Partikelgrößenverteilungen, Pulvermorphologien sowie unterschiedliche Oxidationszustände des Pulvermaterials untersucht. Es stellte sich heraus, dass die Partikelgrößenspanne einen deutlichen Einfluss auf die resultierende Anzahl an Prozessspritzern hat. Je größer die Partikelgrößenspanne, desto höher ist die Prozessspritzeranzahl, weswegen diese möglichst klein gehalten werden sollte. In weiterführenden Untersuchungen wurde entsprechend der Einfluss einer nahezu konstanten Partikelgrößenspanne von 35-45 µm bei unterschiedlichen Partikelgrößenverteilungen von 10-45 µm, 20-63 µm, 45-80 µm sowie 80-125 µm hinsichtlich der Spritzerbildung und Prozessierbarkeit analysiert. Dabei stellte sich in den Versuchen heraus, dass die Partikelgrößenverteilung 45-80 µm zur geringsten Anzahl an Prozessspritzern führt. Dies ist wirtschaftlich insofern interessant, weil dieses Pulvermaterial gleichzeitig um 45 % günstiger als das typischerweise verwendete 20-63 µm Pulvermaterial ist und lediglich 98,35 €/kg anstelle von 180,40 €/kg kostet. Dies resultiert im gewählten Beispiel in einer Kostenersparnis des Baujobs von 19 %, der damit nicht nur günstiger ist, sondern zeitgleich eine um 11 % geringere Anzahl an Prozessspritzern erzeugt. Zusätzlich wurden zwei leicht unterschiedliche Pulvermorphologien untersucht, wobei die eine etwas unförmiger als das Referenzmaterial ist. Dabei stellte sich eine um 18 % reduzierte Spritzeranzahl heraus, wobei keine Aussage über eine mögliche Kostenersparnis getroffen werden kann, da trotz mehrfachen Versuchs bei unterschiedlichen Anbietern kein unförmiges Pulvermaterial beschafft werden konnte, welches mit einem potenziellen Kostenvorteil einhergeht. Bezüglich der unterschiedlichen Oxidationszustände des Pulvermaterials ergab sich eine stark positive Korrelation zwischen steigendem Oxidationsgrad und zunehmender Anzahl an Prozessspritzern. Dabei konnte herausgearbeitet werden, dass eine initiale Oxidation von 8 % zu einer Erhöhung der Prozessspritzeranzahl um 19 % führt, wohingegen die weitere Oxidation lediglich mit einer geringeren Zunahme an Spritzern einhergeht. Entsprechend ist bereits eine initiale Oxidation des Pulvermaterials für einen spritzerreduzierten und damit prozessstabilen PBF-LB/M-Prozess unbedingt zu vermeiden.

Abschließend wurde der Einfluss der Laserstrahlform hinsichtlich der resultierenden Spritzerbildung und Wirtschaftlichkeit anhand einer gaußförmigen Laserstrahlform, eines ringförmigen Laserstrahls sowie einer Mischform aus beiden Strahlformen untersucht und vergleichend gegenübergestellt. So ergab sich eine deutlich reduzierte Tendenz der Spritzerbildung bei der Verwendung des ringförmigen Laserstrahlprofils sowie der Mischform gegenüber dem gaußförmigen Laserstrahl. Hierbei erzielte über alle Versuche hinweg das ringförmige Strahlprofil die geringste Spritzeranzahl, was auf den sehr homogenen Temperatureintrag und das damit stabile Schmelzbad zurückzuführen ist. Das ringförmige Laserstrahlprofil hat darüber hinaus maschinenbaulich den Vorteil, höhere Leistungen in das Schmelzbad einzukoppeln, was sich wiederrum positiv auf die Produktivität auswirkt. So konnten Steigerungen der Aufbaurate um das 1,5- bis 3-fache nachgewiesen werden, die sich letztlich sehr positiv auf die Kosten pro Baujob auswirken. Im gewählten Fallbeispiel konnten die resultierenden Kosten pro Baujob somit zwischen 16 % und 31 % reduziert werden. Dennoch muss berücksichtigt werden, dass die Erhöhung der eingekoppelten Laserleistung ab einem gewissen Punkt mit einer Erhöhung der Anzahl an Prozessspritzern einhergeht.

Insgesamt konnten verschiedene Möglichkeiten für eine spritzerreduzierte PBF-LB/-M-Prozessführung nachgewiesen werden, wobei diese hinsichtlich der teilweise zeitgleich positiven Auswirkungen auf die Wirtschaftlichkeit bewertet wurden.

7.2   Ausblick

Gegenstand künftiger Forschungsarbeiten sollte die Untersuchung der Übertragung der gewonnenen Erkenntnisse auf anderen Legierungen sein. Dadurch kann überprüft werden, ob sich materialübergreifend allgemeingültige Zusammenhänge ergeben, die für künftige PBF-LB/M-Prozessführungen und -entwicklungen berücksichtigt werden können.

Zusätzlich sollten die Untersuchungen zum Umgebungsdruck auf höhere Werte als 1.100 mbar ausgeweitet werden und sowohl die Prozessierbarkeit als auch die Wirtschaftlichkeit innerhalb höherer Druckbereiche analysiert werden. Dafür ist es notwendig, das gesamte Anlagensystem neu zu gestalten, da ein Überdruck unter anderem dazu führen kann, dass der Schmauch aus der Prozesskammer über die Dichtung des Lasereintrittsglases an die Spiegel gelangt, sich hierauf absetzt und zu Einbränden auf den Spiegeloberflächen führt. Außerdem müssen die Pumpen der Inertgasströmung für die höheren Drücke ausgelegt sein, wobei davon auszugehen ist, dass ein spritzerreduzierter PBF-LB/M-Prozessdruck, wenn überhaupt, nur geringfügig höher liegt, als der bisherige Überdruck von 100 mbar, da die sich dadurch umkehrenden Strömungseffekte oberhalb des Schmelzbades vermehrt Pulverpartikel in den Laserstrahl hineinziehen würden.

Bezüglich der Untersuchungen zu den Prozessgasen sollten die Auswirkungen weitere Prozessparameterkombinationen bei einer Schichtstärke von 60 µm hinsichtlich der resultierenden Bauteildichte untersucht werden, um zu überprüfen, ob eine Aufbaurate von mehr als 72,4 cm³/h bei gleichen Bauteildichten von 99,99 % erreicht werden kann, um die höheren Beschaffungskosten zu kompensieren. Im Zuge dessen sollte ebenfalls eine erneute Quantifizierung der dann anfallenden Prozessspritzer erfolgen, um diese in die Betrachtungen mit einzubeziehen.

Neben der Übertragbarkeit der Erkenntnisse auf andere Legierungen sollten die Untersuchungen zu den Pulvereigenschaften insbesondere hinsichtlich des Aspektes der idealen Partikelgrößenverteilung um eine Berücksichtigung unterschiedlicher Schichtstärken ausgedehnt werden. Bei den Untersuchungen stellte sich heraus, dass die Partikelgrößenverteilung von 45-80 µm die geringste Spritzerbildung bedingt, wobei die gewählte Schichtstärke mit 60 µm nahezu exakt dem D50-Wert des Pulvermaterials mit 61 µm entspricht. Beispielsweise sollten zukünftige Untersuchungen die Partikelgrößenverteilung 10-45 µm bei einer Schichtstärke von 30 µm, die Partikelgrößenverteilung 20-63 µm bei einer Schichtstärke von 40 µm und die Partikelgrößenverteilung von 80-125 µm bei einer Schichtstärke von 110 µm vergleichend gegenüberstellen, um zu erörtern, ob für eine spritzeroptimierte PBF-LB/M-Prozessführung das Pulvermaterial auf die verwendete Schichtstärke abgestimmt sein sollte.

In zukünftigen Studien sollten außerdem die Auswirkungen der Laserstrahlform auf die Spritzerbildung anhand weiterer Strahlgeometrien untersucht werden. Hierbei empfiehlt es sich in Anlehnung an Kapitel 5.1 eine vollfaktorielle Untersuchung hinsichtlich der resultierenden Effekte auf Schichtstärke, Fokusdurchmesser, Laserleistung, Scangeschwindigkeit und Hatch-Abstand sowohl an Einzelspuren als auch an 3D-Volumenkörpern durchzuführen.

Auf Basis aller dann vorliegenden Erkenntnisse kann in einem abschließenden Optimierungsschritt die simultane Analyse aller Stell- und Einflussgrößen erfolgen, die eine spritzerreduzierter PBF-LB/M-Prozessführung verspricht. Die dadurch erfolgte Potenzialerschließung einer spritzerreduzierten und wirtschaftlichen Prozessführung würde beispielsweise mittels eines ringförmigen Strahlprofils, in einem gegebenenfalls leichtem Überdruckbereich bei der Verwendung von wahlweise Argon 4.6 oder Varigon He30, mit einer optimal an die Schichtstärke angepassten Partikelgrößenverteilung verlaufen, wobei die grundlegenden Prozessparameter vollfaktoriell in dem neuen Versuchsaufbau untersucht und bewertet werden sollten.

Außerdem kann die innerhalb dieser Forschungsarbeit entwickelte Spritzerdetektion künftig zur Qualitätssicherung in der PBF-LB/M-Fertigung genutzt werden. Es empfiehlt sich insbesondere der Einsatz bei einer Prozessparameterentwicklung, da auf Basis des Spritzerbildes automatisiert Rückschlüsse auf die Prozessstabilität gezogen und somit frühzeitig geeignete Parameterkombinationen identifiziert werden können. Derzeit beruhen die PBF-LB/M-Prozessentwicklungen häufig im ersten Schritt ausschließlich auf den Kennwerten der resultierenden Bauteildichten. Die über die Sensorik zusätzlich generierten Messwerte bieten die Möglichkeit, die Prozessstabilität zu quantifizieren und somit unterschiedliche Prozessparameterkombinationen qualitativ voneinander zu unterscheiden. Die resultierenden Messwerte können in der Prozessentwicklung entsprechend als weitere Kenngröße hinzugezogen werden, um die Entwicklung prozessstabiler Fertigungsparameter effizient voranzutreiben.

8 Literaturverzeichnis

[1] Aconity GmbH: *Aconity1 4R; Aconity1 1R*, Aufzeichnungen im 2011, Herzogenrath. https://Aconity3d.com/ (zuletzt geprüft am. 18. Juli 2023)

[2] Alkahari, M. R.; Furumoto, T.; Ueda, T.; Hosokawa, A.: *Melt Pool and Single Track Formation in Selective Laser Sintering/Selective Laser Melting* in *Advanced Materials Research*, 2014. Nummer: 933, Seite: 196–201. Verlag: Trans Tech Publications Ltd. https://www.scientific.net/AMR.933.196.pdf (zuletzt geprüft am: 18. Juli 2023) doi: 10.4028/www.scientific.net/AMR.933.196

[3] Amano, H.; Ishimoto, T.; Suganuma, R.; Aiba, K.; Sun, S.-H.; Ozasa, R.; Nakano, T.: *Effect of a helium gas atmosphere on the mechanical properties of Ti-6Al-4V alloy built with laser powder bed fusion: A comparative study with argon gas* in *Additive Manufacturing*, 2021. Nummer: 48, Aufsatznummer: 102444. Verlag: Elsevier B.V. https://www.sciencedirect.com/science/article/pii/S2214860421005960 (zuletzt geprüft am: 18. Juli 2023) doi: 10.1016/j.addma.2021.102444

[4] AMPOWER GmbH & Co. KG: *AMPOWER Report 2023: Additive Manufacturing Market Report*, 2023, Hamburg. https://ampower.eu/reports/ (zuletzt geprüft am: 18. Juli 2023)

[5] Andani, M. T.; Dehghani, R.; Karamooz-Ravari, M. R.; Mirzaeifar, R.; Ni, J.: *A study on the effect of energy input on spatter particles creation during selective laser melting process* in *Additive Manufacturing*, 2018. Nummer: 20, Seite: 33–43. Verlag: Elsevier B.V. https://www.sciencedirect.com/science/article/pii/S2214860417304529 (zuletzt geprüft am: 18. Juli 2023) doi: 10.1016/j.addma.2017.12.009

[6] Anderson, I. E.; White, E. M. H.; Dehoff, R.: *Feedstock powder processing research needs for additive manufacturing development* in *Current Opinion in Solid State and Materials Science*, 2018. Nummer: 22, Seite: 8–15. Verlag: Elsevier B.V. https://www.sciencedirect.com/science/article/pii/S1359028617302334 (zuletzt geprüft am: 18. Juli 2023) doi: 10.1016/j.cossms.2018.01.002

[7] Anwar, A. B.; Pham, Q.-C.: *Study of the spatter distribution on the powder bed during selective laser melting* in *Additive Manufacturing*, 2018. Nummer: 22, Seite: 86–97. Verlag: Elsevier B.V. https://www.sciencedirect.com/science/article/pii/S2214860418300897 (zuletzt geprüft am: 18. Juli 2023) doi: 10.1016/j.addma.2018.04.036

[8] ARGES GmbH: *F-Theta Lenses*, 2021, Wackersdorf. https://www.arges.de/industrial-products/optical-components/optical-components-framed/ (zuletzt geprüft am: 18. Juli 2023)

[9] Arısoy, Y. M.; Criales, L.; Özel, T.; Lane, B.; Moylan, S.; Donmez, A.: *Influence of scan strategy and process parameters on microstructure and its optimization in additively manufactured nickel alloy 625 via laser powder bed fusion* in *The International Journal of Advanced Manufacturing Technology*, 2017. Nummer: 90, Seite: 1393–1417. Verlag: Springer-Verlag. https://link.springer.com/article/10.1007/s00170-016-9429-z (zuletzt geprüft am: 18. Juli 2023) doi: 10.1007/s00170-016-9429-z

[10] Armstrong, M.; Mehrabi, H.; Naveed, N.: *An overview of modern metal additive manufacturing technology* in *Journal of Manufacturing Processes,* 2022. Nummer: 84, Seite: 1001–1029. Verlag: Elsevier B.V. https://www.sciencedirect.com/science/article/pii/S1526612522007459 (zuletzt geprüft am: 18. Juli 2023) doi: 10.1016/j.jmapro.2022.10.060

[11] ASTM International: *Terminology for Additive Manufacturing Technologies* (ASTM F2792-12), 2012. ICS: 01.040.25; 25.020. Verlag: ASTM International, West Conshohocken, PA. https://www.astm.org/f2792-12.html (zuletzt geprüft am: 18. Juli 2023) doi: 10.1520/F2792-12

[12] ASTM International: *Standard Test Methods for Determination of Carbon, Sulfur, Nitrogen, and Oxygen in Steel, Iron, Nickel, and Cobalt Alloys by Various Combustion and Inert Gas Fusion Techniques* (ASTM E1019-18), 2018. ICS: 77.040.30. Verlag: ASTM International, West Conshohocken, PA. https://www.astm.org/e1019-18.html (zuletzt geprüft am: 18. Juli 2023) doi: 10.1520/E1019-18

[13] Balbaa, M. A.; Ghasemi, A.; Fereiduni, E.; Elbestawi, M. A.; Jadhav, S. D.; Kruth, J.-P.: *Role of powder particle size on laser powder bed fusion processability of AlSi10mg alloy* in *Additive Manufacturing,* 2021. Nummer: 37, Aufsatznummer: 101630. Verlag: Elsevier B.V. https://www.sciencedirect.com/science/article/pii/S2214860420310022 (zuletzt geprüft am: 18. Juli 2023) doi: 10.1016/j.addma.2020.101630

[14] Bidare, P.; Bitharas, I.; Ward, R. M.; Attallah, M. M.; Moore, A. J.: *Fluid and particle dynamics in laser powder bed fusion* in *Acta Materialia,* 2018. Nummer: 142, Seite: 107–120. Verlag: Elsevier B.V. https://www.sciencedirect.com/science/article/pii/S1359645417308170 (zuletzt geprüft am: 18. Juli 2023) doi: 10.1016/j.actamat.2017.09.051

[15] Bidare, P.; Bitharas, I.; Ward, R. M.; Attallah, M. M.; Moore, A. J.: *Laser powder bed fusion in high-pressure atmospheres* in *The International Journal of Advanced Manufacturing Technology,* 2018. Nummer: 99, Seite: 543–555. Verlag: Springer-Verlag. https://link.springer.com/article/10.1007/s00170-018-2495-7 (zuletzt geprüft am: 18. Juli 2023) doi: 10.1007/s00170-018-2495-7

[16] Bitharas, I.; Burton, A.; Ross, A. J.; Moore, A. J.: *Visualisation and numerical analysis of laser powder bed fusion under cross-flow* in *Additive Manufacturing,* 2021. Nummer: 37, Aufsatznummer: 101690. Verlag: Elsevier B.V. https://www.sciencedirect.com/science/article/pii/S2214860420310629 (zuletzt geprüft am: 18. Juli 2023) doi: 10.1016/j.addma.2020.101690

[17] Boley, C. D.; Khairallah, S. A.; Rubenchik, A. M.: *Calculation of laser absorption by metal powders in additive manufacturing* in *Applied optics,* 2015. Nummer: 54, Seite: 2477–2482. Verlag: Optica Publishing Group. https://opg.optica.org/ao/abstract.cfm?uri=ao-54-9-2477 (zuletzt geprüft am: 18. Juli 2023) doi: 10.1364/AO.54.002477

[18] Brummerloh, D.; Jutkuhn, D.; Yang, Z.; Penn, A.; Emmelmann, C.: *Stereo camera based in-situ monitoring of L-PBF process stability by spatter detection,* 2021. Tagungsname: Advancing Precision in Additive Manufacturing,

Tagungsort: Virtuell, Veranstaltungsdatum: 21.-23.09.2021, https://www.eus-pen.eu/knowledge-base/AM21132.pdf (zuletzt geprüft am. 18. Juli 2023)

[19]   Buchbinder, D.; Schleifenbaum, H.; Heidrich, S.; Meiners, W.; Bültmann, J.:
High Power Selective Laser Melting (HP SLM) of Aluminum Parts in *Physics Procedia,* 2011. Nummer: 12, Seite: 271–278. Verlag: Elsevier B.V.
https://www.sciencedirect.com/science/article/pii/S1875389211001143 (zuletzt geprüft am: 18. Juli 2023) doi: 10.1016/j.phpro.2011.03.035

[20]   Bundesministerium für Bildung und Forschung: *Additive Fertigung – Individuali-sierte Produkte, komplexe Massenprodukte, innovative Materialien (Pro-Mat_3D),* 2015, Berlin. https://www.bmbf.de/foerderungen/bekanntmachung-1037.html (zuletzt geprüft am: 18. Juli 2023)

[21]   Bundesministerium für Bildung und Forschung: *Fortschrittliche Produktions-technologien,* 2017, Berlin. https://www.bmbf.de/bmbf/shareddocs/bekanntma-chungen/de/2017/12/1507_bekanntmachung.html (zuletzt geprüft am: 18. Juli 2023)

[22]   Bundesministerium für Bildung und Forschung: *Materialwissenschaft und Werk-stofftechnologien"* – *Themenschwerpunkt: Materialien für die Additive Fertigung – in den Rahmenprogrammen „Vom Material zur Innovation" und "Innovationen für die Produktion, Dienstleistung und Arbeit von morgen",* 2018, Berlin. https://www.bmbf.de/bmbf/shareddocs/bekanntmachungen/de/2018/05/1710_be-kanntmachung.html (zuletzt geprüft am: 18. Juli 2023)

[23]   Bundesministerium für Bildung und Forschung: *Additive Fertigung,* 2020. https://www.bmbf.de/bmbf/shareddocs/bekanntmachungen/de/2020/12/3238_be-kanntmachung.html (zuletzt geprüft am: 18. Juli 2023)

[24]   Calignano, F.; Manfredi, D.; Ambrosio, E. P.; Biamino, S.; Lombardi, M.; At-zeni, E.; Salmi, A.; Minetola, P.; Iuliano, L.; Fino, P.: *Overview on Additive Man-ufacturing Technologies* in *Proceedings of the IEEE,* 2017. Nummer: 105, Seite: 593–612. Verlag: Institute of Electrical and Electronics Engineers. https://ieeex-plore.ieee.org/document/7803596 (zuletzt geprüft am: 18. Juli 2023) doi: 10.1109/jproc.2016.2625098

[25]   Cohen, J.: *Statistical Power Analysis for the Behavioral Sciences,* 1988, 2. Auflage. Verlag: Lawrence Erlbaum Associates, Hillsdale. ISBN: 0-8058-0283-5. https://www.utstat.toronto.edu/~brunner/oldclass/378f16/rea-dings/CohenPower.pdf (zuletzt geprüft am: 18. Juli 2023)

[26]   Cunningham, R.; Zhao, C.; Parab, N.; Kantzos, C.; Pauza, J.; Fezzaa, K.; Sun, T.; Rollett, A. D.: *Keyhole threshold and morphology in laser melting revealed by ultrahigh-speed x-ray imaging* in *Science,* 2019. Nummer: 363, Seite: 849–852. Verlag: Science. https://www.science.org/doi/10.1126/science.aav4687 (zuletzt geprüft am: 18. Juli 2023) doi: 10.1126/science.aav4687

[27]   Deutsches Institut für Normung e.V.: *Fertigungsverfahren - Begriffe, Einteilung* (DIN 8580), 2003. ICS: 01.040.25, 25.020. Verlag: Beuth Verlag GmbH, Berlin. https://www.beuth.de/de/norm/din-8580/65031153 (zuletzt geprüft am: 18. Juli 2023) doi: 10.31030/9500683

[28]   Deutsches Institut für Normung e.V.: *Metallpulver - Bestimmung der Klopfdichte* *(*DIN EN ISO 3953), 2011. ICS: 77.160. Verlag: Beuth Verlag GmbH, Berlin. https://www.beuth.de/de/norm/din-en-iso-3953/139718462 (zuletzt geprüft am: 18. Juli 2023) doi: 10.31030/1754956

[29]   Deutsches Institut für Normung e.V.: *Additive Fertigungsverfahren - Grundlagen, Begriffe, Verfahrensbeschreibungen (*VDI 3405), 2014. ICS: 25.030. Verlag: Beuth Verlag GmbH, Berlin. https://www.beuth.de/de/technische-regel/vdi-3405/222780081 (zuletzt geprüft am: 18. Juli 2023)

[30]   Deutsches Institut für Normung e.V.: *Metallpulver - Bestimmung der Durchflussrate mit Hilfe eines kalibrierten Trichters (Hall flowmeter) (*DIN EN ISO 4490), 2018. ICS: 77.160. Verlag: Beuth Verlag GmbH, Berlin. https://www.beuth.de/de/norm/din-en-iso-4490/283988138 (zuletzt geprüft am: 18. Juli 2023) doi: 10.31030/2810403

[31]   Deutsches Institut für Normung e.V.: *Metallpulver - Ermittlung der Fülldichte - Teil 1: Trichterverfahren (*DIN EN ISO 3923-1), 2018. ICS: 77.160. Verlag: Beuth Verlag GmbH, Berlin. https://www.beuth.de/de/norm/din-en-iso-3923-1/285627133 (zuletzt geprüft am: 18. Juli 2023) doi: 10.31030/2823249

[32]   Deutsches Institut für Normung e.V.: *Partikelgrößenanalyse - Bildanalyseverfahren - Teil 2: Dynamische Bildanalyseverfahren (*DIN EN ISO 13322-2), 2021. ICS: 19.120. Verlag: Beuth Verlag GmbH, Berlin. https://www.beuth.de/de/norm/iso-13322-2/349480248 (zuletzt geprüft am: 18. Juli 2023)

[33]   Deutsches Institut für Normung e.V.: *Additive Fertigung - Grundlagen - Terminologie (*DIN EN ISO/ASTM 52900), 2022. ICS: 01.040.25, 25.030. Verlag: Beuth Verlag GmbH, Berlin. https://www.beuth.de/de/norm/din-en-iso-astm-52900/344258696 (zuletzt geprüft am: 18. Juli 2023) doi: 10.31030/3290011

[34]   Eichler, H.-J.; Eichler, J.: *Laser: Bauformen, Strahlführung, Anwendungen,* 2015, 8. Auflage. Verlag: Springer-Verlag, Berlin. ISBN: 978-3-642-41438-1. https://link.springer.com/book/10.1007/978-3-642-41438-1 (zuletzt geprüft am: 18. Juli 2023) doi: 10.1007/978-3-642-41438-1

[35]   Emmelmann, C.; Herzog, D.: *Vorlesungsunterlagen: Schweißtechnik,* 2021, Technische Hochschule Hamburg (zuletzt geprüft am: 18. Juli 2023)

[36]   Emmelmann, C.; Herzog, D.: *Vorlesungsunterlagen: Laser Systems and Process Technologies,* 2021, Technische Hochschule Hamburg (zuletzt geprüft am: 18. Juli 2023)

[37]   EOS GmbH: *EOS M290,* 2021, Krailling. https://www.eos.info/de/industrielle-3d-drucker/metall/eos-m-290 (zuletzt geprüft am: 18. Juli 2023)

[38]   EOS GmbH: *EOS Aluminium AlSi10Mg Material Data Sheet,* 2023, Krailling. https://www.eos.info/03_system-related-assets/material-related-contents/metal-materials-and-examples/metal-material-datasheet/aluminium/material_datasheet_eos_aluminium-alsi10mg_en_web.pdf (zuletzt geprüft am: 18. Juli 2023)

[39]   Frykholm, R.; Takeda, Y.; Andersson, B.-G.; Carlström, R.: *Solid State Sintered 3-D Printing Component by Using Inkjet (Binder) Method* in *Journal of the Japan Society of Powder and Powder Metallurgy,* 2016. Nummer: 63, Seite: 421–426.

Verlag: Journal of the Japan Society of Powder and Powder Metallurgy, https://www.researchgate.net/publication/305313977_Solid_State_Sintered_3-D_Printing_Component_by_Using_Inkjet_Binder_Method (zuletzt geprüft am: 18. Juli 2023) doi: 10.2497/jjspm.63.421

[40]   Gasper, A. N. D.; Szost, B.; Wang, X.; Johns, D.; Sharma, S.; Clare, A. T.; Ashcroft, I. A.: *Spatter and oxide formation in laser powder bed fusion of Inconel 718* in *Additive Manufacturing,* 2018. Nummer: 24, Seite: 446–456. Verlag: Elsevier B.V. https://www.sciencedirect.com/science/article/pii/S2214860418304524 (zuletzt geprüft am: 18. Juli 2023) doi: 10.1016/j.addma.2018.09.032

[41]   Gebhardt, A.: *Generative Fertigungsverfahren,* 2013, 4. Auflage. Verlag: Carl Hanser Verlag GmbH & Co. KG, München. ISBN: 978-3-446-43651-0. https://www.hanser-elibrary.com/doi/book/10.3139/9783446436527 (zuletzt geprüft am: 18. Juli 2023) doi: 10.3139/9783446436527

[42]   Gibson, I.; Rosen, D.; Stucker, B.; Khorasani, M.: *Additive Manufacturing Technologies,* 2021, 3. Auflage. Verlag: Springer-Verlag, Berlin. ISBN: 978-3-030-56127-7. https://link.springer.com/book/10.1007/978-3-030-56127-7 (zuletzt geprüft am: 18. Juli 2023) doi: 10.1007/978-3-030-56127-7

[43]   Gokuldoss, P. K.; Kolla, S.; Eckert, J.: *Additive Manufacturing Processes: Selective Laser Melting, Electron Beam Melting and Binder Jetting-Selection Guidelines* in *Materials,* 2017. Nummer: 10, Aufsatznummer: 672. Verlag: MDPI. https://www.mdpi.com/1996-1944/10/6/672 (zuletzt geprüft am: 18. Juli 2023) doi: 10.3390/ma10060672

[44]   Gorriz, M.: *Adaptive Optik und Sensorik im Strahlführungssystem von Laserbearbeitungsanlagen,* 1992. Verlag: Springer-Verlag, Wiesbaden. ISBN: 978-3-663-11954-8. https://link.springer.com/book/10.1007/978-3-663-11954-8 (zuletzt geprüft am: 18. Juli 2023) doi: 10.1007/978-3-663-11954-8

[45]   Gould, B.; Wolff, S.; Parab, N.; Zhao, C.; Lorenzo-Martin, M. C.; Fezzaa, K.; Greco, A.; Sun, T.: *In Situ Analysis of Laser Powder Bed Fusion Using Simultaneous High-Speed Infrared and X-ray Imaging* in *Journal of the Minerals, Metals & Materials Society,* 2021. Nummer: 73, Seite: 201–211. Verlag: Springer-Verlag. https://www.researchgate.net/publication/343243433_In_Situ_Analysis_of_Laser_Powder_Bed_Fusion_Using_Simultaneous_High-Speed_Infrared_and_X-ray_Imaging (zuletzt geprüft am: 18. Juli 2023) doi: 10.1007/s11837-020-04291-5

[46]   Granutool SPRL: *Granudrum,* 2022, Awans. https://www.granutools.com/en/granudrum (zuletzt geprüft am: 18. Juli 2023)

[47]   Grigoriev, S. N.; Gusarov, A. V.; Metel, A. S.; Tarasova, T. V.; Volosova, M. A.; Okunkova, A. A.; Gusev, A. S.: *Beam Shaping in Laser Powder Bed Fusion: Péclet Number and Dynamic Simulation* in *Metals,* 2022. Nummer: 12, Aufsatznummer: 722. Verlag: MDPI. https://www.mdpi.com/2075-4701/12/5/722 (zuletzt geprüft am: 18. Juli 2023) doi: 10.3390/met12050722

[48]   Grünewald, J.; Gehringer, F.; Schmöller, M.; Wudy, K.: *Influence of Ring-Shaped Beam Profiles on Process Stability and Productivity in Laser-Based Powder Bed Fusion of AISI 316L* in *Metals,* 2021. Nummer: 11, Aufsatznummer: 1989.

Verlag: MDPI. https://www.mdpi.com/2075-4701/11/12/1989 (zuletzt geprüft am: 18. Juli 2023) doi: 10.3390/met11121989

[49] Gunenthiram, V.; Peyre, P.; Schneider, M.; Dal, M.; Coste, F.; Fabbro, R.: *Analysis of laser–melt pool–powder bed interaction during the selective laser melting of a stainless steel* in *Journal of Laser Applications,* 2017. Nummer: 29, Aufsatznummer: 022303. Verlag: AIP Publishing LLC. https://pubs.aip.org/lia/jla/article/29/2/022303/97091/Analysis-of-laser-melt-pool-powder-bed-interaction (zuletzt geprüft am: 18. Juli 2023) doi: 10.2351/1.4983259

[50] Gunenthiram, V.; Peyre, P.; Schneider, M.; Dal, M.; Coste, F.; Koutiri, I.; Fabbro, R.: *Experimental analysis of spatter generation and melt-pool behavior during the powder bed laser beam melting process* in *Journal of Materials Processing Technology,* 2018. Nummer: 251, Seite: 376–386. Verlag: Elsevier B.V. https://www.sciencedirect.com/science/article/pii/S0924013617303606 (zuletzt geprüft am: 18. Juli 2023) doi: 10.1016/j.jmatprotec.2017.08.012

[51] Guo, Q.; Zhao, C.; Escano, L. I.; Young, Z.; Xiong, L.; Fezzaa, K.; Everhart, W.; Brown, B.; Sun, T.; Chen, L.: *Transient dynamics of powder spattering in laser powder bed fusion additive manufacturing process revealed by in-situ high-speed high-energy x-ray imaging* in *Acta Materialia,* 2018. Nummer: 151, Seite: 169–180. Verlag: Elsevier B.V. https://www.sciencedirect.com/science/article/pii/S1359645418302349 (zuletzt geprüft am: 18. Juli 2023) doi: 10.1016/j.actamat.2018.03.036

[52] Gusarov, A. V.; Grigoriev, S. N.; Volosova, M. A.; Melnik, Y. A.; Laskin, A.; Kotoban, D. V.; Okunkova, A. A.: *On productivity of laser additive manufacturing* in *Journal of Materials Processing Technology,* 2018. Nummer: 261, Seite: 213–232. Verlag: Elsevier B.V. https://www.sciencedirect.com/science/article/pii/S0924013618302292 (zuletzt geprüft am: 18. Juli 2023) doi: 10.1016/j.jmatprotec.2018.05.033

[53] Häusler, A.: *Präzisionserhöhung beim Laserstrahl-Mikroschweißen durch angepasstes Energiemanagement (*Dissertation), 2021, Aachen, Hochschule: RWTH Aachen Universität. https://publications.rwth-aachen.de/record/811964 (zuletzt geprüft am: 18. Juli 2023) doi: 10.18154/RWTH-2021-01569

[54] Heeling, T.: *Synchronized Two-Beam Strategies for Selective Laser Melting (*Dissertation), 2018, Zürich, Hochschule: ETH Zürich. https://www.research-collection.ethz.ch/handle/20.500.11850/270330 (zuletzt geprüft am: 18. Juli 2023) doi: 10.3929/ETHZ-B-000270330

[55] Hügel, H.; Graf, T.: *Laser in der Fertigung: Strahlquellen, Systeme, Fertigungsverfahren,* 2009, 2. Auflage. Verlag: Vieweg+Teubner Verlag, Wiesbaden. ISBN: 978-3-8348-9570-7. https://link.springer.com/book/10.1007/978-3-8348-9570-7 (zuletzt geprüft am: 18. Juli 2023) doi: 10.1007/978-3-8348-9570-7

[56] Ihama, M.; Sato, Y.; Mizuguchi, Y.; Yoshida, N.; Srisawadi, S.; Tanprayoon, D.; Suga, T.; Tsukamoto, M.: *Suppression of denudation zone using laser profile control in vacuum selective laser melting* in *Journal of Laser Applications,* 2023. Nummer: 35, Aufsatznummer: 012004. Verlag: AIP Publishing LLC.

https://www.researchgate.net/publication/366484444_Suppression_of_denudation_zone_using_laser_profile_control_in_vacuum_selective_laser_melting (zuletzt geprüft am: 18. Juli 2023) doi: 10.2351/7.0000749

[57] IPG Laser GmbH: *Hochleistungsfaserlaser CW,* 2021, Burbach. https://www.ipgphotonics.com/de/products/lasers/high-power-cw-fiber-lasers (zuletzt geprüft am: 18. Juli 2023)

[58] IPG Laser GmbH: *YLS-10000-ECO: High Efficiency Ytterbium Fiber Lasers,* 2021, Burbach. https://www.ipgphotonics.com/de/100/FileAttachment/YLS-10000-ECO+Datasheet.pdf (zuletzt geprüft am: 18. Juli 2023)

[59] Ji, Z.; Han, Q.: *A novel image feature descriptor for SLM spattering pattern classification using a consumable camera* in *The International Journal of Advanced Manufacturing Technology,* 2020. Nummer: 110, Seite: 2955–2976. Verlag: Springer-Verlag. https://link.springer.com/article/10.1007/s00170-020-05995-3 (zuletzt geprüft am: 18. Juli 2023) doi: 10.1007/s00170-020-05995-3

[60] Jia, H.; Sun, H.; Wang, H.; Wu, Y.: *Scanning strategy in selective laser melting (SLM): a review* in *The International Journal of Advanced Manufacturing Technology,* 2021. Nummer: 113, Seite: 2413–2435. Verlag: Springer-Verlag. https://link.springer.com/article/10.1007/s00170-021-06810-3 (zuletzt geprüft am: 18. Juli 2023) doi: 10.1007/s00170-021-06810-3

[61] Johannsen, J.; Kohlwes, P.; Li, G.; Roldan, J.; Wischeropp, T. M.: *Higher Productivity in L-PBF using nLight Beam Shaping Laser: Advancements and Challenges in process development on the examples of Ti-6Al-4V and AlSi10Mg,* 2022, Frankfurt. https://www.youtube.com/watch?v=JOvW8OZOsHQ (zuletzt geprüft am: 18. Juli 2023)

[62] Kaden, L.; Seyfarth, B.; Ullsperger, T.; Matthäus, G.; Nolte, S.: *Selective laser melting of copper using ultrashort laser pulses at different wavelengths,* 2018. Tagungsname: Laser 3D Manufacturing V, Tagungsort: San Francisco, Veranstaltungsdatum: 29.01.-01.02.2018. Verlag: SPIE, Bellingham. ISBN: 978-1-510-61532-8. https://www.researchgate.net/publication/323405905_Selective_laser_melting_of_copper_using_ultrashort_laser_pulses_at_different_wavelengths (zuletzt geprüft am: 18. Juli 2023) doi: 10.1117/12.2289959

[63] Keaveney, S.; Shmeliov, A.; Nicolosi, V.; Dowling, D. P.: *Investigation of process by-products during the Selective Laser Melting of Ti6AL4V powder* in *Additive Manufacturing,* 2020. Nummer: 36, Aufsatznummer: 101514. Verlag: Elsevier B.V. https://www.sciencedirect.com/science/article/pii/S2214860420308861 (zuletzt geprüft am: 18. Juli 2023) doi: 10.1016/j.addma.2020.101514

[64] Keene, B. J.; Mills, K. C.; Brooks, R. F.: *Surface properties of liquid metals and their effects on weldability* in *Materials Science and Technology,* 1985. Nummer: 1, Seite: 559–567. Verlag: Maney Publishing. https://www.tandfonline.com/doi/abs/10.1179/mst.1985.1.7.559 (zuletzt geprüft am: 18. Juli 2023) doi: 10.1179/mst.1985.1.7.559

[65] Keyence Deutschland GmbH: *Modellreihe VHX-5000,* 2022, Neu-Isenburg. https://www.keyence.de/products/microscope/digital-microscope/vhx-5000/models/vhx-5000/ (zuletzt geprüft am: 18. Juli 2023)

[66]   Khairallah, S. A.; Anderson, A. T.; Rubenchik, A.; King, W. E.: *Laser powder-bed fusion additive manufacturing: Physics of complex melt flow and formation mechanisms of pores, spatter, and denudation zones* in *Acta Materialia*, 2016. Nummer: 108, Seite: 36–45. Verlag: Elsevier B.V. https://www.sciencedirect.com/science/article/pii/S135964541630088X (zuletzt geprüft am: 18. Juli 2023) doi: 10.1016/j.actamat.2016.02.014

[67]   King, W. E.; Barth, H. D.; Castillo, V. M.; Gallegos, G. F.; Gibbs, J. W.; Hahn, D. E.; Kamath, C.; Rubenchik, A. M.: *Observation of keyhole-mode laser melting in laser powder-bed fusion additive manufacturing* in *Journal of Materials Processing Technology*, 2014. Nummer: 214, Seite: 2915–2925. Verlag: Elsevier B.V. https://www.sciencedirect.com/science/article/pii/S0924013614002283 (zuletzt geprüft am: 18. Juli 2023) doi: 10.1016/j.jmatprotec.2014.06.005

[68]   Kliner, D. A. V.; O'Dea, B.; Lugo, J.; Farrow, R. L.; Hawke, R.; Hodges, A.; Stephens, R.; Foley, B.; Almonte, K.; Kehoe, B.; Hamilton, M.; Luetjen, C.; Small, J.; Balsley, D.; Karlsen, S.; Archer, C.; Martinsen, R.: *High-productivity Laser Powder-Bed Fusion tools enabled by AFX fiber lasers with rapidly tunable beam quality*, 2022. Tagungsname: LANE 2022, Tagungsort: Fürth, Veranstaltungsdatum: 04.-08.09.2022. Verlag: Elsevier B.V. https://www.lane-conference.org/app/download/13222297649/High-productivity+laser+powder-bed+fusion+tools+enabled+by+AFX+fiber+lasers+with+rapidly+tunable+beam+quality.pdf?t=1663056141 (zuletzt geprüft am: 18. Juli 2023)

[69]   Kohlrausch, F.: *Praktische Physik: Zum Gebrauch für Unterricht, Forschung und Technik Band 2*, 1996, 24. Auflage. Verlag: Vieweg+Teubner Verlag, Wiesbaden. ISBN: 978-3-322-87207-4. https://link.springer.com/book/10.1007/978-3-322-87207-4 (zuletzt geprüft am: 18. Juli 2023) doi: 10.1007/978-3-322-87207-4

[70]   Kohlwes, P.: *Higher Productivity with Innovative LPBF Process Control Algorithm*, 2021, Frankfurt. https://www.youtube.com/watch?v=bvqBRtGxwCY (zuletzt geprüft am: 18. Juli 2023)

[71]   KPMG International: *Industrial Manufacturing: Megatrends Research*, 2014, Zug, Schweiz. https://assets.kpmg.com/content/dam/kpmg/pdf/2014/03/megatrends.pdf (zuletzt geprüft am: 18. Juli 2023)

[72]   Kruth, J. P.; Froyen, L.; van Vaerenbergh, J.; Mercelis, P.; Rombouts, M.; Lauwers, B.: *Selective laser melting of iron-based powder* in *Journal of Materials Processing Technology*, 2004. Nummer: 149, Seite: 616–622. Verlag: Elsevier B.V. https://www.sciencedirect.com/science/article/pii/S0924013604002201 (zuletzt geprüft am: 18. Juli 2023) doi: 10.1016/j.jmatprotec.2003.11.051

[73]   Kumke, M.: *Methodisches Konstruieren von additiv gefertigten Bauteilen*, 2018, 1. Auflage. Verlag: Springer-Verlag, Wiesbaden. ISBN: 978-3-658-22209-3. https://link.springer.com/book/10.1007/978-3-658-22209-3 (zuletzt geprüft am: 18. Juli 2023) doi: 10.1007/978-3-658-22209-3

[74]   Laskin, A.; Volpp, J.; Laskin, V.; Nara, T.; Jung, S. R.: *Multispot optics for beam shaping of high-power single-mode and multimode lasers* in *Journal of Laser Applications*, 2021. Nummer: 33, Aufsatznummer: 042046. Verlag: AIP Publishing LLC.

https://www.researchgate.net/publication/356057919_Multispot_op-
tics_for_beam_shaping_in_high-power_single_mode_and_multimode_lasers (zuletzt geprüft am: 18. Juli 2023) doi: 10.2351/7.0000461

[75] Le, T.-N.; Lo, Y.-L.: *Effects of sulfur concentration and Marangoni convection on melt-pool formation in transition mode of selective laser melting process* in *Materials & Design,* 2019. Nummer: 179, Aufsatznummer: 107866. Verlag: Else-vier B.V. https://www.sciencedirect.com/science/article/pii/S0264127519303041 (zuletzt geprüft am: 18. Juli 2023) doi: 10.1016/j.matdes.2019.107866

[76] Li, G.; Kohlwes, P.: *Produktivitätssteigerung und Kostensenkung der laser-addi-tiven Fertigung für den Automobilbau* in *FAT Schriftenreihe.* https://www.vda.de/dam/jcr:3b1b27b6-72e3-4f4a-a7bf-22172820838e/FAT-Schriftenreihe_358.pdf (zuletzt geprüft am: 18. Juli 2023)

[77] Li, R.; Liu, J.; Shi, Y.; Wang, L.; Jiang, W.: *Balling behavior of stainless steel and nickel powder during selective laser melting process* in *The International Journal of Advanced Manufacturing Technology,* 2012. Nummer: 59, Seite: 1025–1035. Verlag: Springer-Verlag. https://link.springer.com/ar-ticle/10.1007/s00170-011-3566-1 (zuletzt geprüft am: 18. Juli 2023) doi: 10.1007/s00170-011-3566-1

[78] Linde GmbH: *Argon 4.6,* 2023, Pullach. https://www.linde-gas.de/shop/de/de-ig/argon-46-argon-4-6 (zuletzt geprüft am: 18. Juli 2023)

[79] Linde GmbH: *Datenblatt Argon 4.6,* 2023, Pullach. https://static.prd.echan-nel.linde.com/wcsstore/DE_REC_Industrial_Gas_Store/datasheets/pds/argon.pdf (zuletzt geprüft am: 18. Juli 2023)

[80] Linde GmbH: *Datenblatt Varigon He30,* 2023, Pullach. https://static.prd.echan-nel.linde.com/wcsstore/DE_REC_Industrial_Gas_Store/datasheets/pds/vari-gon_he_30.pdf (zuletzt geprüft am: 18. Juli 2023)

[81] Linde GmbH: *Helium 4.6,* 2023, Pullach. https://www.linde-gas.de/shop/de/de-ig/helium-46-helium-46 (zuletzt geprüft am: 18. Juli 2023)

[82] Linde GmbH: *Varigon He30,* 2023, Pullach. https://www.linde-gas.de/shop/de/de-ig/varigon%C2%AE-he-30-varigon-he30 (zuletzt geprüft am: 18. Juli 2023)

[83] Liu, Y.; Yang, Y.; Mai, S.; Wang, D.; Song, C.: *Investigation into spatter behav-ior during selective laser melting of AISI 316L stainless steel powder* in *Materials & Design,* 2015. Nummer: 87, Seite: 797–806. Verlag: Elsevier B.V. https://www.sciencedirect.com/science/article/abs/pii/S0264127515303361 (zu-letzt geprüft am: 18. Juli 2023) doi: 10.1016/j.matdes.2015.08.086

[84] Loh, L. E.; Liu, Z. H.; Zhang, D. Q.; Mapar, M.; Sing, S. L.; Chua, C. K.; Yeong, W. Y.: *Selective Laser Melting of aluminium alloy using a uniform beam profile* in *Virtual and Physical Prototyping,* 2014. Nummer: 9, Seite: 11–16. Verlag: Taylor & Francis Group. https://www.researchgate.net/publica-tion/262968908_Selective_Laser_Melting_of_aluminium_alloy_using_a_uni-form_beam_profile (zuletzt geprüft am: 18. Juli 2023) doi: 10.1080/17452759.2013.869608

[85]   Lutter-Günther, M.; Bröker, M.; Mayer, T.; Lizak, S.; Seidel, C.; Reinhart, G.:
        *Spatter formation during laser beam melting of AlSi10Mg and effects on powder
        quality* in *Procedia CIRP,* 2018. Nummer: 74, Seite: 33–38. Verlag: Elsevier
        B.V. https://www.sciencedirect.com/science/article/pii/S2212827118307911 (zu-
        letzt geprüft am: 18. Juli 2023) doi: 10.1016/j.procir.2018.08.008

[86]   Ly, S.; Rubenchik, A. M.; Khairallah, S. A.; Guss, G.; Matthews, M. J.: *Metal va-
        por micro-jet controls material redistribution in laser powder bed fusion additive
        manufacturing* in *Scientific reports,* 2017. Nummer: 7, Aufsatznummer: 4085.
        Verlag: Scientific Reports (zuletzt geprüft am: 18. Juli 2023) doi:
        10.1038/s41598-017-04237-z

[87]   Martín, A.; Cepeda-Jiménez, C. M.; Pérez-Prado, M. T.: *Gas atomization of γ-
        TiAl Alloy Powder for Additive Manufacturing* in *Advanced Engineering Materi-
        als,* 2020. Nummer: 22, Aufsatznummer: 1900594. Verlag: Wiley-VCH.
        https://onlinelibrary.wiley.com/doi/10.1002/adem.201900594 (zuletzt geprüft am:
        18. Juli 2023) doi: 10.1002/adem.201900594

[88]   Martinsen, R.; Rudolf, A.; Kliner, D. A. V.: *Ring beams change the game for
        powder-bed fusion: Fiber beam shaping plays a key role on the path to laser
        powder-bed fusion for additive manufacturing of metals,* 2022, Nashville.
        https://www.laserfocusworld.com/laser-processing/article/14280827/ring-beams-
        change-the-game-for-powderbed-fusion (zuletzt geprüft am: 18. Juli 2023)

[89]   Matthews, M. J.; Guss, G.; Khairallah, S. A.; Rubenchik, A. M.; Depond, P. J.;
        King, W. E.: *Denudation of metal powder layers in laser powder bed fusion pro-
        cesses* in *Acta Materialia,* 2016. Nummer: 114, Seite: 33–42. Verlag: Elsevier
        B.V. https://www.sciencedirect.com/science/article/pii/S135964541630355X (zu-
        letzt geprüft am: 18. Juli 2023) doi: 10.1016/j.actamat.2016.05.017

[90]   Meiners, W.: *Direktes selektives Laser Sintern einkomponentiger metallischer
        Werkstoffe (*Dissertation), 1999, Aachen, Hochschule: RWTH Aachen.
        https://www.shaker.de/de/content/catalogue/in-
        dex.asp?lang=de&ID=8&ISBN=978-3-8265-6571-7 (zuletzt geprüft am: 18. Juli
        2023)

[91]   Metel, A. S.; Stebulyanin, M. M.; Fedorov, S. V.; Okunkova, A. A.: *Power Den-
        sity Distribution for Laser Additive Manufacturing (SLM): Potential, Fundamen-
        tals and Advanced Applications* in *Technologies,* 2019. Nummer: 7, Aufsatznum-
        mer: 5. Verlag: MDPI. https://www.mdpi.com/2227-7080/7/1/5 (zuletzt geprüft
        am: 18. Juli 2023) doi: 10.3390/technologies7010005

[92]   Meyers, R. A.: *Encyclopedia of physical science and technology,* 2001,
        3. Auflage. Verlag: Academic Press, San Diego. ISBN: 978-0-12-227410-7.
        https://www.sciencedirect.com/referencework/9780122274107/encyclopedia-of-
        physical-science-and-technology (zuletzt geprüft am: 18. Juli 2023)

[93]   Microtrac Retsch GmbH: *Camsizer X2,* 2022, Haan.
        https://www.microtrac.de/de/produkte/partikel-groesse-form-analyse/dynami-
        sche-bildanalyse/camsizer-x2/ (zuletzt geprüft am: 18. Juli 2023)

[94]   Mital, A.; Desai, A.; Subramanian, A.: *Product development: A structured ap-
        proach to consumer product development, design, and manufacture,* 2014,
        2. Auflage. Verlag: Elsevier B.V., Amsterdam. ISBN: 978-0-12-800190-5.

https://shop.elsevier.com/books/product-development/mitol/078-0-12-799916-6 (zuletzt geprüft am: 18. Juli 2023)

[95] Möller, M.; Vykhtar, B.; Emmelmann, C.; Li, Z.; Huang, J.: *Sustainable Production of Aircraft Systems: Carbon Footprint and Cost Potential of Additive Manufacturing in Aircraft Systems,* 2019. Tagungsname: Aircraft System Technologies, Tagungsort: Hamburg, Veranstaltungsdatum: 19.-20.02.2019. https://amgta.org/wp-content/uploads/2020/02/AST2019-CARBON-FOOTPRINT-AND-COST-POTENTIAL-OF-AM-IN-AIRCRAFT-SYSTEMS.pdf (zuletzt geprüft am: 18. Juli 2023)

[96] Montero-Sistiaga, M. L.; Pourbabak, S.; van Humbeeck, J.; Schryvers, D.; Vanmeensel, K.: *Microstructure and mechanical properties of Hastelloy X produced by HP-SLM (high power selective laser melting)* in *Materials & Design,* 2019. Nummer: 165, Aufsatznummer: 107598. Verlag: Elsevier B.V. https://www.sciencedirect.com/science/article/pii/S0264127519300188 (zuletzt geprüft am: 18. Juli 2023) doi: 10.1016/j.matdes.2019.107598

[97] Munsch, M.: *Reduzierung von Eigenspannungen und Verzug in der laseradditiven Fertigung (*Dissertation), 2013, Hamburg, Hochschule: Technische Hochschule Hamburg. https://cuvillier.de/de/shop/publications/6468-reduzierung-von-eigenspannungen-und-verzug-in-der-laseradditiven-fertigung (zuletzt geprüft am: 18. Juli 2023)

[98] nLight Inc.: *Single-Mode Beam Shaping Fiber Lasers,* 2022, Camas. https://static1.squarespace.com/static/628d22a4cced8544470496fe/t/6458a8a99b1b8d0b9f73e3e5/1683531945423/nLIGHT_AFX_Series_Product_Sheet_20230505.pdf (zuletzt geprüft am: 18. Juli 2023)

[99] Obeidi, M. A.; Mussatto, A.; Groarke, R.; Vijayaraghavan, R. K.; Conway, A.; Rossi Kaschel, F.; McCarthy, E.; Clarkin, O.; O'Connor, R.; Brabazon, D.: *Comprehensive assessment of spatter material generated during selective laser melting of stainless steel* in *Materials Today Communications,* 2020. Nummer: 25, Aufsatznummer: 101294. Verlag: Elsevier B.V. https://www.sciencedirect.com/science/article/pii/S2352492820323059 (zuletzt geprüft am: 18. Juli 2023) doi: 10.1016/j.mtcomm.2020.101294

[100] Okunkova, A. A.; Peretyagin, P. Y.; Podrabinnik, P. A.; Zhirnov, I. V.; Gusarov, A. V.: *Development of Laser Beam Modulation Assets for the Process Productivity Improvement of Selective Laser Melting* in *Procedia IUTAM,* 2017. Nummer: 23, Seite: 177–186. Verlag: Elsevier B.V. https://www.sciencedirect.com/science/article/pii/S2210983817300846 (zuletzt geprüft am: 18. Juli 2023) doi: 10.1016/j.piutam.2017.06.019

[101] Ophir Optronics Solutions Ltd.: *BeamWatch AM,* 2022, Darmstadt. https://www.ophiropt.com/laser--measurement/de/beam-profilers/products/High-Power-Beam-Profiling/BeamWatch-AM (zuletzt geprüft am: 18. Juli 2023)

[102] Pakkanen, J. A.: *Designing for Additive Manufacturing - Product and Process Driven Design for Metals and Polymers (*Dissertation), 2018, Turin, Hochschule: Politecnico di Torino. https://iris.polito.it/handle/11583/2714732 (zuletzt geprüft am: 18. Juli 2023) doi: 10.6092/polito/porto/2714732

[103]   Parry, L.; Ashcroft, I. A.; Wildman, R. D.: *Understanding the effect of laser scan strategy on residual stress in selective laser melting through thermo-mechanical simulation* in *Additive Manufacturing,* 2016. Nummer: 12, Seite: 1–15. Verlag: Elsevier B.V. https://www.sciencedirect.com/science/article/pii/S2214860416300987 (zuletzt geprüft am: 18. Juli 2023) doi: 10.1016/j.addma.2016.05.014

[104]   Pauzon, C.; Forêt, P.; Hryha, E.; Arunprasad, T.; Nyborg, L.: *Argon-helium mixtures as Laser-Powder Bed Fusion atmospheres: Towards increased build rate of Ti-6Al-4V* in *Journal of Materials Processing Technology,* 2020. Nummer: 279, Aufsatznummer: 116555. Verlag: Elsevier B.V. https://www.sciencedirect.com/science/article/abs/pii/S092401361930528X (zuletzt geprüft am: 18. Juli 2023) doi: 10.1016/j.jmatprotec.2019.116555

[105]   Pauzon, C.; Hoppe, B.; Pichler, T.; Dubiez-Le Goff, S.; Forêt, P.; Nguyen, T.; Hryha, E.: *Reduction of incandescent spatter with helium addition to the process gas during laser powder bed fusion of Ti-6Al-4V* in *CIRP Journal of Manufacturing Science and Technology,* 2021. Nummer: 35, Seite: 371–378. Verlag: Elsevier B.V. https://www.sciencedirect.com/science/article/abs/pii/S1755581721001206 (zuletzt geprüft am: 18. Juli 2023) doi: 10.1016/j.cirpj.2021.07.004

[106]   Raffel, M.: *Background-oriented schlieren (BOS) techniques* in *Experiments in Fluids,* 2015. Nummer: 56, Aufsatznummer: 60. Verlag: Springer-Verlag. https://link.springer.com/article/10.1007/s00348-015-1927-5 (zuletzt geprüft am: 18. Juli 2023) doi: 10.1007/s00348-015-1927-5

[107]   Rasch, M.: *nLight AFX Fiber Laser: Less Spatter and Interesting Vacuum Effect,* 2020, Unterschleißheim. https://www.youtube.com/watch?v=PprookOJ96I&t=152s (zuletzt geprüft am: 18. Juli 2023)

[108]   Repossini, G.; Laguzza, V.; Grasso, M.; Colosimo, B. M.: *On the use of spatter signature for in-situ monitoring of Laser Powder Bed Fusion* in *Additive Manufacturing,* 2017. Nummer: 16, Seite: 35–48. Verlag: Elsevier B.V. https://www.sciencedirect.com/science/article/pii/S2214860416303402 (zuletzt geprüft am: 18. Juli 2023) doi: 10.1016/j.addma.2017.05.004

[109]   Roehling, T. T.; Wu, S. S. Q.; Khairallah, S. A.; Roehling, J. D.; Soezeri, S. S.; Crumb, M. F.; Matthews, M. J.: *Modulating laser intensity profile ellipticity for microstructural control during metal additive manufacturing* in *Acta Materialia,* 2017. Nummer: 128, Seite: 197–206. Verlag: Elsevier. https://www.sciencedirect.com/science/article/pii/S1359645417301167 (zuletzt geprüft am: 18. Juli 2023) doi: 10.1016/j.actamat.2017.02.025

[110]   Rouf, S.; Malik, A.; Singh, N.; Raina, A.; Naveed, N.; Siddiqui, M. I. H.; Haq, M. I. U.: *Additive manufacturing technologies: Industrial and medical applications* in *Sustainable Operations and Computers,* 2022. Nummer: 3, Seite: 258–274. Verlag: Sustainable Operations and Computers. https://www.sciencedirect.com/science/article/pii/S2666412722000125 (zuletzt geprüft am: 18. Juli 2023) doi: 10.1016/j.susoc.2022.05.001

[111]   Sato, Y.; Tsukamoto, M.; Yamashita, Y.: *Surface morphology of Ti–6Al–4V plate fabricated by vacuum selective laser melting* in *Applied Physics B,* 2015. Nummer: 119, Seite: 545–549. Verlag: Springer-Verlag.

https://link.springer.com/article/10.1007/s00340-015-6059 3 (zuletzt geprüft am: 11. Juli 2023) doi: 10.1007/s00340-015-6059 3

[112] Sato, Y.; Srisawadi, S.; Tanprayoon, D.; Suga, T.; Ohkubo, T.; Tsukamoto, M.: *Spatter behavior for 316L stainless steel fabricated by selective laser melting in a vacuum* in *Optics and Lasers in Engineering,* 2020. Nummer: 134, Aufsatznummer: 106209. Verlag: Elsevier B.V. https://www.sciencedirect.com/science/article/abs/pii/S0143816620302694 (zuletzt geprüft am: 18. Juli 2023) doi: 10.1016/j.optlaseng.2020.106209

[113] SCANLAB GmbH: *intelliSCAN,* 2021, Puchheim. https://www.scanlab.de/sites/default/files/2020-11/03_intelliSCAN_Scan-Kopf-Serie.pdf (zuletzt geprüft am: 18. Juli 2023)

[114] SCANLAB GmbH: *varioSCAN,* 2021, Puchheim. https://www.scanlab.de/sites/default/files/2020-11/10_varioSCAN%2BvarioSCANde_Fokussiersysteme.pdf (zuletzt geprüft am: 18. Juli 2023)

[115] SCANLAB GmbH: *Galvanometer-Scanner,* 2022, Puchheim. https://www.scanlab.de/de/service/glossar/galvanometer-scanner (zuletzt geprüft am: 18. Juli 2023)

[116] Schmidt, T.: *Potentialbewertung generativer Fertigungsverfahren für Leichtbauteile (*Dissertation), 2016, Hamburg, Hochschule: Technische Universität Hamburg. https://link.springer.com/book/10.1007/978-3-662-52996-6 (zuletzt geprüft am: 18. Juli 2023) doi: 10.1007/978-3-662-52996-6

[117] Schniedenharn, M.: *Einfluss von Fokusshift und Prozessnebenprodukten auf den Laser Powder Bed Fusion Prozess (*Dissertation), 2020, Aachen, Hochschule: RWTH Aachen. https://publications.rwth-aachen.de/record/807057/files/807057.pdf (zuletzt geprüft am: 18. Juli 2023) doi: 10.18154/RWTH-2020-11079

[118] Schreck, S.: *Thermische und elektrische Leitpfade in Cordierit durch lasergestütztes Dispergieren von metallischen Hartstoffen und Wolfram (*Dissertation), 2003, Karlsruhe, Hochschule: Technische Hochschule Karlsruhe. https://digbib.bibliothek.kit.edu/volltexte/fzk/6816/6816.pdf (zuletzt geprüft am: 18. Juli 2023)

[119] Schultz, H.: *Electron Beam Welding,* 1994, 1. Auflage. Verlag: Lehmanns Media GmbH, Köln. ISBN: 978-1-84569-878-2. https://www.lehmanns.de/shop/technik/29126766-9781845698782-electron-beam-welding (zuletzt geprüft am: 18. Juli 2023)

[120] Schweizerischer Verein für Schweisstechnik: *Schweisstechnik,* 2019, Basel. https://www.svsxass.ch/UserFiles/File/pdfdocs/svs_zeitschrift_19-2.pdf (zuletzt geprüft am: 18. Juli 2023)

[121] Shi, W.; Liu, Y.; Shi, X.; Hou, Y.; Wang, P.; Song, G.: *Beam Diameter Dependence of Performance in Thick-Layer and High-Power Selective Laser Melting of Ti-6Al-4V* in *Materials,* 2018. Nummer: 11, Aufsatznummer: 1237. Verlag: MDPI. https://www.mdpi.com/1996-1944/11/7/1237 (zuletzt geprüft am: 18. Juli 2023) doi: 10.3390/ma11071237

[122] Shive, J. N.; Weber, R. L.: *Ähnlichkeiten in der Physik: Zusammenhänge erkennen und verstehen,* 1993, 1. Auflage. Verlag: Springer-Verlag, Berlin. ISBN: 978-

3-642-76110-2. https://link.springer.com/book/10.1007/978-3-642-76110-2 (zuletzt geprüft am: 18. Juli 2023) doi: 10.1007/978-3-642-76110-2

[123] Sicius, H.: *Edelgase: Eine Reise durch das Periodensystem,* 2015, 1. Auflage. Verlag: Springer-Verlag, Wiesbaden. ISBN: 978-3-658-09815-5. https://link.springer.com/book/10.1007/978-3-658-09815-5 (zuletzt geprüft am: 18. Juli 2023) doi: 10.1007/978-3-658-09815-5

[124] Simonelli, M.; Tuck, C.; Aboulkhair, N. T.; Maskery, I.; Ashcroft, I.; Wildman, R. D.; Hague, R.: *A Study on the Laser Spatter and the Oxidation Reactions During Selective Laser Melting of 316L Stainless Steel, Al-Si10-Mg, and Ti-6Al-4V* in *Metallurgical and Materials Transactions A,* 2015. Nummer: 46, Seite: 3842– 3851. Verlag: Springer-Verlag. https://link.springer.com/article/10.1007/s11661-015-2882-8 (zuletzt geprüft am: 18. Juli 2023) doi: 10.1007/s11661-015-2882-8

[125] SLM Solutions Group AG: *SLM 500,* 2022, Lübeck. https://www.slm-solutions.com/ (zuletzt geprüft am: 18. Juli 2023)

[126] Sow, M. C.; Terris, T.; Castelnau, O.; Hamouche, Z.; Coste, F.; Fabbro, R.; Peyre, P.: *Influence of beam diameter on Laser Powder Bed Fusion (L-PBF) process* in *Additive Manufacturing,* 2020. Nummer: 36, Aufsatznummer: 101532. Verlag: Elsevier B.V. https://www.sciencedirect.com/science/article/abs/pii/S2214860420309040 (zuletzt geprüft am: 18. Juli 2023) doi: 10.1016/j.addma.2020.101532

[127] Spierings, A. B.; Herres, N.; Levy, G.: *Influence of the particle size distribution on surface quality and mechanical properties in AM steel parts* in *Rapid Prototyping Journal,* 2011. Nummer: 17, Seite: 195–202. Verlag: Emerald Group Publishing Ltd. https://www.researchgate.net/publication/239781439_Influence_of_the_particle_size_distribution_on_surface_quality_and_mechanical_properties_in_AM_steel_parts (zuletzt geprüft am: 18. Juli 2023) doi: 10.1108/13552541111124770

[128] Srivatsan, T. S.; Sudarshan, T. S.: *Additive Manufacturing: Innovations, Advances, and Applications,* 2015. Verlag: CRC Press, Boca Raton. ISBN: 978-1-4987-1478-5. https://www.lehmanns.de/shop/sozialwissenschaften/33725303-9781498714785-additive-manufacturing (zuletzt geprüft am: 18. Juli 2023)

[129] Steen, W. M.: *Laser Material Processing,* 2003, 3. Auflage. Verlag: Springer-Verlag, London. ISBN: 978-1-4471-3752-8. https://link.springer.com/book/10.1007/978-1-4471-3752-8 (zuletzt geprüft am: 18. Juli 2023) doi: 10.1007/978-1-4471-3752-8

[130] Struers S.A.S.: *CitroPress,* 2022, Champigny sur Marne cedex. https://www.struers.com/de-DE/Products/Mounting/Mounting-equipment/CitoPress (zuletzt geprüft am: 18. Juli 2023)

[131] Struers S.A.S.: *Tegramin,* 2022, Champigny sur Marne cedex. https://www.struers.com/de-DE/Products/Grinding-and-Polishing/Grinding-and-polishing-equipment/Tegramin (zuletzt geprüft am: 18. Juli 2023)

[132] Sutton, A. T.; Kriewall, C. S.; Leu, M. C.; Newkirk, J. W.; Brown, B.: *Characterization of laser spatter and condensate generated during the selective laser melting of 304L stainless steel powder* in *Additive Manufacturing,* 2020. Nummer: 31,

Aufsatznummer: 100904. Verlag: Elsevier B.V. https://www.sciencedi-
rect.com/science/article/abs/pii/S2214860419302787 (zuletzt geprüft am: 18. Juli
2023) doi: 10.1016/j.addma.2019.100904

[133] Tepylo, N.; Huang, X.; Patnaik, P. C.: *Laser-Based Additive Manufacturing
Technologies for Aerospace Applications* in *Advanced Engineering Materials,*
2019. Nummer: 21, Aufsatznummer: 1900617. Verlag: John Wiley & Sons Ltd.
https://onlinelibrary.wiley.com/doi/full/10.1002/adem.201900617 (zuletzt geprüft
am: 18. Juli 2023) doi: 10.1002/adem.201900617

[134] Thanki, A.; Jordan, C.; Booth, B. G.; Verhees, D.; Heylen, R.; Mir, M.; Bey-
Temsamani, A.; Philips, W.; Witvrouw, A.; Haitjema, H.: *Off-axis high-speed
camera-based real-time monitoring and simulation study for laser powder bed fusion of 316L stainless steel* in *The International Journal of Advanced Manufacturing Technology,* 2023. Nummer: 125, Seite: 4909–4924. Verlag: Springer-Verlag. https://link.springer.com/article/10.1007/s00170-023-11075-z (zuletzt geprüft
am: 18. Juli 2023) doi: 10.1007/s00170-023-11075-z

[135] Traore, S.; Schneider, M.; Koutiri, I.; Coste, F.; Fabbro, R.; Charpentier, C.;
Lefebvre, P.; Peyre, P.: *Influence of gas atmosphere (Ar or He) on the laser powder bed fusion of a Ni-based alloy* in *Journal of Materials Processing Technology,* 2021. Nummer: 288, Aufsatznummer: 116851. Verlag: Elsevier B.V.
https://www.sciencedirect.com/science/article/abs/pii/S092401362030265X (zuletzt geprüft am: 18. Juli 2023) doi: 10.1016/j.jmatprotec.2020.116851

[136] TRUMPF SE + Co. KG: *TruPrint 1000,* 2021, Ditzingen.
https://www.trumpf.com/de_DE/produkte/maschinen-systeme/additive-ferti-
gungssysteme/truprint-1000/ (zuletzt geprüft am: 18. Juli 2023)

[137] Vision Research Inc.: *Phantom TMX 6410,* 2022, New Jersey. https://www.phan-
tomhighspeed.com/products/cameras/tmx/6410 (zuletzt geprüft am: 18. Juli 2023)

[138] Volpp, J.: *Dynamik und Stabilität der Dampfkapillare beim Laserstrahltief-
schweißen* (Dissertation), 2017, Bremen, Hochschule: Universität Bremen.
https://media.suub.uni-bremen.de/handle/elib/1239?locale=de (zuletzt geprüft
am: 18. Juli 2023)

[139] Wang, Y.; Zhao, Y. F.: *Investigation of Sintering Shrinkage in Binder Jetting Additive Manufacturing Process* in *Procedia Manufacturing,* 2017. Nummer: 10,
Seite: 779–790. Verlag: Elsevier B.V. https://www.sciencedirect.com/science/ar-
ticle/pii/S2351978917302597 (zuletzt geprüft am: 18. Juli 2023) doi:
10.1016/j.promfg.2017.07.077

[140] Wang, D.; Ye, G.; Dou, W.; Zhang, M.; Yang, Y.; Mai, S.; Liu, Y.: *Influence of
spatter particles contamination on densification behavior and tensile properties
of CoCrW manufactured by selective laser melting* in *Optics & Laser Technology,*
2020. Nummer: 121, Aufsatznummer: 105678. Verlag: Elsevier B.V.
https://www.sciencedirect.com/science/article/abs/pii/S0030399219305110 (zuletzt geprüft am: 18. Juli 2023) doi: 10.1016/j.optlastec.2019.105678

[141] Wang, D.; Dou, W.; Ou, Y.; Yang, Y.; Tan, C.; Zhang, Y.: *Characteristics of
droplet spatter behavior and process-correlated mapping model in laser powder
bed fusion* in *Journal of Materials Research and Technology,* 2021. Nummer: 12,
Seite: 1051–1064. Verlag: Elsevier B.V.

https://www.sciencedirect.com/science/article/pii/S2238785421001691 (zuletzt geprüft am: 18. Juli 2023) doi: 10.1016/j.jmrt.2021.02.043

[142] Weitenberg, J.: *Transversale Moden in optischen Resonatoren für Anwendungen hoher Laserintensität* (Dissertation), 2017, Aachen, Hochschule: RWTH Aachen. http://publications.rwth-aachen.de/record/713361/files/713361.pdf (zuletzt geprüft am: 18. Juli 2023) doi: 10.18154/RWTH-2018-01107

[143] Wetzstein, G.; Raskar, R.; Heidrich, W.: *Hand-held Schlieren Photography with Light Field probes*, 2011. Tagungsname: IEEE International Conference on Computational Photography, Tagungsort: Pittsburgh, Veranstaltungsdatum: 8.-10.04.2011. Verlag: Institute of Electrical and Electronics Engineers, New York. ISBN: 978-1-61284-708-5. https://ieeexplore.ieee.org/abstract/document/5753123 (zuletzt geprüft am: 18. Juli 2023) doi: 10.1109/ICCPHOT.2011.5753123

[144] Wischeropp, T. M.: *Advancement of Selective Laser Melting by Laser Beam Shaping* (Dissertation), 2021, Hamburg, Hochschule: Technische Hochschule Hamburg. https://link.springer.com/book/10.1007/978-3-662-64585-7 (zuletzt geprüft am: 18. Juli 2023) doi: 10.1007/978-3-662-64585-7

[145] Wischeropp, T. M.; Salazar, R.; Herzog, D.; Emmelmann, C.: *Simulation of the effect of different laser beam intensity profiles on heat distribution in selective laser melting*, 2015. Tagungsname: Lasers in Manufacturing Conference, Tagungsort: München, Veranstaltungsdatum: 22.-25.06.2015. Verlag: Wissenschaftliche Gesellschaft Lasertechnik e.V., Hannover. https://www.wlt.de/lim/Proceedings2015/Stick/PDF/Contribution304_final.pdf (zuletzt geprüft am: 18. Juli 2023)

[146] Wischeropp, T. M.; Emmelmann, C.; Brandt, M.; Pateras, A.: *Measurement of actual powder layer height and packing density in a single layer in selective laser melting* in *Additive Manufacturing*, 2019. Nummer: 28, Seite: 176–183. Verlag: Elsevier B.V. https://www.sciencedirect.com/science/article/pii/S2214860418306444 (zuletzt geprüft am: 18. Juli 2023) doi: 10.1016/j.addma.2019.04.019

[147] Wischeropp, T. M.; Tarhini, H.; Emmelmann, C.: *Influence of laser beam profile on the selective laser melting process of AlSi10Mg* in *Journal of Laser Applications*, 2020. Nummer: 32, Aufsatznummer: 022059. Verlag: AIP Publishing LLC. https://www.researchgate.net/publication/341259062_Influence_of_laser_beam_profile_on_the_selective_laser_melting_process_of_AlSi10Mg (zuletzt geprüft am: 18. Juli 2023) doi: 10.2351/7.0000100

[148] Wohlers Associates: *Wohlers Report 2022: 3D Printing and Additive Manufacturing*, 2022, Washington DC. https://wohlersassociates.com/reports/ (zuletzt geprüft am: 18. Juli 2023)

[149] Wolff, S. J.; Wu, H.; Parab, N.; Zhao, C.; Ehmann, K. F.; Sun, T.; Cao, J.: *In-situ high-speed X-ray imaging of piezo-driven directed energy deposition additive manufacturing* in *Scientific reports*, 2019. Nummer: 9, Aufsatznummer: 962. Verlag: Scientific Reports. https://www.nature.com/articles/s41598-018-36678-5 (zuletzt geprüft am: 18. Juli 2023) doi: 10.1038/s41598-018-36678-5

[150] Yang, L.; Lo, L.; Ding, S.; Özel, T.: *Monitoring and detection of meltpool and spatter regions in laser powder bed fusion of super alloy Inconel 625* in *Progress in Additive Manufacturing,* 2020. Nummer: 5, Seite: 367–378. Verlag: Springer-Verlag. https://link.springer.com/article/10.1007/s40964-020-00140-8 (zuletzt geprüft am: 18. Juli 2023) doi: 10.1007/s40964-020-00140-8

[151] Ye, D.; Zhu, K.; Fuh, J. Y. H.; Zhang, Y.; Soon, H. G.: *The investigation of plume and spatter signatures on melted states in selective laser melting* in *Optics & Laser Technology,* 2019. Nummer: 111, Seite: 395–406. Verlag: Elsevier B.V. https://www.sciencedirect.com/science/article/abs/pii/S0030399218304298 (zuletzt geprüft am: 18. Juli 2023) doi: 10.1016/j.optlastec.2018.10.019

[152] Yin, J.; Yang, L.; Yang, X.; Zhu, H.; Wang, D.; Ke, L.; Wang, Z.; Wang, G.; Zeng, X.: *High-power laser-matter interaction during laser powder bed fusion* in *Additive Manufacturing,* 2019. Nummer: 29, Aufsatznummer: 100778. Verlag: Elsevier B.V. https://www.sciencedirect.com/science/article/abs/pii/S2214860419303707 (zuletzt geprüft am: 18. Juli 2023) doi: 10.1016/j.addma.2019.100778

[153] Young, Z.; Qu, M.; Coday, M. M.; Guo, Q.; Hojjatzadeh, S. M. H.; Escano, L. I.; Fezzaa, K.; Chen, L.: *Effects of Particle Size Distribution with Efficient Packing on Powder Flowability and Selective Laser Melting Process* in *Materials,* 2022. Nummer: 15, Aufsatznummer: 705. Verlag: MDPI. https://www.mdpi.com/1996-1944/15/3/705 (zuletzt geprüft am: 18. Juli 2023) doi: 10.3390/ma15030705

[154] Young, Z. A.; Guo, Q.; Parab, N. D.; Zhao, C.; Qu, M.; Escano, L. I.; Fezzaa, K.; Everhart, W.; Sun, T.; Chen, L.: *Types of spatter and their features and formation mechanisms in laser powder bed fusion additive manufacturing process* in *Additive Manufacturing,* 2020. Nummer: 36, Aufsatznummer: 101438. Verlag: Elsevier B.V. https://www.sciencedirect.com/science/article/abs/pii/S2214860420308101 (zuletzt geprüft am: 18. Juli 2023) doi: 10.1016/j.addma.2020.101438

[155] Zhang, B.; Liao, H.; Coddet, C.: *Microstructure evolution and density behavior of CP Ti parts elaborated by Self-developed vacuum selective laser melting system* in *Applied Surface Science,* 2013. Nummer: 279, Seite: 310–316. Verlag: Elsevier B.V. https://www.sciencedirect.com/science/article/pii/S0169433213007940 (zuletzt geprüft am: 18. Juli 2023) doi: 10.1016/j.apsusc.2013.04.090

[156] Zhang, B.; Liao, H.; Coddet, C.: *Selective laser melting commercially pure Ti under vacuum* in *Vacuum,* 2013. Nummer: 95, Seite: 25–29. Verlag: Elsevier B.V. https://www.sciencedirect.com/science/article/abs/pii/S0042207X13000432 (zuletzt geprüft am: 18. Juli 2023) doi: 10.1016/j.vacuum.2013.02.003

[157] Zhang, Y.; Hong, G. S.; Ye, D.; Zhu, K.; Fuh, J. Y. H.: *Extraction and evaluation of melt pool, plume and spatter information for powder-bed fusion AM process monitoring* in *Materials & Design,* 2018. Nummer: 156, Seite: 458–469. Verlag: Elsevier B.V. https://www.sciencedirect.com/science/article/pii/S026412751830532X (zuletzt geprüft am: 18. Juli 2023) doi: 10.1016/j.matdes.2018.07.002

[158] Zhang, Y.; Soon, H. G.; Ye, D.; Fuh, J. Y. H.; Zhu, K.: *Powder-Bed Fusion Process Monitoring by Machine Vision With Hybrid Convolutional Neural Networks*

in *IEEE Transactions on Industrial Informatics,* 2020. Nummer: 16, Seite: 5769–5779. Verlag: Institute of Electrical and Electronics Engineers. https://ieeexplore.ieee.org/document/8913613 (zuletzt geprüft am: 18. Juli 2023) doi: 10.1109/TII.2019.2956078

[159]   Zhang, W.; Ma, H.; Zhang, Q.; Fan, S.: *Prediction of powder bed thickness by spatter detection from coaxial optical images in selective laser melting of 316L stainless steel* in *Materials & Design,* 2022. Nummer: 213, Aufsatznummer: 110301. Verlag: Elsevier B.V. https://www.sciencedirect.com/science/article/pii/S026412752100856X (zuletzt geprüft am: 18. Juli 2023) doi: 10.1016/j.matdes.2021.110301

[160]   Zhao, C.; Fezzaa, K.; Cunningham, R. W.; Wen, H.; Carlo, F.; Chen, L.; Rollett, A. D.; Sun, T.: *Real-time monitoring of laser powder bed fusion process using high-speed X-ray imaging and diffraction* in *Scientific reports,* 2017. Nummer: 7, Aufsatznummer: 3602. Verlag: Scientific Reports. https://www.nature.com/articles/s41598-017-03761-2 (zuletzt geprüft am: 18. Juli 2023) doi: 10.1038/s41598-017-03761-2

[161]   Zheng, H.; Li, H.; Lang, L.; Gong, S.; Ge, Y.: *Effects of scan speed on vapor plume behavior and spatter generation in laser powder bed fusion additive manufacturing* in *Journal of Manufacturing Processes,* 2018. Nummer: 36, Seite: 60–67. Verlag: Elsevier B.V. https://www.sciencedirect.com/science/article/abs/pii/S1526612518313021 (zuletzt geprüft am: 18. Juli 2023) doi: 10.1016/j.jmapro.2018.09.011

[162]   Zhirnov, I. V.; Podrabinnik, P. A.; Okunkova, A. A.; Gusarov, A. V.: *Laser beam profiling: experimental study of its influence on single-track formation by selective laser melting* in *Mechanics & Industry,* 2015. Nummer: 16, Aufsatznummer: 709. Verlag: EDP Sciences. https://www.mechanics-industry.org/articles/meca/abs/2015/07/mi150192/mi150192.html (zuletzt geprüft am: 18. Juli 2023) doi: 10.1051/meca/2015082

A Anhang (grundlegende Prozessparameter)

A.1 Pulverkennwerte

Tabelle A.1: *Ermittelte Pulverkennwerte des Titanpulvermaterials*

Messung	kumulierte PSD Q3			Formkenngrößen		
	10 %	50 %	90 %	SPHT3	Symm3	b/l3
1	30,0	42,7	53,3	0,894	0,958	0,908
2	29,5	42,3	52,8	0,894	0,959	0,909
3	29,4	42,1	53,4	0,893	0,959	0,906

Tabelle A.2: *Ermittelte Fließfähigkeit des Titanpulvermaterials*

RPM	Speeds		Reverse Speeds	
	Flow Angle [°]	Cohesion	Flow Angle [°]	Cohesion
2	28,8	1,8	28,7	1,9
4	29,2	2,6	30,2	3,0
6	31,9	12,5	30,1	13,3
10	31,0	12,5	32,9	12,7
20	38,9	17,8	37,5	18,5
40	50,8	16,9	52,5	16,6
70	71,3	17,7	73,5	16,0

Tabelle A.3: *Ermittelte Fülldichte, Klopfdichte, Hausner-Faktor und Durchflussrate des Titanpulvermaterials*

Fülldichte [g]	Klopfdichte [g]	Hausner-Faktor	Durchflussrate [s]
2,57	2,64	1,03	23,00

© Der/die Herausgeber bzw. der/die Autor(en), exklusiv lizenziert an
Springer-Verlag GmbH, DE, ein Teil von Springer Nature 2024
P. Kohlwes, *Prozessstabile additive Fertigung durch spritzerreduziertes
Laserstrahlschmelzen*, Light Engineering für die Praxis,
https://doi.org/10.1007/978-3-662-69082-6

A.2 Einzelspurqualitäten

Tabelle A.4: Resultierende Einzelspurqualitäten unterschiedlicher Laserleistungen und Scangeschwindigkeiten (Schichtstärke 30 µm, Fokusdurchmesser 80 µm)

$l = 30$ µm $d_F = 80$ µm	Scangeschwindigkeit [mm/s]									
Laserleistung [W]	100	200	400	600	800	1.000	1.200	1.400	1.600	1.800
100	hoch	hoch	hoch	hoch	niedrig	niedrig	niedrig	niedrig	niedrig	niedrig
150	hoch	hoch	hoch	hoch	hoch	mittel	mittel	mittel	niedrig	niedrig
200	hoch	hoch	hoch	hoch	hoch	hoch	hoch	mittel	mittel	niedrig
250	hoch	hoch	hoch	hoch	hoch	hoch	hoch	hoch	mittel	niedrig
300	hoch	hoch	hoch	hoch	mittel	hoch	hoch	hoch	mittel	niedrig
350	hoch	hoch	hoch	hoch	mittel	hoch	hoch	hoch	mittel	niedrig
400	hoch	hoch	hoch	hoch	niedrig	hoch	hoch	hoch	niedrig	niedrig

Tabelle A.5: Resultierende Einzelspurnahtqualitäten unterschiedlicher Laserleistungen und Scangeschwindigkeiten (Schichtstärke 30 µm, Fokusdurchmesser 110 µm)

$l = 30$ µm $d_F = 110$ µm	Scangeschwindigkeit [mm/s]									
Laserleistung [W]	100	200	400	600	800	1.000	1.200	1.400	1.600	1.800
100	hoch	hoch	hoch	niedrig	niedrig	niedrig	niedrig	niedrig	niedrig	niedrig
150	hoch	hoch	hoch	hoch	hoch	mittel	niedrig	niedrig	niedrig	niedrig
200	hoch	hoch	hoch	hoch	hoch	hoch	mittel	mittel	mittel	niedrig
250	hoch	hoch	hoch	hoch	hoch	hoch	mittel	mittel	mittel	niedrig
300	hoch	hoch	hoch	hoch	hoch	hoch	hoch	mittel	mittel	niedrig
350	hoch	hoch	hoch	hoch	hoch	hoch	hoch	mittel	mittel	niedrig
400	hoch	hoch	hoch	hoch	hoch	hoch	hoch	mittel	niedrig	niedrig

Tabelle A.6: Resultierende Einzelspurqualitäten unterschiedlicher Laserleistungen und Scangeschwindigkeiten (Schichtstärke 30 µm, Fokusdurchmesser 140 µm)

$l = 30$ µm $d_F = 140$ µm	Scangeschwindigkeit [mm/s]									
Laserleistung [W]	100	200	400	600	800	1.000	1.200	1.400	1.600	1.800
100	hoch	hoch	niedrig	niedrig	niedrig	niedrig	niedrig	niedrig	niedrig	niedrig
150	hoch	hoch	hoch	mittel	niedrig	niedrig	niedrig	niedrig	niedrig	niedrig
200	hoch	hoch	hoch	hoch	mittel	niedrig	niedrig	niedrig	niedrig	niedrig
250	hoch	hoch	hoch	hoch	mittel	niedrig	niedrig	niedrig	mittel	niedrig
300	hoch	hoch	hoch	hoch	hoch	mittel	mittel	mittel	mittel	mittel
350	hoch	hoch	hoch	hoch	hoch	hoch	mittel	niedrig	mittel	mittel
400	hoch	hoch	hoch	hoch	hoch	hoch	hoch	niedrig	niedrig	mittel

Tabelle A.7: *Resultierende Einzelspurqualitäten unterschiedlicher Laserleistungen und Scangeschwindigkeiten (Schichtstärke 30 μm, Fokusdurchmesser 170 μm)*

$l = 30\ \mu m$ $d_F = 170\ \mu m$	Scangeschwindigkeit [mm/s]									
Laserleistung [W]	100	200	400	600	800	1.000	1.200	1.400	1.600	1.800
100	hoch	hoch	niedrig	niedrig	niedrig	niedrig	niedrig	niedrig	niedrig	niedrig
150	hoch	hoch	hoch	niedrig	niedrig	niedrig	niedrig	niedrig	niedrig	niedrig
200	hoch	hoch	hoch	mittel	niedrig	niedrig	niedrig	niedrig	niedrig	niedrig
250	hoch	hoch	hoch	hoch	hoch	niedrig	niedrig	niedrig	niedrig	niedrig
300	hoch	hoch	hoch	hoch	mittel	mittel	niedrig	niedrig	niedrig	niedrig
350	hoch	hoch	hoch	hoch	hoch	mittel	mittel	niedrig	niedrig	niedrig
400	hoch	hoch	hoch	hoch	niedrig	hoch	mittel	mittel	niedrig	niedrig

Tabelle A.8: *Resultierende Einzelspurqualitäten unterschiedlicher Laserleistungen und Scangeschwindigkeiten (Schichtstärke 60 μm, Fokusdurchmesser 80 μm)*

$l = 60\ \mu m$ $d_F = 80\ \mu m$	Scangeschwindigkeit [mm/s]									
Laserleistung [W]	100	200	400	600	800	1.000	1.200	1.400	1.600	1.800
100	hoch	hoch	hoch	niedrig	niedrig	niedrig	niedrig	niedrig	niedrig	niedrig
150	hoch	hoch	hoch	hoch	mittel	niedrig	niedrig	niedrig	niedrig	niedrig
200	hoch	hoch	hoch	hoch	hoch	hoch	mittel	mittel	niedrig	niedrig
250	hoch	hoch	hoch	hoch	hoch	hoch	hoch	hoch	niedrig	niedrig
300	hoch	hoch	hoch	hoch	mittel	hoch	hoch	hoch	mittel	niedrig
350	hoch	hoch	hoch	mittel	niedrig	hoch	hoch	hoch	mittel	niedrig
400	hoch	hoch	hoch	mittel	niedrig	mittel	hoch	hoch	niedrig	niedrig

Tabelle A.9: *Resultierende Einzelspurqualitäten unterschiedlicher Laserleistungen und Scangeschwindigkeiten (Schichtstärke 60 μm, Fokusdurchmesser 110 μm)*

$l = 60\ \mu m$ $d_F = 110\ \mu m$	Scangeschwindigkeit [mm/s]									
Laserleistung [W]	100	200	400	600	800	1.000	1.200	1.400	1.600	1.800
100	hoch	hoch	mittel	niedrig	niedrig	niedrig	niedrig	niedrig	niedrig	niedrig
150	hoch	hoch	hoch	niedrig	niedrig	niedrig	niedrig	niedrig	niedrig	niedrig
200	hoch	hoch	hoch	hoch	niedrig	niedrig	niedrig	niedrig	niedrig	niedrig
250	hoch	hoch	hoch	hoch	hoch	mittel	niedrig	niedrig	niedrig	niedrig
300	hoch	hoch	hoch	hoch	hoch	hoch	niedrig	niedrig	niedrig	niedrig
350	hoch	hoch	hoch	hoch	hoch	hoch	mittel	niedrig	niedrig	niedrig
400	hoch	hoch	hoch	mittel	hoch	hoch	mittel	niedrig	niedrig	niedrig

Tabelle A.10: Resultierende Einzelspurqualitäten unterschiedlicher Laserleistungen und Scangeschwindigkeiten (Schichtstärke 60 µm, Fokusdurchmesser 140 µm)

$l = 60$ µm $d_F = 140$ µm	Scangeschwindigkeit [mm/s]									
Laserleistung [W]	100	200	400	600	800	1.000	1.200	1.400	1.600	1.800
100	hoch	mittel	niedrig	niedrig	niedrig	niedrig	niedrig	niedrig	niedrig	niedrig
150	hoch	hoch	hoch	niedrig	niedrig	niedrig	niedrig	niedrig	niedrig	niedrig
200	hoch	hoch	hoch	niedrig	niedrig	niedrig	niedrig	niedrig	niedrig	niedrig
250	hoch	hoch	hoch	hoch	niedrig	niedrig	niedrig	niedrig	niedrig	niedrig
300	hoch	hoch	hoch	hoch	mittel	mittel	niedrig	niedrig	niedrig	niedrig
350	hoch	hoch	hoch	hoch	mittel	mittel	niedrig	niedrig	niedrig	niedrig
400	hoch	hoch	hoch	mittel	hoch	mittel	niedrig	niedrig	niedrig	niedrig

Tabelle A.11: Resultierende Einzelspurqualitäten unterschiedlicher Laserleistungen und Scangeschwindigkeiten (Schichtstärke 60 µm, Fokusdurchmesser 170 µm)

$l = 60$ µm $d_F = 170$ µm	Scangeschwindigkeit [mm/s]									
Laserleistung [W]	100	200	400	600	800	1.000	1.200	1.400	1.600	1.800
100	hoch	hoch	niedrig	niedrig	niedrig	niedrig	niedrig	niedrig	niedrig	niedrig
150	hoch	hoch	mittel	niedrig	niedrig	niedrig	niedrig	niedrig	niedrig	niedrig
200	hoch	hoch	hoch	niedrig	niedrig	niedrig	niedrig	niedrig	niedrig	niedrig
250	hoch	hoch	hoch	niedrig	niedrig	niedrig	niedrig	niedrig	niedrig	niedrig
300	hoch	hoch	hoch	hoch	niedrig	niedrig	niedrig	niedrig	niedrig	niedrig
350	hoch	hoch	hoch	hoch	mittel	niedrig	niedrig	niedrig	niedrig	niedrig
400	hoch	hoch	hoch	hoch	hoch	niedrig	niedrig	mittel	mittel	niedrig

Tabelle A.12: Resultierende Einzelspurqualitäten unterschiedlicher Laserleistungen und Scangeschwindigkeiten (Schichtstärke 90 µm, Fokusdurchmesser 80 µm)

$l = 90$ µm $d_F = 80$ µm	Scangeschwindigkeit [mm/s]									
Laserleistung [W]	100	200	400	600	800	1.000	1.200	1.400	1.600	1.800
100	hoch	hoch	hoch	mittel	niedrig	niedrig	niedrig	niedrig	niedrig	niedrig
150	hoch	hoch	hoch	hoch	hoch	hoch	mittel	niedrig	niedrig	niedrig
200	hoch	hoch	hoch	hoch	hoch	hoch	hoch	mittel	mittel	niedrig
250	hoch	hoch	hoch	hoch	hoch	hoch	hoch	hoch	mittel	niedrig
300	hoch	hoch	hoch	hoch	hoch	hoch	hoch	hoch	mittel	niedrig
350	hoch	hoch	hoch	hoch	mittel	hoch	hoch	hoch	niedrig	niedrig
400	hoch	hoch	hoch	mittel	niedrig	hoch	hoch	hoch	niedrig	niedrig

Tabelle A.13: Resultierende Einzelspurqualitäten unterschiedlicher Laserleistungen und Scangeschwindigkeiten (Schichtstärke 90 µm, Fokusdurchmesser 110 µm)

$l = 90\ µm$ $d_F = 110\ µm$	Scangeschwindigkeit [mm/s]									
Laserleistung [W]	100	200	400	600	800	1.000	1.200	1.400	1.600	1.800
100	hoch	hoch	hoch	niedrig	niedrig	niedrig	niedrig	niedrig	niedrig	niedrig
150	hoch	hoch	hoch	hoch	mittel	niedrig	niedrig	niedrig	niedrig	niedrig
200	hoch	hoch	hoch	hoch	hoch	mittel	niedrig	niedrig	niedrig	niedrig
250	hoch	hoch	hoch	hoch	hoch	hoch	mittel	mittel	mittel	niedrig
300	hoch	hoch	hoch	hoch	hoch	hoch	hoch	niedrig	niedrig	niedrig
350	hoch	hoch	hoch	hoch	hoch	hoch	hoch	mittel	niedrig	niedrig
400	hoch	hoch	hoch	hoch	hoch	hoch	hoch	mittel	niedrig	niedrig

Tabelle A.14: Resultierende Einzelspurqualitäten unterschiedlicher Laserleistungen und Scangeschwindigkeiten (Schichtstärke 90 µm, Fokusdurchmesser 140 µm)

$l = 90\ µm$ $d_F = 140\ µm$	Scangeschwindigkeit [mm/s]									
Laserleistung [W]	100	200	400	600	800	1.000	1.200	1.400	1.600	1.800
100	hoch	hoch	niedrig	niedrig	niedrig	niedrig	niedrig	niedrig	niedrig	niedrig
150	hoch	hoch	hoch	niedrig	niedrig	niedrig	niedrig	niedrig	niedrig	niedrig
200	hoch	hoch	hoch	hoch	mittel	niedrig	niedrig	niedrig	niedrig	niedrig
250	hoch	hoch	hoch	hoch	mittel	niedrig	niedrig	niedrig	niedrig	niedrig
300	hoch	hoch	hoch	hoch	hoch	mittel	mittel	mittel	niedrig	niedrig
350	hoch	hoch	hoch	hoch	hoch	mittel	niedrig	mittel	niedrig	niedrig
400	hoch	hoch	hoch	hoch	hoch	hoch	mittel	mittel	niedrig	niedrig

Tabelle A.15: Resultierende Einzelspurqualitäten unterschiedlicher Laserleistungen und Scangeschwindigkeiten (Schichtstärke 90 µm, Fokusdurchmesser 170 µm)

$l = 90\ µm$ $d_F = 170\ µm$	Scangeschwindigkeit [mm/s]									
Laserleistung [W]	100	200	400	600	800	1.000	1.200	1.400	1.600	1.800
100	hoch	hoch	niedrig	niedrig	niedrig	niedrig	niedrig	niedrig	niedrig	niedrig
150	hoch	hoch	hoch	niedrig	niedrig	niedrig	niedrig	niedrig	niedrig	niedrig
200	hoch	hoch	hoch	mittel	niedrig	niedrig	niedrig	niedrig	niedrig	niedrig
250	hoch	hoch	hoch	hoch	niedrig	niedrig	niedrig	niedrig	niedrig	niedrig
300	hoch	hoch	hoch	hoch	mittel	mittel	niedrig	niedrig	niedrig	niedrig
350	hoch	hoch	hoch	hoch	mittel	mittel	niedrig	niedrig	niedrig	mittel
400	hoch	hoch	hoch	hoch	hoch	mittel	mittel	niedrig	niedrig	mittel

Tabelle A.16: Resultierende Einzelspurqualitäten unterschiedlicher Laserleistungen und Scangeschwindigkeiten (Schichtstärke 120 μm, Fokusdurchmesser 80 μm)

$l = 120\ μm$ / $d_F = 80\ μm$ Laserleistung [W]	\multicolumn{10}{Scangeschwindigkeit [mm/s]}
	100	200	400	600	800	1.000	1.200	1.400	1.600	1.800
100	hoch	hoch	hoch	niedrig	niedrig	niedrig	niedrig	niedrig	niedrig	niedrig
150	hoch	hoch	hoch	hoch	hoch	mittel	niedrig	niedrig	niedrig	niedrig
200	hoch	hoch	hoch	hoch	hoch	hoch	mittel	mittel	niedrig	niedrig
250	hoch	hoch	hoch	hoch	hoch	hoch	hoch	hoch	mittel	niedrig
300	hoch	hoch	hoch	hoch	hoch	hoch	hoch	hoch	mittel	niedrig
350	hoch	hoch	hoch	mittel	mittel	hoch	hoch	hoch	mittel	niedrig
400	hoch	hoch	hoch	mittel	niedrig	hoch	hoch	hoch	niedrig	niedrig

Tabelle A.17: Resultierende Einzelspurqualitäten unterschiedlicher Laserleistungen und Scangeschwindigkeiten (Schichtstärke 120 μm, Fokusdurchmesser 110 μm)

$l = 120\ μm$ / $d_F = 110\ μm$ Laserleistung [W]	\multicolumn{10}{Scangeschwindigkeit [mm/s]}
	100	200	400	600	800	1.000	1.200	1.400	1.600	1.800
100	hoch	hoch	niedrig	niedrig	niedrig	niedrig	niedrig	niedrig	niedrig	niedrig
150	hoch	hoch	hoch	niedrig	niedrig	niedrig	niedrig	niedrig	niedrig	niedrig
200	hoch	hoch	hoch	hoch	hoch	niedrig	niedrig	niedrig	niedrig	niedrig
250	hoch	hoch	hoch	hoch	hoch	hoch	mittel	niedrig	mittel	niedrig
300	hoch	hoch	hoch	hoch	hoch	hoch	mittel	niedrig	niedrig	mittel
350	hoch	hoch	hoch	hoch	hoch	hoch	hoch	mittel	niedrig	mittel
400	hoch	hoch	mittel	mittel	hoch	hoch	hoch	mittel	mittel	niedrig

Tabelle A.18: Resultierende Einzelspurqualitäten unterschiedlicher Laserleistungen und Scangeschwindigkeiten (Schichtstärke 120 μm, Fokusdurchmesser 140 μm)

$l = 120\ μm$ / $d_F = 140\ μm$ Laserleistung [W]	\multicolumn{10}{Scangeschwindigkeit [mm/s]}
	100	200	400	600	800	1.000	1.200	1.400	1.600	1.800
100	hoch	mittel	niedrig	niedrig	niedrig	niedrig	niedrig	niedrig	niedrig	niedrig
150	hoch	hoch	hoch	niedrig	niedrig	niedrig	niedrig	niedrig	niedrig	niedrig
200	hoch	hoch	hoch	mittel	niedrig	niedrig	niedrig	niedrig	niedrig	niedrig
250	hoch	hoch	hoch	hoch	niedrig	niedrig	niedrig	niedrig	niedrig	niedrig
300	hoch	hoch	hoch	hoch	hoch	mittel	mittel	mittel	mittel	mittel
350	hoch	hoch	hoch	hoch	hoch	mittel	mittel	mittel	mittel	mittel
400	hoch	hoch	hoch	hoch	hoch	mittel	mittel	mittel	mittel	mittel

Tabelle A 19: Resultierende Einzelspurqualitäten unter verschiedener Laserleistungen und Scangeschwindigkeiten (Schichtstärke 120 μm, Fokusdurchmesser 170 μm)

$l = 120\ μm$ $d_F = 170\ μm$	Scangeschwindigkeit [mm/s]									
	100	200	400	600	800	1.000	1.200	1.400	1.600	1.800
100	hoch	hoch	niedrig	niedrig	niedrig	niedrig	niedrig	niedrig	niedrig	niedrig
150	hoch	hoch	niedrig	niedrig	niedrig	niedrig	niedrig	niedrig	niedrig	niedrig
200	hoch	hoch	hoch	niedrig	niedrig	niedrig	niedrig	niedrig	niedrig	niedrig
250	hoch	hoch	hoch	niedrig	niedrig	niedrig	niedrig	niedrig	niedrig	niedrig
300	hoch	hoch	hoch	mittel	mittel	mittel	mittel	niedrig	niedrig	niedrig
350	hoch	hoch	hoch	hoch	mittel	mittel	mittel	niedrig	niedrig	niedrig
400	hoch	hoch	hoch	hoch	mittel	mittel	mittel	niedrig	niedrig	mittel

Laserleistung [W] (Zeilenbeschriftung)

A.3 Einzelspurbreiten

Tabelle A.20: Ermittelte Einzelspurbreiten und die daraus berechneten Spurabstände (Schichtstärke 30 μm, Fokusdurchmesser 80 μm)

$l = 30\ μm$ $d_F = 80\ μm$	min. Breite [μm]	max. Breite [μm]	durchschn. Breite [μm]	60 % Abstand [mm]	70 % Abstand [mm]	80 % Abstand [mm]
250 W, 1.600 mm/s	63,04	104,96	84,00	0,0504	0,0588	0,0672
250 W, 1.400 mm/s	70,84	131,23	101,04	0,0606	0,0707	0,0808
200 W, 1.400 mm/s	70,67	118,94	94,81	0,0569	0,0664	0,0758
200 W, 1.200 mm/s	73,21	125,41	99,31	0,0596	0,0695	0,0794
150 W, 1.200 mm/s	63,91	113,21	88,56	0,0531	0,0620	0,0708

Tabelle A.21: Ermittelte Einzelspurbreiten und die daraus berechneten Spurabstände (Schichtstärke 30 μm, Fokusdurchmesser 110 μm)

$l = 30\ μm$ $d_F = 110\ μm$	min. Breite [μm]	max. Breite [μm]	durchschn. Breite [μm]	60 % Abstand [mm]	70 % Abstand [mm]	80 % Abstand [mm]
250 W, 1.400 mm/s	68,14	155,83	111,99	0,0672	0,0784	0,0896
250 W, 1.200 mm/s	69,26	161,71	115,49	0,0693	0,0808	0,0924
200 W, 1.200 mm/s	72,80	131,64	102,22	0,0613	0,0716	0,0818
200 W, 1.000 mm/s	69,49	126,95	98,22	0,0589	0,0688	0,0786
150 W, 1.000 mm/s	69,49	121,32	95,41	0,0572	0,0668	0,0763

Tabelle A.22: Ermittelte Einzelspurbreiten und die daraus berechneten Spurabstände (Schicht-
stärke 30 μm, Fokusdurchmesser 140 μm)

$l = 30\ \mu m$ $d_F = 140\ \mu m$	min. Breite [μm]	max. Breite [μm]	durchschn. Breite [μm]	60 % Ab-stand [mm]	70 % Ab-stand [mm]	80 % Ab-stand [mm]
400 W, 1.200 mm/s	80,48	157,60	119,04	0,0714	0,0833	0,0952
350 W, 1.200 mm/s	74,73	161,06	117,90	0,0707	0,0825	0,0943
300 W, 1.200 mm/s	80,69	155,21	117,95	0,0708	0,0826	0,0944
350 W, 1.000 mm/s	99,19	156,97	128,08	0,0768	0,0897	0,1025
300 W, 1.000 mm/s	76,47	149,22	112,85	0,0677	0,0790	0,0903

Tabelle A.23: Ermittelte Einzelspurbreiten und die daraus berechneten Spurabstände (Schicht-
stärke 30 μm, Fokusdurchmesser 170 μm)

$l = 30\ \mu m$ $d_F = 170\ \mu m$	min. Breite [μm]	max. Breite [μm]	durchschn. Breite [μm]	60 % Ab-stand [mm]	70 % Ab-stand [mm]	80 % Ab-stand [mm]
400 W, 1.200 mm/s	86,59	158,57	122,58	0,0735	0,0858	0,0981
400 W, 1.000 mm/s	108,45	188,44	148,45	0,0891	0,1039	0,1188
350 W, 1.000 mm/s	85,81	177,13	131,47	0,0789	0,0920	0,1052
300 W, 1.000 mm/s	74,20	154,11	114,16	0,0685	0,0799	0,0913
250 W, 800 mm/s	92,46	150,86	121,66	0,0730	0,0852	0,0973

Tabelle A.24: Ermittelte Einzelspurbreiten und die daraus berechneten Spurabstände (Schicht-
stärke 60 μm, Fokusdurchmesser 80 μm)

$l = 60\ \mu m$ $d_F = 80\ \mu m$	min. Breite [μm]	max. Breite [μm]	durchschn. Breite [μm]	60 % Ab-stand [mm]	70 % Ab-stand [mm]	80 % Ab-stand [mm]
350 W, 1.600 mm/s	70,26	135,50	102,88	0,0617	0,0720	0,0823
300 W, 1.600 mm/s	65,25	125,47	95,36	0,0572	0,0668	0,0763
300 W, 1.400 mm/s	77,49	120,84	99,17	0,0595	0,0694	0,0793
250 W, 1.400 mm/s	72,50	135,43	103,97	0,0624	0,0728	0,0832
200 W, 1.200 mm/s	68,42	122,27	95,35	0,0572	0,0667	0,0763

Tabelle A.25: Ermittelte Einzelspurbreiten und die daraus berechneten Spurabstände (Schicht-stärke 60 µm, Fokusdurchmesser 110 µm)

l = 60 µm d_F = 110 µm	min. Breite [µm]	max. Breite [µm]	durchschn. Breite [µm]	60 % Ab-stand [mm]	70 % Ab-stand [mm]	80 % Ab-stand [mm]
400 W, 1.200 mm/s	93,22	145,69	119,46	0,0717	0,0836	0,0956
350 W, 1.200 mm/s	75,97	157,31	116,64	0,0700	0,0816	0,0933
300 W, 1.000 mm/s	87,66	169,10	128,38	0,0770	0,0899	0,1027
250 W, 1.000 mm/s	87,46	140,06	113,76	0,0683	0,0796	0,0910
250 W, 800 mm/s	93,50	157,78	125,64	0,0754	0,0879	0,1005

Tabelle A.26: Ermittelte Einzelspurbreiten und die daraus berechneten Spurabstände (Schicht-stärke 60 µm, Fokusdurchmesser 140 µm)

l = 60 µm d_F = 140 µm	min. Breite [µm]	max. Breite [µm]	durchschn. Breite [µm]	60 % Ab-stand [mm]	70 % Ab-stand [mm]	80 % Ab-stand [mm]
350 W, 1.000 mm/s	77,96	180,00	128,98	0,0774	0,0903	0,1032
300 W, 1.000 mm/s	87,54	155,69	121,62	0,0730	0,0851	0,0973
350 W, 800 mm/s	98,79	186,04	142,42	0,0854	0,0997	0,1139
300 W, 800 mm/s	87,16	162,81	124,99	0,0750	0,0875	0,1000
250 W, 600 mm/s	88,71	157,71	123,21	0,0739	0,0862	0,0986

Tabelle A.27: Ermittelte Einzelspurbreiten und die daraus berechneten Spurabstände (Schicht-stärke 60 µm, Fokusdurchmesser 170 µm)

l = 60 µm d_F = 170 µm	min. Breite [µm]	max. Breite [µm]	durchschn. Breite [µm]	60 % Ab-stand [mm]	70 % Ab-stand [mm]	80 % Ab-stand [mm]
400 W, 800 mm/s	123,16	170,19	146,68	0,0880	0,1027	0,1173
350 W, 800 mm/s	93,84	176,05	134,95	0,0810	0,0945	0,1080
350 W, 600 mm/s	126,60	196,63	161,62	0,0970	0,1131	0,1293
300 W, 600 mm/s	98,31	182,58	140,45	0,0843	0,0983	0,1124
200 W, 400 mm/s	93,82	160,11	126,97	0,0762	0,0889	0,1016

Tabelle A.28: Ermittelte Einzelspurbreiten und die daraus berechneten Spurabstände (Schicht-
stärke 90 µm, Fokusdurchmesser 80 µm)

$l = 90\ µm$ $d_F = 80\ µm$	min. Breite [µm]	max. Breite [µm]	durchschn. Breite [µm]	60 % Ab- stand [mm]	70 % Ab- stand [mm]	80 % Ab- stand [mm]
300 W, 1.600 mm/s	76,21	133,11	104,66	0,0628	0,0733	0,0837
250 W, 1.400 mm/s	72,30	128,59	100,45	0,0603	0,0703	0,0804
200 W, 1.400 mm/s	68,28	124,57	96,43	0,0579	0,0675	0,0771
200 W, 1.200 mm/s	73,15	118,96	96,06	0,0576	0,0672	0,0768
150 W, 1.000 mm/s	71,68	126,45	99,07	0,0594	0,0693	0,0793

Tabelle A.29: Ermittelte Einzelspurbreiten und die daraus berechneten Spurabstände (Schicht-
stärke 90 µm, Fokusdurchmesser 110 µm)

$l = 90\ µm$ $d_F = 110\ µm$	min. Breite [µm]	max. Breite [µm]	durchschn. Breite [µm]	60 % Ab- stand [mm]	70 % Ab- stand [mm]	80 % Ab- stand [mm]
350 W, 1.400 mm/s	71,54	137,57	104,56	0,0627	0,0732	0,0836
300 W, 1.200 mm/s	71,99	143,53	107,76	0,0647	0,0754	0,0862
250 W, 1.200 mm/s	65,18	123,84	94,51	0,0567	0,0662	0,0756
250 W, 1.000 mm/s	71,85	156,64	114,25	0,0685	0,0800	0,0914
200 W, 1.000 mm/s	75,04	137,18	106,11	0,0637	0,0743	0,0849

Tabelle A.30: Ermittelte Einzelspurbreiten und die daraus berechneten Spurabstände (Schicht-
stärke 90 µm, Fokusdurchmesser 140 µm)

$l = 90\ µm$ $d_F = 140\ µm$	min. Breite [µm]	max. Breite [µm]	durchschn. Breite [µm]	60 % Ab- stand [mm]	70 % Ab- stand [mm]	80 % Ab- stand [mm]
300 W, 1.200 mm/s	79,08	154,20	116,64	0,0700	0,0816	0,0933
300 W, 1.000 mm/s	77,01	164,61	120,81	0,0725	0,0846	0,0966
300 W, 800 mm/s	112,14	168,21	140,18	0,0841	0,0981	0,1121
250 W, 800 mm/s	72,89	156,99	114,94	0,0690	0,0805	0,0920
200 W, 600 mm/s	83,23	152,65	117,94	0,0708	0,0826	0,0944

Tabelle A.31: Ermittelte Einzelspurbreiten und die daraus berechneten Spurabstände (Schicht-stärke 90 μm, Fokusdurchmesser 170 μm)

$l = 90\ \mu m$ $d_F = 170\ \mu m$	min. Breite [μm]	max. Breite [μm]	durchschn. Breite [μm]	60 % Ab-stand [mm]	70 % Ab-stand [mm]	80 % Ab-stand [mm]
350 W, 1.000 mm/s	92,28	170,72	131,50	0,0789	0,0921	0,1052
300 W, 1.000 mm/s	64,60	170,72	117,66	0,0706	0,0824	0,0941
350 W, 800 mm/s	93,58	162,92	128,25	0,0770	0,0898	0,1026
300 W, 800 mm/s	93,58	159,15	126,37	0,0758	0,0885	0,1011
250 W, 600 mm/s	92,09	175,03	133,56	0,0801	0,0935	0,1068

Tabelle A.32: Ermittelte Einzelspurbreiten und die daraus berechneten Spurabstände (Schicht-stärke 120 μm, Fokusdurchmesser 80 μm)

$l = 120\ \mu m$ $d_F = 80\ \mu m$	min. Breite [μm]	max. Breite [μm]	durchschn. Breite [μm]	60 % Ab-stand [mm]	70 % Ab-stand [mm]	80 % Ab-stand [mm]
300 W, 1.600 mm/s	60,24	139,10	99,67	0,0598	0,0698	0,0797
250 W, 1.400 mm/s	65,39	145,47	105,43	0,0633	0,0738	0,0843
200 W, 1.400 mm/s	60,57	130,45	95,51	0,0573	0,0669	0,0764
250 W, 1.200 mm/s	63,87	127,48	95,68	0,0574	0,0670	0,0765
200 W, 1.200 mm/s	67,73	127,73	97,73	0,0586	0,0684	0,0782

Tabelle A.33: Ermittelte Einzelspurbreiten und die daraus berechneten Spurabstände (Schicht-stärke 120 μm, Fokusdurchmesser 110 μm)

$l = 120\ \mu m$ $d_F = 110\ \mu m$	min. Breite [μm]	max. Breite [μm]	durchschn. Breite [μm]	60 % Ab-stand [mm]	70 % Ab-stand [mm]	80 % Ab-stand [mm]
400 W, 1.400 mm/s	76,36	156,57	116,47	0,0699	0,0815	0,0932
350 W, 1.400 mm/s	72,24	152,50	112,37	0,0674	0,0787	0,0899
350 W, 1.200 mm/s	83,39	183,45	133,42	0,0801	0,0934	0,1067
300 W, 1.200 mm/s	83,39	150,20	116,80	0,0701	0,0818	0,0934
250 W, 1.000 mm/s	83,04	155,00	119,02	0,0714	0,0833	0,0952

*Tabelle A.34: Ermittelte Einzelspurbreiten und die daraus berechneten Spurabstände (Schicht-
stärke 120 μm, Fokusdurchmesser 140 μm)*

$l = 120\ μm$ $d_F = 140\ μm$	min. Breite [μm]	max. Breite [μm]	durchschn. Breite [μm]	60 % Ab-stand [mm]	70 % Ab-stand [mm]	80 % Ab-stand [mm]
350 W, 1.000 mm/s	80,24	167,16	123,70	0,0742	0,0866	0,0990
350 W, 800 mm/s	93,87	153,82	123,85	0,0743	0,0867	0,0991
300 W, 800 mm/s	93,63	167,74	130,69	0,0784	0,0915	0,1045
250 W, 600 mm/s	85,89	171,66	128,78	0,0773	0,0901	0,1030
200 W, 600 mm/s	71,30	151,42	111,36	0,0668	0,0780	0,0891

*Tabelle A.35: Ermittelte Einzelspurbreiten und die daraus berechneten Spurabstände (Schicht-
stärke 120 μm, Fokusdurchmesser 170 μm)*

$l = 120\ μm$ $d_F = 170\ μm$	min. Breite [μm]	max. Breite [μm]	durchschn. Breite [μm]	60 % Ab-stand [mm]	70 % Ab-stand [mm]	80 % Ab-stand [mm]
350 W, 800 mm/s	101,00	173,77	137,39	0,0824	0,0962	0,1099
350 W, 600 mm/s	95,24	196,15	145,70	0,0874	0,1020	0,1166
300 W, 600 mm/s	89,81	207,28	148,55	0,0891	0,1040	0,1188
250 W, 400 mm/s	107,05	200,77	153,91	0,0923	0,1077	0,1231
200 W, 400 mm/s	86,81	207,10	146,96	0,0882	0,1029	0,1176

A.4   Porositätswerte

Tabelle A.36: Resultierende Porosität der 3D-Versuche

l [µm]	d_F [µm]	P_L [W]	v_S [mm/s]	h [mm]	E_V [J/mm³]	A_R [cm³/h]	Porosität [%]
30	80	250	1.600	0,0504	103	9	0,006
30	80	250	1.600	0,0588	89	10	0,009
30	80	250	1.600	0,0672	78	12	0,004
30	110	250	1.400	0,0672	89	10	0,004
30	110	250	1.400	0,0784	76	12	0,002
30	110	250	1.400	0,0896	66	14	0,004
30	140	350	1.200	0,0707	138	9	0,008
30	140	350	1.200	0,0825	118	11	0,010
30	140	350	1.200	0,0943	103	12	0,001
30	170	400	1.200	0,0735	151	10	0,042
30	170	400	1.200	0,0858	130	11	0,004
30	170	400	1.200	0,0981	113	13	0,008
60	80	350	1.600	0,0617	59	21	0,483
60	80	350	1.600	0,0720	51	25	0,013
60	80	350	1.600	0,0823	44	28	0,010
60	110	350	1.200	0,0700	69	18	0,004
60	110	350	1.200	0,0816	60	21	0,012
60	110	350	1.200	0,0933	52	24	0,006
60	140	350	800	0,0854	85	15	0,010
60	140	350	800	0,0997	73	17	0,023
60	140	350	800	0,1139	64	20	0,022
60	170	350	600	0,0970	100	13	0,020
60	170	350	600	0,1131	86	15	0,024
60	170	350	600	0,1293	75	17	0,012
90	80	300	1.600	0,0628	33	33	0,614
90	80	300	1.600	0,0733	28	38	0,037
90	80	300	1.600	0,0837	25	43	0,010
90	110	300	1.200	0,0647	43	25	0,212
90	110	300	1.200	0,0754	37	29	0,044
90	110	300	1.200	0,0862	32	34	0,021
90	140	300	1.200	0,0700	40	27	0,031
90	140	300	1.200	0,0816	34	32	0,017
90	140	300	1.200	0,0933	30	36	0,015

90	170	350	1.000	0,0789	49	26	0,368
90	170	350	1.000	0,0921	42	30	0,242
90	170	350	1.000	0,1052	37	34	0,044
120	80	250	1.200	0,0574	30	30	0,160
120	80	250	1.200	0,0670	26	35	0,116
120	80	250	1.200	0,0765	23	40	0,120
120	110	350	1.200	0,0801	30	42	0,020
120	110	350	1.200	0,0934	26	48	0,018
120	110	350	1.200	0,1067	23	55	0,015
120	140	300	800	0,0784	40	27	0,015
120	140	300	800	0,0915	34	32	0,202
120	140	300	800	0,1045	30	36	0,108
120	170	350	600	0,0874	56	23	0,018
120	170	350	600	0,1020	48	26	0,111
120	170	350	600	0,1166	42	30	0,066

A.5   Anzahl Spritzer

Tabelle A.37: Resultierende Spritzeranzahl im Gasstromwinkelversuch

Winkel [°]	Position	Anzahl Spritzer
+90	Gaseinlass	50.948
+90	Mitte	64.289
+90	Gasauslass	58.357
-67,5	Gaseinlass	41.065
-67,5	Mitte	46.075
-67,5	Gasauslass	39.642
-45	Gaseinlass	48.315
-45	Mitte	52.066
-45	Gasauslass	36.106
-22,5	Gaseinlass	39.456
-22,5	Mitte	39.890
-22,5	Gasauslass	44.046
0	Gaseinlass	45.207
0	Mitte	32.271
0	Gasauslass	26.004
+22,5	Gaseinlass	64.969
+22,5	Mitte	40.395
+22,5	Gasauslass	34.798

+45	Gaseinlass	J0.JJ6
+45	Mitte	32.981
+45	Gasauslass	54.079
+67,5	Gaseinlass	36.436
+67,5	Mitte	32.818
+67,5	Gasauslass	44.671

Tabelle A.38: Resultierende Spritzeranzahl der belichteten Würfelflächen

l [µm]	d_F [µm]	P_L [W]	v_S [mm/s]	h [mm]	E_V [J/mm³]	A_R [cm³/h]	Anzahl Spritzer
30	80	250	1.600	0,0504	103	9	31.195
30	80	250	1.600	0,0588	89	10	28.773
30	80	250	1.600	0,0672	78	12	23.771
30	80	100	200				19.783
30	110	250	1.400	0,0672	89	10	14.186
30	110	250	1.400	0,0784	76	12	23.426
30	110	250	1.400	0,0896	66	14	20.711
30	110	100	200				20.864
30	140	350	1.200	0,0707	138	9	41.578
30	140	350	1.200	0,0825	118	11	41.253
30	140	350	1.200	0,0943	103	12	30.411
30	140	100	200				20.406
30	170	400	1.200	0,0735	151	10	47.838
30	170	400	1.200	0,0858	130	11	31.473
30	170	400	1.200	0,0981	113	13	27.311
30	170	100	200				21.418
60	80	350	1.600	0,0617	59	21	45.188
60	80	350	1.600	0,0720	51	25	55.948
60	80	350	1.600	0,0823	44	28	49.042
60	80	100	200				30.564
60	110	350	1.200	0,0700	69	18	53.695
60	110	350	1.200	0,0816	60	21	49.646
60	110	350	1.200	0,0933	52	24	39.509
60	110	100	200				32.439
60	140	350	800	0,0854	85	15	50.554
60	140	350	800	0,0997	73	17	44.492
60	140	350	800	0,1139	64	20	46.534
60	140	100	200				20.083

60	170	350	600	0,0970	100	13	58.720
60	170	350	600	0,1131	86	15	65.209
60	170	350	600	0,1293	75	17	52.634
60	170	100	200				24.534
90	80	300	1.600	0,0628	33	33	39.403
90	80	300	1.600	0,0733	28	38	38.602
90	80	300	1.600	0,0837	25	43	31.412
90	80	100	200				37.496
90	110	300	1.200	0,0647	43	25	29.805
90	110	300	1.200	0,0754	37	29	26.122
90	110	300	1.200	0,0862	32	34	25.336
90	110	100	200				37.032
90	140	300	1.200	0,0700	40	27	31.516
90	140	300	1.200	0,0816	34	32	29.527
90	140	300	1.200	0,0933	30	36	30.154
90	140	100	200				31.093
90	170	350	1.000	0,0789	49	26	47.110
90	170	350	1.000	0,0921	42	30	38.883
90	170	350	1.000	0,1052	37	34	39.614
90	170	100	200				27.798
120	80	250	1.200	0,0574	30	30	38.709
120	80	250	1.200	0,0670	26	35	42.205
120	80	250	1.200	0,0765	23	40	28.407
120	80	100	200				28.803
120	110	350	1.200	0,0801	30	42	52.711
120	110	350	1.200	0,0934	26	48	36.032
120	110	350	1.200	0,1067	23	55	28.805
120	110	100	200				26.588
120	140	300	800	0,0784	40	27	47.721
120	140	300	800	0,0915	34	32	45.012
120	140	300	800	0,1045	30	36	37.768
120	140	100	200				30.531
120	170	350	600	0,0874	56	23	68.608
120	170	350	600	0,1020	48	26	60.021
120	170	350	600	0,1166	42	30	46.432
120	170	100	200				33.144

B Anhang (Umgebungsdruck)

B.1   Parameterkombinationen

Tabelle B.1:   Parameterkombinationen der Umgebungsdruckversuche

Nummer	P_L [W]	v_S [mm/s]	E_S [J/mm]	Nummer	P_L [W]	v_S [mm/s]	E_S [J/mm]
001	100	100	1,00	034	150	1.000	0,15
002	100	200	0,50	035	150	1.100	0,14
003	100	300	0,33	036	150	1.200	0,13
004	100	400	0,25	037	175	100	1,75
005	100	500	0,20	038	175	200	0,88
006	100	600	0,17	039	175	300	0,58
007	100	700	0,14	040	175	400	0,44
008	100	800	0,13	041	175	500	0,35
009	100	900	0,11	042	175	600	0,29
010	100	1.000	0,10	043	175	700	0,25
011	100	1.100	0,09	044	175	800	0,22
012	100	1.200	0,08	045	175	900	0,19
013	125	100	1,25	046	175	1.000	0,18
014	125	200	0,63	047	175	1.100	0,16
015	125	300	0,42	048	175	1.200	0,15
016	125	400	0,31	049	200	100	2,00
017	125	500	0,25	050	200	200	1,00
018	125	600	0,21	051	200	300	0,67
019	125	700	0,18	052	200	400	0,50
020	125	800	0,16	053	200	500	0,40
021	125	900	0,14	054	200	600	0,33
022	125	1.000	0,13	055	200	700	0,29
023	125	1.100	0,11	056	200	800	0,25
024	125	1.200	0,10	057	200	900	0,22
025	150	100	1,50	058	200	1.000	0,20
026	150	200	0,75	059	200	1.100	0,18
027	150	300	0,50	060	200	1.200	0,17
028	150	400	0,38	061	225	100	2,25
029	150	500	0,30	062	225	200	1,13
030	150	600	0,25	063	225	300	0,75
031	150	700	0,21	064	225	400	0,56

032	150	800	0,19	065	225	500	0,45
033	150	900	0,17	066	225	600	0,38
067	225	700	0,32	104	300	800	0,38
068	225	800	0,28	105	300	900	0,33
069	225	900	0,25	106	300	1.000	0,30
070	225	1.000	0,23	107	300	1.100	0,27
071	225	1.100	0,20	108	300	1.200	0,25
072	225	1.200	0,19	109	325	100	3,25
073	250	100	2,50	110	325	200	1,63
074	250	200	1,25	111	325	300	1,08
075	250	300	0,83	112	325	400	0,81
076	250	400	0,63	113	325	500	0,65
077	250	500	0,50	114	325	600	0,54
078	250	600	0,42	115	325	700	0,46
079	250	700	0,36	116	325	800	0,41
080	250	800	0,31	117	325	900	0,36
081	250	900	0,28	118	325	1.000	0,33
082	250	1.000	0,25	119	325	1.100	0,30
083	250	1.100	0,23	120	325	1.200	0,27
084	250	1.200	0,21	121	350	100	3,50
085	275	100	2,75	122	350	200	1,75
086	275	200	1,38	123	350	300	1,17
087	275	300	0,92	124	350	400	0,88
088	275	400	0,69	125	350	500	0,70
089	275	500	0,55	126	350	600	0,58
090	275	600	0,46	127	350	700	0,50
091	275	700	0,39	128	350	800	0,44
092	275	800	0,34	129	350	900	0,39
093	275	900	0,31	130	350	1.000	0,35
094	275	1.000	0,28	131	350	1.100	0,32
095	275	1.100	0,25	132	350	1.200	0,29
096	275	1.200	0,23	133	375	100	3,75
097	300	100	3,00	134	375	200	1,88
098	300	200	1,50	135	375	300	1,25
099	300	300	1,00	136	375	400	0,94
100	300	400	0,75	137	375	500	0,75
101	300	500	0,60	138	375	600	0,63

102	300	600	0,50		139	375	700	0,54
103	300	700	0,43		140	375	800	0,47
141	375	900	0,42					
142	375	1.000	0,38					
143	375	1.100	0,34					
144	375	1.200	0,31					
145	400	100	4,00					
146	400	200	2,00					
147	400	300	1,33					
148	400	400	1,00					
149	400	500	0,80					
150	400	600	0,67					
151	400	700	0,57					
152	400	800	0,50					
153	400	900	0,44					
154	400	1.000	0,40					
155	400	1.100	0,36					
156	400	1.200	0,33					

B.2 Exemplarische Auswahl von Einzelspurqualitäten

Tabelle B.2: Resultierende Einzelspurqualitäten bei 1.000 mm/s über unterschiedlichen Umgebungsdrücke und Laserleistungen

Umgebungsdruck in mbar	\\ Laserleistung in W 100	125	150	175	200	225	250	275	300	325	350	375	400
10	hoch	hoch	hoch	hoch	hoch	hoch	hoch	hoch	hoch	hoch	hoch	hoch	hoch
100	mittel	hoch	hoch	hoch	hoch	hoch	hoch	hoch	hoch	hoch	hoch	hoch	hoch
200	hoch	hoch	hoch	hoch	hoch	hoch	hoch	hoch	hoch	hoch	hoch	hoch	hoch
300	hoch	hoch	hoch	hoch	hoch	hoch	hoch	hoch	hoch	hoch	hoch	hoch	hoch
400	mittel	niedrig	hoch	hoch	hoch	hoch	hoch	hoch	hoch	hoch	hoch	hoch	hoch
500	hoch	hoch	hoch	hoch	hoch	hoch	hoch	hoch	hoch	hoch	hoch	hoch	hoch
600	hoch	hoch	hoch	hoch	hoch	hoch	hoch	hoch	hoch	hoch	hoch	hoch	hoch
700	hoch	hoch	hoch	hoch	hoch	hoch	hoch	hoch	hoch	mittel	mittel	hoch	hoch
800	hoch	hoch	hoch	hoch	hoch	hoch	hoch	hoch	hoch	hoch	hoch	hoch	hoch
900	niedrig	mittel	hoch	mittel	hoch	hoch	hoch	hoch	niedrig	hoch	hoch	hoch	hoch
1.000	hoch	hoch	hoch	hoch	hoch	hoch	hoch	mittel	hoch	hoch	hoch	hoch	hoch
1.100	mittel	hoch	hoch	mittel	niedrig	mittel	hoch	hoch	hoch	hoch	mittel	hoch	hoch

B.3 Exemplarische Auswahl von Einzelspurbreiten

Tabelle B.3: Ermittelte Einzelspurbreiten bei 1.000 mm/s über unterschiedliche Umgebungsdrücke und Laserleistungen

in µm	Laserleistung in W												
	100	125	150	175	200	225	250	275	300	325	350	375	400
10	76	86	83	85	97	104	86	90	96	83	69	88	107
100	90	79	93	102	104	122	99	120	144	126	151	144	159
200	74	99	99	113	107	116	136	125	114	135	135	152	140
300	80	89	95	105	116	116	139	133	164	165	152	168	175
400	92	116	100	103	105	100	86	143	77	141	65	152	166
500	68	77	101	72	83	91	74	104	65	82	81	145	123
600	92	107	103	111	133	112	126	122	142	167	135	143	154
700	85	113	104	112	133	119	72	156	93	137	79	83	85
800	85	91	119	135	137	143	145	89	116	168	128	117	100
900	88	105	123	109	134	107	131	93	122	151	149	177	173
1.000	96	115	134	137	163	153	119	158	154	133	162	180	102
1.100	118	92	121	125	0	135	130	128	92	152	158	137	184

Umgebungsdruck in mbar

C   Anhang (Prozessgas)

C.1   Parameterkombinationen

Tabelle C.1:   Parameterkombinationen der Prozessgasversuche

Nummer	P_L [W]	v_S [mm/s]	h [mm]	Nummer	P_L [W]	v_S [mm/s]	h [mm]
1	304	1.250	0,15	19	304	1.200	0,15
2	304	800	0,15	20	304	1.225	0,15
3	304	825	0,15	21	304	1.250	0,15
4	304	850	0,15	22	304	1.275	0,15
5	304	875	0,15	23	304	1.300	0,15
6	304	1.250	0,15	24	304	1.325	0,15
7	304	900	0,15	25	304	1.350	0,15
8	304	925	0,15	26	304	1.375	0,15
9	304	950	0,15	27	304	1.400	0,15
10	304	975	0,15	28	304	1.425	0,15
11	304	1.000	0,15	29	304	1.450	0,15
12	304	1.025	0,15	30	304	1.475	0,15
13	304	1.050	0,15	31	304	1.250	0,15
14	304	1.075	0,15	32	304	1.500	0,15
15	304	1.100	0,15	33	304	1.525	0,15
16	304	1.125	0,15	34	304	1.550	0,15
17	304	1.150	0,15	35	304	1.575	0,15
18	304	1.175	0,15	36	304	1.250	0,15

C.2   Porositätswerte

Tabelle C.2:   Resultierende Porosität der Versuche mit Argon 4.6

l [μm]	d_F [μm]	P_L [W]	v_S [mm/s]	h [mm]	E_V [J/mm³]	A_R [cm³/h]	Porosität [%]
60	100	304	1.250	0,15	27	41	0,0057
60	100	304	800	0,15	42	26	0,0123
60	100	304	825	0,15	41	27	0,0180
60	100	304	850	0,15	40	28	0,0026
60	100	304	875	0,15	39	28	0,0033
60	100	304	1.250	0,15	27	41	0,0026
60	100	304	900	0,15	38	29	0,0051
60	100	304	925	0,15	37	30	0,0053

60	100	304	950	0,15	36	31	0,0032
60	100	304	975	0,15	35	32	0,0036
60	100	304	1.000	0,15	34	32	0,0019
60	100	304	1.025	0,15	33	33	0,0016
60	100	304	1.050	0,15	32	34	0,0007
60	100	304	1.075	0,15	31	35	0,0261
60	100	304	1.100	0,15	31	36	0,0219
60	100	304	1.125	0,15	30	36	0,0164
60	100	304	1.150	0,15	29	37	0,0009
60	100	304	1.175	0,15	29	38	0,0102
60	100	304	1.200	0,15	28	39	0,0034
60	100	304	1.225	0,15	28	40	0,0059
60	100	304	1.250	0,15	27	41	0,0054
60	100	304	1.275	0,15	26	41	0,0093
60	100	304	1.300	0,15	26	42	0,0029
60	100	304	1.325	0,15	25	43	0,0056
60	100	304	1.350	0,15	25	44	0,0153
60	100	304	1.375	0,15	25	45	0,0113
60	100	304	1.400	0,15	24	45	0,0263
60	100	304	1.425	0,15	24	46	0,0418
60	100	304	1.450	0,15	23	47	0,0460
60	100	304	1.475	0,15	23	48	0,0641
60	100	304	1.250	0,15	27	41	0,0242
60	100	304	1.500	0,15	23	49	0,1698
60	100	304	1.525	0,15	22	49	0,1694
60	100	304	1.550	0,15	22	50	0,3415
60	100	304	1.575	0,15	21	51	0,4038
60	100	304	1.250	0,15	27	41	0,0252

Tabelle C.3:   Resultierende Porosität der Versuche mit Varigon He30

l [µm]	d_F [µm]	P_L [W]	v_S [mm/s]	h [mm]	E_V [J/mm³]	A_R [cm³/h]	Porosität [%]
60	100	304	1.250	0,15	27	41	0,0043
60	100	304	800	0,15	42	26	0,0444
60	100	304	825	0,15	41	27	0,0232
60	100	304	850	0,15	40	28	0,0154
60	100	304	875	0,15	39	28	0,0103
60	100	304	1.250	0,15	27	41	0,0089

60	100	304	000	0,15	18	181	0,0117
60	100	304	925	0,15	37	30	0,0108
60	100	304	950	0,15	36	31	0,0168
60	100	304	975	0,15	35	32	0,0091
60	100	304	1.000	0,15	34	32	0,0050
60	100	304	1.025	0,15	33	33	0,0023
60	100	304	1.050	0,15	32	34	0,0054
60	100	304	1.075	0,15	31	35	0,0060
60	100	304	1.100	0,15	31	36	0,0030
60	100	304	1.125	0,15	30	36	0,0047
60	100	304	1.150	0,15	29	37	0,0047
60	100	304	1.175	0,15	29	38	0,0085
60	100	304	1.200	0,15	28	39	0,0151
60	100	304	1.225	0,15	28	40	0,0086
60	100	304	1.250	0,15	27	41	0,0018
60	100	304	1.275	0,15	26	41	0,0066
60	100	304	1.300	0,15	26	42	0,0055
60	100	304	1.325	0,15	25	43	0,0180
60	100	304	1.350	0,15	25	44	0,0089
60	100	304	1.375	0,15	25	45	0,0129
60	100	304	1.400	0,15	24	45	0,0219
60	100	304	1.425	0,15	24	46	0,0329
60	100	304	1.450	0,15	23	47	0,0594
60	100	304	1.475	0,15	23	48	0,1009
60	100	304	1.250	0,15	27	41	0,0058
60	100	304	1.500	0,15	23	49	0,1144
60	100	304	1.525	0,15	22	49	0,0644
60	100	304	1.550	0,15	22	50	0,1765
60	100	304	1.575	0,15	21	51	0,2348
60	100	304	1.250	0,15	27	41	0,0238

C.3   Anzahl Spritzer

Tabelle C.4: Resultierende Spritzeranzahl der Prozessgasversuche

Bauteilnummer	Schicht	Anzahl Spritzer Argon 4.6	Anzahl Spritzer Varigon He30
21	102	13.482	10.277
21	121	13.190	11.144
21	129	13.918	10.842
36	137	23.857	12.932
36	145	17.362	8.405
36	153	24.682	12.991
31	164	22.613	12.776
31	172	26.796	15.042
31	180	22.903	13.016
		178.803	107.425

D Anhang (Pulvereigenschaften)

D.1 Aluminiumlegierung: Pulverkennwerte

Tabelle D.1: Ermittelte Pulverkennwerte der Partikelgrößenverteilung 20-45 μm

Messung	Proben-entnahme	kumulierte PSD Q3			Formkenngrößen		
		10 %	50 %	90 %	SPHT3	Symm3	b/l3
1	Neupulver	26,8	35,0	47,0	0,872	0,942	0,823
2	Neupulver	26,8	34,6	47,3	0,874	0,942	0,821
3	Neupulver	26,8	34,7	47,5	0,873	0,942	0,821
1	Überlauf	28,4	38,3	51,0	0,859	0,934	0,799
2	Überlauf	28,2	37,7	50,2	0,861	0,935	0,799
3	Überlauf	28,3	38,2	50,7	0,859	0,934	0,794

Tabelle D.2: Ermittelte Pulverkennwerte der Partikelgrößenverteilung 20-70 μm

Messung	Proben-entnahme	kumulierte PSD Q3			Formkenngrößen		
		10 %	50 %	90 %	SPHT3	Symm3	b/l3
1	Neupulver	30,1	44,3	66,7	0,856	0,930	0,792
2	Neupulver	29,6	44,2	66,8	0,855	0,929	0,791
3	Neupulver	29,6	43,8	66,0	0,857	0,932	0,796
1	Überlauf	30,0	45,3	68,0	0,854	0,928	0,789
2	Überlauf	29,3	42,9	65,3	0,859	0,931	0,795
3	Überlauf	28,9	42,1	64,1	0,860	0,932	0,801

Tabelle D.3: Ermittelte Pulverkennwerte der Partikelgrößenverteilung 20-100 μm

Messung	Proben-entnahme	kumulierte PSD Q3			Formkenngrößen		
		10 %	50 %	90 %	SPHT3	Symm3	b/l3
1	Neupulver	31,0	54,4	102,7	0,855	0,917	0,778
2	Neupulver	31,0	53,9	102,5	0,856	0,918	0,778
3	Neupulver	30,3	50,6	100,0	0,855	0,920	0,781
1	Überlauf	35,8	67,1	109,9	0,853	0,910	0,767
2	Überlauf	37,5	71,4	112,0	0,850	0,904	0,759
3	Überlauf	37,0	70,4	111,5	0,852	0,907	0,759

Tabelle D.4: Ermittelte Pulverkennwerte der Partikelgrößenverteilung 20-125 µm

Messung	Proben- entnahme	kumulierte PSD Q3			Formkenngrößen		
		10 %	50 %	90 %	SPHT3	Symm3	b/l3
1	Neupulver	34,2	68,2	124,4	0,857	0,909	0,767
2	Neupulver	34,2	69,5	124,2	0,858	0,909	0,770
3	Neupulver	32,9	64,5	121,7	0,857	0,912	0,774
1	Überlauf	41,8	85,0	136,8	0,855	0,899	0,756
2	Überlauf	41,4	83,9	135,5	0,856	0,901	0,756
3	Überlauf	46,6	94,7	140,7	0,854	0,893	0,746

Tabelle D.5: Ermittelte Pulverkennwerte der Partikelgrößenverteilung 45-70 µm

Messung	Proben- entnahme	kumulierte PSD Q3			Formkenngrößen		
		10 %	50 %	90 %	SPHT3	Symm3	b/l3
1	Neupulver	36,4	54,0	73,0	0,848	0,922	0,780
2	Neupulver	36,0	53,1	70,9	0,852	0,925	0,787
3	Neupulver	36,1	54,0	71,9	0,849	0,924	0,779
1	Überlauf	38,9	56,2	75,0	0,849	0,921	0,776
2	Überlauf	39,8	56,7	76,0	0,846	0,919	0,772
3	Überlauf	40,1	57,1	76,2	0,843	0,918	0,769

Tabelle D.6: Ermittelte Pulverkennwerte der Partikelgrößenverteilung 80-125 µm

Messung	Proben- entnahme	kumulierte PSD Q3			Formkenngrößen		
		10 %	50 %	90 %	SPHT3	Symm3	b/l3
1	Neupulver	76,9	105,3	144,8	0,859	0,883	0,742
2	Neupulver	78,7	109,0	148,6	0,858	0,883	0,741
3	Neupulver	79,4	109,0	149,2	0,855	0,882	0,735
1	Überlauf	80,3	110,3	150,0	0,858	0,882	0,737
2	Überlauf	78,7	109,7	149,5	0,858	0,883	0,740
3	Überlauf	79,7	111,3	151,3	0,858	0,882	0,738

Tabelle D.7: Ermittelte Pulverkennwerte der leicht unförmigen Partikelmorphologie

Messung	Proben- entnahme	kumulierte PSD Q3			Formkenngrößen		
		10 %	50 %	90 %	SPHT3	Symm3	b/l3
1	Neupulver	30,9	47,7	71,0	0,829	0,914	0,741
2	Neupulver	30,9	47,3	70,9	0,832	0,916	0,743
3	Neupulver	30,8	46,6	69,9	0,833	0,917	0,745
1	Überlauf	31,9	49,1	71,7	0,831	0,915	0,742
2	Überlauf	31,9	48,7	72,8	0,828	0,912	0,736

| 3 | Überlauf | 33,0 | 19,5 | 74,4 | 1183? | 0,004 | 0,711 |

Tabelle D.8: Ermittelte Fließfähigkeit des Neupulvers der Partikelgrößenverteilung 20-45 µm

Messung	RPM	Speeds		Reverse Speeds	
		Flow Angle [°]	Cohesion	Flow Angle [°]	Cohesion
1	2	33,9	27,3	35,8	27,8
1	4	32,3	37,0	33,4	27,3
1	6	34,4	35,7	35,8	22,7
1	8	38,1	28,6	37,7	30,5
1	10	35,3	32,1	41,1	30,3
1	15	37,2	32,3	32,8	26,9
1	25	37,2	32,9	40,3	35,7
1	35	42,7	31,6	40,7	37,7
1	45	42,7	42,7	38,1	41,2
1	55	39,0	55,2	33,9	49,2
2	2	33,9	23,1	34,8	25,9
2	4	36,8	27,9	36,8	27,6
2	6	39,0	31,8	35,8	29,8
2	8	35,3	33,3	31,3	29,8
2	10	36,3	27,8	35,3	29,9
2	15	35,3	29,0	37,2	33,4
2	25	40,7	38,6	34,8	32,9
2	35	40,7	34,5	44,3	36,8
2	45	45,0	42,3	45,4	41,4
2	55	35,3	49,1	40,7	53,7
3	2	33,4	24,3	35,3	26,5
3	4	33,9	29,1	39,4	31,9
3	6	37,7	34,1	37,2	24,8
3	8	33,4	26,9	37,2	33,5
3	10	39,4	27,2	41,1	33,4
3	15	34,8	34,7	40,3	30,7
3	25	39,4	37,0	36,8	30,0
3	35	40,7	38,4	39,4	35,5
3	45	40,7	39,2	39,4	49,1
3	55	49,7	54,5	36,3	57,7

Tabelle D.9: Ermittelte Fließfähigkeit des Neupulvers der Partikelgrößenverteilung 20-70 μm

Messung	RPM	Speeds		Reverse Speeds	
		Flow Angle [°]	Cohesion	Flow Angle [°]	Cohesion
1	2	34,4	18,9	36,8	21,9
1	4	35,3	25,9	36,3	18,5
1	6	38,1	25,6	36,8	29,5
1	8	38,1	25,3	38,6	23,8
1	10	38,6	23,9	41,1	28,2
1	15	42,7	26,8	40,3	25,3
1	25	46,8	35,5	49,3	32,2
1	35	52,5	31,2	54,3	36,0
1	45	58,1	37,4	60,7	33,2
1	55	63,3	42,7	67,0	41,9
2	2	36,3	21,6	35,3	22,9
2	4	37,2	26,7	34,8	20,8
2	6	38,6	22,7	38,1	24,6
2	8	37,2	26,3	31,3	25,6
2	10	40,3	24,4	41,1	29,2
2	15	42,3	29,0	40,3	29,5
2	25	44,6	29,9	50,8	28,6
2	35	54,6	31,6	57,1	35,0
2	45	61,3	43,8	64,4	37,4
2	55	65,9	48,2	66,1	42,0
3	2	35,8	21,7	36,3	23,8
3	4	37,7	27,4	37,2	27,0
3	6	40,7	24,0	38,6	26,9
3	8	39,9	22,7	38,6	24,9
3	10	38,6	32,3	42,3	28,5
3	15	40,7	30,5	41,5	28,7
3	25	47,8	33,6	52,8	29,2
3	35	57,7	33,9	57,5	36,3
3	45	61,4	38,3	64,1	39,3
3	55	68,1	49,8	63,7	59,3

Tabelle D.10: Ermittelte Fließfähigkeit des Neupulvers der Partikelgrößenverteilung 20–100 μm

Messung	RPM	Speeds		Reverse Speeds	
		Flow Angle [°]	Cohesion	Flow Angle [°]	Cohesion
1	2	30,2	18,0	32,3	17,1
1	4	33,4	20,3	29,1	15,6
1	6	31,3	21,6	32,8	19,9
1	8	33,4	18,8	32,3	21,0
1	10	37,2	26,7	34,8	22,3
1	15	38,6	21,4	38,6	20,6
1	25	46,1	24,4	47,8	26,0
1	35	54,6	28,4	55,7	27,8
1	45	61,9	28,8	62,8	27,7
1	55	66,3	34,0	67,9	31,9
2	2	31,8	19,2	29,7	18,7
2	4	31,8	17,6	32,3	22,8
2	6	33,4	18,6	33,9	21,8
2	8	33,9	19,6	37,7	20,8
2	10	35,3	25,4	36,8	21,8
2	15	37,7	24,4	39,4	22,4
2	25	43,9	25,5	49,3	28,1
2	35	56,4	27,1	55,0	28,7
2	45	62,2	32,9	61,7	34,9
2	55	64,8	31,3	67,1	34,4
3	2	32,8	17,5	32,8	18,5
3	4	33,4	20,3	33,9	22,6
3	6	36,8	18,4	33,9	22,5
3	8	34,4	20,9	32,8	24,0
3	10	38,1	23,8	36,8	19,4
3	15	39,4	24,0	40,3	21,0
3	25	52,0	25,3	49,0	24,9
3	35	57,1	28,2	52,8	27,9
3	45	61,7	30,8	60,9	29,9
3	55	68,0	32,3	66,1	31,7

Tabelle D.11:Ermittelte Fließfähigkeit des Neupulvers der Partikelgrößenverteilung 20-125 µm

Messung	RPM	Speeds		Reverse Speeds	
		Flow Angle [°]	Cohesion	Flow Angle [°]	Cohesion
1	2	31,8	14,1	32,3	17,2
1	4	30,2	16,3	31,8	15,9
1	6	33,4	17,2	34,8	17,7
1	8	36,3	20,0	36,3	19,5
1	10	38,1	24,8	40,7	20,9
1	15	46,4	21,6	43,9	22,9
1	25	55,3	25,9	53,6	27,6
1	35	62,2	29,2	61,6	30,6
1	45	66,3	30,9	66,1	30,0
1	55	68,5	41,5	69,4	34,9
2	2	31,8	17,9	32,8	14,0
2	4	34,4	16,9	33,4	20,6
2	6	35,3	17,2	34,4	13,9
2	8	35,8	18,4	35,3	17,8
2	10	38,1	18,3	39,9	18,9
2	15	44,6	25,5	43,1	21,6
2	25	55,0	27,2	57,1	24,4
2	35	62,5	33,3	62,7	30,5
2	45	67,3	30,1	63,7	34,2
2	55	68,8	37,7	66,4	38,8
3	2	31,8	15,4	32,8	13,7
3	4	31,3	13,2	33,4	14,4
3	6	34,8	14,7	34,8	14,8
3	8	39,4	17,3	36,8	17,3
3	10	39,4	24,6	39,4	20,9
3	15	41,1	23,3	48,4	21,5
3	25	55,5	24,5	58,9	25,1
3	35	61,1	31,4	63,3	30,8
3	45	65,8	39,0	65,8	37,9
3	55	69,4	31,8	69,8	35,9

Tabelle D.12: Ermittelte Fließfähigkeit des Neupulvers der Partikelgrößenverteilung d5 70 mm

Messung	RPM	Speeds		Reverse Speeds	
		Flow Angle [°]	Cohesion	Flow Angle [°]	Cohesion
1	2	36,8	20,9	39,4	23,4
1	4	37,2	19,7	42,7	24,7
1	6	38,1	16,7	42,3	21,3
1	8	41,9	22,6	42,7	26,0
1	10	45,4	28,5	49,0	33,0
1	15	52,0	27,5	45,7	31,2
1	25	54,1	28,7	58,5	39,1
1	35	57,9	33,0	59,5	40,4
1	45	60,7	41,9	62,1	40,3
1	55	67,0	51,3	67,2	43,3
2	2	44,6	22,9	47,4	24,8
2	4	46,4	25,0	48,7	27,9
2	6	50,0	21,2	47,1	24,7
2	8	45,7	26,7	47,4	33,4
2	10	49,7	29,4	51,4	32,7
2	15	50,8	35,8	55,3	38,5
2	25	56,9	36,4	58,5	40,0
2	35	58,7	44,9	60,2	47,8
2	45	65,1	49,8	66,5	45,3
2	55	65,7	61,9	65,9	60,5
3	2	45,0	35,8	50,0	22,4
3	4	48,4	27,6	48,7	36,9
3	6	47,1	31,3	54,1	30,1
3	8	52,0	33,8	50,5	35,2
3	10	53,3	39,9	47,8	39,9
3	15	55,5	37,2	52,2	54,0
3	25	61,4	47,8	59,8	67,1
3	35	60,9	51,1	59,1	63,1
3	45	65,5	57,1	61,9	62,0
3	55	66,2	67,5	65,9	67,9

Tabelle D.13:Ermittelte Fließfähigkeit des Neupulvers der Partikelgrößenverteilung 80-125 µm

Messung	RPM	Speeds		Reverse Speeds	
		Flow Angle [°]	Cohesion	Flow Angle [°]	Cohesion
1	2	30,8	6,6	31,8	4,9
1	4	30,2	6,3	30,8	4,4
1	6	32,3	7,8	31,3	5,2
1	8	36,3	10,3	35,3	9,3
1	10	38,1	10,9	39,0	10,1
1	15	43,1	12,8	46,8	13,9
1	25	55,5	18,3	58,3	15,1
1	35	63,6	16,0	63,4	18,9
1	45	65,5	22,0	66,1	21,9
1	55	66,1	26,7	64,4	27,8
2	2	31,3	4,5	31,3	2,8
2	4	31,3	4,2	30,8	4,6
2	6	32,8	5,8	32,3	5,9
2	8	36,3	8,8	35,3	8,0
2	10	40,7	10,9	39,9	10,3
2	15	45,4	13,1	48,1	12,7
2	25	56,9	15,8	57,9	15,3
2	35	63,3	16,6	63,0	17,9
2	45	65,5	22,6	65,1	20,7
2	55	65,6	28,1	63,9	25,7
3	2	32,3	4,4	31,8	2,4
3	4	31,3	5,0	31,3	4,6
3	6	32,3	4,8	32,3	5,1
3	8	36,8	9,1	37,2	8,6
3	10	38,1	10,1	40,3	11,4
3	15	46,1	11,5	47,8	12,2
3	25	57,9	14,8	59,3	13,3
3	35	62,8	16,0	64,1	17,2
3	45	65,3	21,5	64,3	23,6
3	55	65,1	24,5	64,8	22,9

Tabelle D.14. Ermittelte Fließfähigkeit der Nanopulvers bei leicht unifirmgen Pulvormorphologie

Messung	RPM	Speeds		Reverse Speeds	
		Flow Angle [°]	Cohesion	Flow Angle [°]	Cohesion
1	2	43,9	24,8	42,3	18,7
1	4	42,7	26,4	46,1	26,9
1	6	46,8	21,6	45,4	22,8
1	8	47,1	27,4	50,0	28,2
1	10	46,8	26,9	51,1	24,7
1	15	50,5	26,6	49,7	28,7
1	25	51,1	26,8	57,3	27,7
1	35	58,3	31,9	60,9	28,9
1	45	57,7	30,8	58,1	33,9
1	55	61,3	32,5	58,1	32,4
2	2	43,5	23,2	42,7	23,5
2	4	43,9	23,3	40,7	24,7
2	6	41,1	22,7	44,6	25,4
2	8	48,1	21,4	53,0	25,2
2	10	46,4	27,6	47,1	24,4
2	15	50,8	27,6	51,7	27,0
2	25	53,6	30,1	54,3	28,3
2	35	59,5	31,2	60,0	32,8
2	45	58,9	33,9	60,7	29,8
2	55	61,3	40,0	63,0	35,7
3	2	42,7	22,3	42,7	20,1
3	4	43,9	25,2	44,3	21,5
3	6	45,4	26,0	41,5	25,7
3	8	47,8	25,6	45,0	23,5
3	10	49,3	26,6	48,1	25,8
3	15	49,0	26,2	51,4	29,3
3	25	57,1	31,2	53,8	31,5
3	35	61,3	31,0	60,2	30,5
3	45	59,8	34,8	63,4	33,9
3	55	64,1	35,9	65,2	33,8

*Tabelle D.15: Ermittelte Fülldichte, Klopfdichte, Hausner-Faktor und Durchflussrate des Pulver-
materials der Partikelgrößenverteilung 20-45 μm*

Messung	Fülldichte [g]	Klopfdichte [g]	Hausner-Faktor	Durchflussrate [s]
1	31,95	37,14	1,16	nicht messbar
2	32,12	37,44	1,17	nicht messbar
3	31,90	36,83	1,15	nicht messbar

*Tabelle D.16: Ermittelte Fülldichte, Klopfdichte, Hausner-Faktor und Durchflussrate des Pulver-
materials der Partikelgrößenverteilung 20-70 μm*

Messung	Fülldichte [g]	Klopfdichte [g]	Hausner-Faktor	Durchflussrate [s]
1	32,73	37,71	1,15	nicht messbar
2	32,75	37,88	1,16	nicht messbar
3	33,01	37,76	1,14	nicht messbar

*Tabelle D.17: Ermittelte Fülldichte, Klopfdichte, Hausner-Faktor und Durchflussrate des Pulver-
materials der Partikelgrößenverteilung 20-100 μm*

Messung	Fülldichte [g]	Klopfdichte [g]	Hausner-Faktor	Durchflussrate [s]
1	32,67	37,40	1,14	nicht messbar
2	32,57	37,48	1,15	nicht messbar
3	32,52	37,68	1,16	nicht messbar

*Tabelle D.18: Ermittelte Fülldichte, Klopfdichte, Hausner-Faktor und Durchflussrate des Pulver-
materials der Partikelgrößenverteilung 20-125 μm*

Messung	Fülldichte [g]	Klopfdichte [g]	Hausner-Faktor	Durchflussrate [s]
1	32,76	37,82	1,15	53,43
2	32,61	37,96	1,16	53,20
3	32,87	37,89	1,15	53,03

*Tabelle D.19: Ermittelte Fülldichte, Klopfdichte, Hausner-Faktor und Durchflussrate des Pulver-
materials der Partikelgrößenverteilung 45-70 μm*

Messung	Fülldichte [g]	Klopfdichte [g]	Hausner-Faktor	Durchflussrate [s]
1	31,81	36,91	1,16	nicht messbar
2	31,89	37,06	1,16	nicht messbar
3	31,90	36,87	1,16	nicht messbar

Tabelle D.20: Ermittelte Fülldichte, Klopfdichte, Hausner-Faktor und Durchflussrate des Pulvermaterials der Partikelgrößenverteilung 80-125 µm

Messung	Fülldichte [g]	Klopfdichte [g]	Hausner-Faktor	Durchflussrate [s]
1	31,38	35,22	1,12	48,33
2	31,36	35,35	1,13	48,83
3	31,48	34,90	1,11	48,20

Tabelle D.21: Ermittelte Fülldichte, Klopfdichte, Hausner-Faktor und Durchflussrate der leicht unförmigen Pulvermorphologie

	Fülldichte [g]	Klopfdichte [g]	Hausner-Faktor	Durchflussrate [s]
1	32,46	37,50	1,16	nicht messbar
2	31,94	37,60	1,18	nicht messbar
3	32,14	37,62	1,17	nicht messbar

Tabelle D.22: Resultierende Oxidationswerte in Abhängigkeit unterschiedlicher Temperaturen und Haltezeiten des Pulvermaterials mit einer Partikelgrößenverteilung von 20-70 µm

Temperatur in °C	Haltezeit in min.	Messwert 1 in µg/g	Messwert 2 in µg/g	Messwert 3 in µg/g	Mittelwert in µg/g
—	—	117	100	97	105
60	180	98	126	114	113
150	180	127	126	116	123
200	180	122	146	122	130
200	360	142	172	107	140

D.2 Aluminiumlegierung: Parameterkombinationen

Tabelle D.23: Parameterkombinationen der Aluminiumversuchsreihen zur Ermittlung des Einflusses verschiedener Pulvereigenschaften auf die resultierende Spritzerbildung

Nummer	P_L [W]	v_S [mm/s]	h [mm]	Nummer	P_L [W]	v_S [mm/s]	h [mm]
1	350	1.175	0,1	19	350	1.125	0,1
2	350	805	0,1	20	350	1.145	0,1
3	350	825	0,1	21	350	1.165	0,1
4	350	845	0,1	22	350	1.175	0,1
5	350	865	0,1	23	350	1.185	0,1
6	350	1.175	0,1	24	350	1.205	0,1
7	350	885	0,1	25	350	1.225	0,1
8	350	905	0,1	26	350	1.245	0,1
9	350	925	0,1	27	350	1.265	0,1
10	350	945	0,1	28	350	1.285	0,1

11	350	965	0,1		29	350	1.305	0,1
12	350	985	0,1		30	350	1.325	0,1
13	350	1.005	0,1		31	350	1.175	0,1
14	350	1.025	0,1		32	350	1.345	0,1
15	350	1.045	0,1		33	350	1.365	0,1
16	350	1.065	0,1		34	350	1.385	0,1
17	350	1.085	0,1		35	350	1.405	0,1
18	350	1.105	0,1		36	350	1.175	0,1

D.3   Aluminiumlegierung: Porositätswerte

*Tabelle D.24: Resultierende Porositätswerte der Aluminiumversuche mit einer Partikelgrößenver-
teilung von 20-70 μm*

l [μm]	d_F [μm]	P_L [W]	v_S [mm/s]	h [mm]	E_V [J/mm³]	A_R [cm³/h]	Porosität [%]
50	100	350	1.175	0,1	60	21	99,59
50	100	350	805	0,1	87	14	99,68
50	100	350	825	0,1	85	15	99,75
50	100	350	845	0,1	83	15	99,73
50	100	350	865	0,1	81	16	99,68
50	100	350	1.175	0,1	60	21	99,59
50	100	350	885	0,1	79	16	99,77
50	100	350	905	0,1	77	16	99,71
50	100	350	925	0,1	76	17	99,67
50	100	350	945	0,1	74	17	99,70
50	100	350	965	0,1	73	17	99,65
50	100	350	985	0,1	71	18	99,70
50	100	350	1.005	0,1	70	18	99,65
50	100	350	1.025	0,1	68	18	99,61
50	100	350	1.045	0,1	67	19	99,67
50	100	350	1.065	0,1	66	19	99,60
50	100	350	1.085	0,1	65	20	99,66
50	100	350	1.105	0,1	63	20	99,57
50	100	350	1.125	0,1	62	20	99,63
50	100	350	1.145	0,1	61	21	99,64
50	100	350	1.165	0,1	60	21	99,62
50	100	350	1.175	0,1	60	21	99,63
50	100	350	1.185	0,1	59	21	99,62

50	100	350	1.005	0,1	58	22	99,56
50	100	350	1.225	0,1	57	22	99,57
50	100	350	1.245	0,1	56	22	99,52
50	100	350	1.265	0,1	55	23	99,51
50	100	350	1.285	0,1	54	23	99,48
50	100	350	1.305	0,1	54	23	99,52
50	100	350	1.325	0,1	53	24	99,40
50	100	350	1.175	0,1	60	21	99,63
50	100	350	1.345	0,1	52	24	99,48
50	100	350	1.365	0,1	51	25	99,45
50	100	350	1.385	0,1	51	25	99,47
50	100	350	1.405	0,1	50	25	99,34
50	100	350	1.175	0,1	60	21	99,64

Tabelle D.25: Resultierende Porositätswerte der Aluminiumversuche mit einer Partikelgrößenverteilung von 20-45 µm

l [µm]	d_F [µm]	P_L [W]	v_S [mm/s]	h [mm]	E_V [J/mm³]	A_R [cm³/h]	Porosität [%]
50	100	350	1.175	0,1	60	21	99,55
50	100	350	805	0,1	87	14	99,71
50	100	350	825	0,1	85	15	99,79
50	100	350	845	0,1	83	15	99,69
50	100	350	865	0,1	81	16	99,70
50	100	350	1.175	0,1	60	21	99,65
50	100	350	885	0,1	79	16	99,54
50	100	350	905	0,1	77	16	99,63
50	100	350	925	0,1	76	17	99,68
50	100	350	945	0,1	74	17	99,52
50	100	350	965	0,1	73	17	99,58
50	100	350	985	0,1	71	18	99,60
50	100	350	1.005	0,1	70	18	99,70
50	100	350	1.025	0,1	68	18	99,55
50	100	350	1.045	0,1	67	19	99,66
50	100	350	1.065	0,1	66	19	99,64
50	100	350	1.085	0,1	65	20	99,62
50	100	350	1.105	0,1	63	20	99,61
50	100	350	1.125	0,1	62	20	99,75
50	100	350	1.145	0,1	61	21	99,76

50	100	350	1.165	0,1	60	21	99,59
50	100	350	1.175	0,1	60	21	99,74
50	100	350	1.185	0,1	59	21	99,51
50	100	350	1.205	0,1	58	22	99,54
50	100	350	1.225	0,1	57	22	99,46
50	100	350	1.245	0,1	56	22	99,52
50	100	350	1.265	0,1	55	23	99,45
50	100	350	1.285	0,1	54	23	99,47
50	100	350	1.305	0,1	54	23	99,44
50	100	350	1.325	0,1	53	24	99,34
50	100	350	1.175	0,1	60	21	98,05
50	100	350	1.345	0,1	52	24	99,22
50	100	350	1.365	0,1	51	25	99,17
50	100	350	1.385	0,1	51	25	98,91
50	100	350	1.405	0,1	50	25	99,10
50	100	350	1.175	0,1	60	21	99,43

Tabelle D.26: Resultierende Porositätswerte der Aluminiumversuche mit einer Partikelgrößenverteilung von 20-100 μm

l [μm]	d_F [μm]	P_L [W]	v_S [mm/s]	h [mm]	E_V [J/mm³]	A_R [cm³/h]	Porosität [%]
50	100	350	1.175	0,1	60	21	99,76
50	100	350	805	0,1	87	14	99,81
50	100	350	825	0,1	85	15	99,82
50	100	350	845	0,1	83	15	99,84
50	100	350	865	0,1	81	16	99,83
50	100	350	1.175	0,1	60	21	99,67
50	100	350	885	0,1	79	16	99,78
50	100	350	905	0,1	77	16	99,77
50	100	350	925	0,1	76	17	99,77
50	100	350	945	0,1	74	17	99,79
50	100	350	965	0,1	73	17	99,84
50	100	350	985	0,1	71	18	99,83
50	100	350	1.005	0,1	70	18	99,63
50	100	350	1.025	0,1	68	18	99,78
50	100	350	1.045	0,1	67	19	99,79
50	100	350	1.065	0,1	66	19	99,77
50	100	350	1.085	0,1	65	20	99,78

50	100	350	1.105	0,1	63	20	99,63
50	100	350	1.125	0,1	62	20	99,70
50	100	350	1.145	0,1	61	21	99,77
50	100	350	1.165	0,1	60	21	99,74
50	100	350	1.175	0,1	60	21	99,77
50	100	350	1.185	0,1	59	21	99,75
50	100	350	1.205	0,1	58	22	99,65
50	100	350	1.225	0,1	57	22	99,69
50	100	350	1.245	0,1	56	22	99,72
50	100	350	1.265	0,1	55	23	99,66
50	100	350	1.285	0,1	54	23	99,56
50	100	350	1.305	0,1	54	23	99,63
50	100	350	1.325	0,1	53	24	99,54
50	100	350	1.175	0,1	60	21	99,76
50	100	350	1.345	0,1	52	24	99,64
50	100	350	1.365	0,1	51	25	99,59
50	100	350	1.385	0,1	51	25	99,61
50	100	350	1.405	0,1	50	25	99,52
50	100	350	1.175	0,1	60	21	99,57

Tabelle D.27:Resultierende Porositätswerte der Aluminiumversuche mit einer Partikelgrößenverteilung von 20-125 µm

l [µm]	d_F [µm]	P_L [W]	v_S [mm/s]	h [mm]	E_V [J/mm³]	A_R [cm³/h]	Porosität [%]
50	100	350	1.175	0,1	60	21	99,48
50	100	350	805	0,1	87	14	99,63
50	100	350	825	0,1	85	15	99,67
50	100	350	845	0,1	83	15	99,73
50	100	350	865	0,1	81	16	99,71
50	100	350	1.175	0,1	60	21	99,45
50	100	350	885	0,1	79	16	99,62
50	100	350	905	0,1	77	16	99,62
50	100	350	925	0,1	76	17	99,66
50	100	350	945	0,1	74	17	99,64
50	100	350	965	0,1	73	17	99,66
50	100	350	985	0,1	71	18	99,64
50	100	350	1.005	0,1	70	18	99,67
50	100	350	1.025	0,1	68	18	99,63

50	100	350	1.045	0,1	67	19	99,65
50	100	350	1.065	0,1	66	19	99,67
50	100	350	1.085	0,1	65	20	99,66
50	100	350	1.105	0,1	63	20	99,56
50	100	350	1.125	0,1	62	20	99,51
50	100	350	1.145	0,1	61	21	99,58
50	100	350	1.165	0,1	60	21	99,52
50	100	350	1.175	0,1	60	21	99,50
50	100	350	1.185	0,1	59	21	99,42
50	100	350	1.205	0,1	58	22	99,41
50	100	350	1.225	0,1	57	22	99,46
50	100	350	1.245	0,1	56	22	99,44
50	100	350	1.265	0,1	55	23	99,44
50	100	350	1.285	0,1	54	23	99,44
50	100	350	1.305	0,1	54	23	99,22
50	100	350	1.325	0,1	53	24	99,24
50	100	350	1.175	0,1	60	21	99,54
50	100	350	1.345	0,1	52	24	99,36
50	100	350	1.365	0,1	51	25	99,33
50	100	350	1.385	0,1	51	25	99,32
50	100	350	1.405	0,1	50	25	99,27
50	100	350	1.175	0,1	60	21	99,52

Tabelle D.28: Resultierende Porositätswerte der Aluminiumversuche mit einer Partikelgrößenverteilung von 45-70 μm

l [μm]	d_F [μm]	P_L [W]	v_S [mm/s]	h [mm]	E_V [J/mm³]	A_R [cm³/h]	Porosität [%]
50	100	350	1.175	0,1	60	21	99,31
50	100	350	805	0,1	87	14	99,69
50	100	350	825	0,1	85	15	99,64
50	100	350	845	0,1	83	15	99,75
50	100	350	865	0,1	81	16	99,68
50	100	350	1.175	0,1	60	21	99,20
50	100	350	885	0,1	79	16	99,58
50	100	350	905	0,1	77	16	99,61
50	100	350	925	0,1	76	17	99,57
50	100	350	945	0,1	74	17	99,71
50	100	350	965	0,1	73	17	99,72

50	100	350	985	0,1	71	18	99,55
50	100	350	1.005	0,1	70	18	99,60
50	100	350	1.025	0,1	68	18	99,52
50	100	350	1.045	0,1	67	19	99,39
50	100	350	1.065	0,1	66	19	99,49
50	100	350	1.085	0,1	65	20	99,60
50	100	350	1.105	0,1	63	20	99,44
50	100	350	1.125	0,1	62	20	99,44
50	100	350	1.145	0,1	61	21	99,46
50	100	350	1.165	0,1	60	21	99,39
50	100	350	1.175	0,1	60	21	99,32
50	100	350	1.185	0,1	59	21	99,42
50	100	350	1.205	0,1	58	22	99,18
50	100	350	1.225	0,1	57	22	99,42
50	100	350	1.245	0,1	56	22	99,35
50	100	350	1.265	0,1	55	23	99,43
50	100	350	1.285	0,1	54	23	99,03
50	100	350	1.305	0,1	54	23	98,96
50	100	350	1.325	0,1	53	24	99,15
50	100	350	1.175	0,1	60	21	99,36
50	100	350	1.345	0,1	52	24	99,12
50	100	350	1.365	0,1	51	25	98,85
50	100	350	1.385	0,1	51	25	99,07
50	100	350	1.405	0,1	50	25	99,02
50	100	350	1.175	0,1	60	21	99,15

Tabelle D.29: Resultierende Porositätswerte der Aluminiumversuche mit einer Partikelgrößenverteilung von 80-125 µm

l [µm]	d_F [µm]	P_L [W]	v_S [mm/s]	h [mm]	E_V [J/mm³]	A_R [cm³/h]	Porosität [%]
50	100	350	1.175	0,1	60	21	99,53
50	100	350	805	0,1	87	14	99,65
50	100	350	825	0,1	85	15	99,67
50	100	350	845	0,1	83	15	99,71
50	100	350	865	0,1	81	16	99,62
50	100	350	1.175	0,1	60	21	99,27
50	100	350	885	0,1	79	16	99,66
50	100	350	905	0,1	77	16	99,65

50	100	350	925	0,1	76	17	99,61
50	100	350	945	0,1	74	17	99,67
50	100	350	965	0,1	73	17	99,64
50	100	350	985	0,1	71	18	99,58
50	100	350	1.005	0,1	70	18	99,64
50	100	350	1.025	0,1	68	18	99,55
50	100	350	1.045	0,1	67	19	99,63
50	100	350	1.065	0,1	66	19	99,55
50	100	350	1.085	0,1	65	20	99,45
50	100	350	1.105	0,1	63	20	99,54
50	100	350	1.125	0,1	62	20	99,54
50	100	350	1.145	0,1	61	21	99,61
50	100	350	1.165	0,1	60	21	99,37
50	100	350	1.175	0,1	60	21	99,55
50	100	350	1.185	0,1	59	21	99,39
50	100	350	1.205	0,1	58	22	99,15
50	100	350	1.225	0,1	57	22	99,37
50	100	350	1.245	0,1	56	22	99,24
50	100	350	1.265	0,1	55	23	99,41
50	100	350	1.285	0,1	54	23	99,50
50	100	350	1.305	0,1	54	23	99,28
50	100	350	1.325	0,1	53	24	99,15
50	100	350	1.175	0,1	60	21	99,34
50	100	350	1.345	0,1	52	24	99,23
50	100	350	1.365	0,1	51	25	99,33
50	100	350	1.385	0,1	51	25	99,10
50	100	350	1.405	0,1	50	25	99,18
50	100	350	1.175	0,1	60	21	99,47

Tabelle D.30: Resultierende Porositätswerte der Aluminiumversuche mit einer leicht unförmigen Partikelmorphologie

l [μm]	d_F [μm]	P_L [W]	v_S [mm/s]	h [mm]	E_V [J/mm³]	A_R [cm³/h]	Porosität [%]
50	100	350	1.175	0,1	60	21	99,65
50	100	350	805	0,1	87	14	99,56
50	100	350	825	0,1	85	15	99,52
50	100	350	845	0,1	83	15	99,54
50	100	350	865	0,1	81	16	99,64

50	100	350	1.175	0,1	60	21	99,64
50	100	350	885	0,1	79	16	99,52
50	100	350	905	0,1	77	16	99,57
50	100	350	925	0,1	76	17	99,56
50	100	350	945	0,1	74	17	99,61
50	100	350	965	0,1	73	17	99,63
50	100	350	985	0,1	71	18	99,63
50	100	350	1.005	0,1	70	18	99,67
50	100	350	1.025	0,1	68	18	99,58
50	100	350	1.045	0,1	67	19	99,61
50	100	350	1.065	0,1	66	19	99,65
50	100	350	1.085	0,1	65	20	99,68
50	100	350	1.105	0,1	63	20	99,66
50	100	350	1.125	0,1	62	20	99,68
50	100	350	1.145	0,1	61	21	99,58
50	100	350	1.165	0,1	60	21	99,55
50	100	350	1.175	0,1	60	21	99,59
50	100	350	1.185	0,1	59	21	99,56
50	100	350	1.205	0,1	58	22	99,70
50	100	350	1.225	0,1	57	22	99,60
50	100	350	1.245	0,1	56	22	99,67
50	100	350	1.265	0,1	55	23	99,65
50	100	350	1.285	0,1	54	23	99,65
50	100	350	1.305	0,1	54	23	99,66
50	100	350	1.325	0,1	53	24	99,61
50	100	350	1.175	0,1	60	21	99,69
50	100	350	1.345	0,1	52	24	99,64
50	100	350	1.365	0,1	51	25	99,66
50	100	350	1.385	0,1	51	25	99,59
50	100	350	1.405	0,1	50	25	99,72
50	100	350	1.175	0,1	60	21	99,71

D.4   Aluminiumlegierung: Anzahl Spritzer

Tabelle D.31:Resultierende Spritzeranzahl in Abhängigkeit unterschiedlicher Pulvereigenschaften

Versuchsreihe	Schicht	Anzahl Spritzer	Mittelwerte
PSD: 20-45 µm	129	2.222	
PSD: 20-45 µm	180	2.165	2.241
PSD: 20-45 µm	231	2.335	
PSD: 20-70 µm	129	2.440	
PSD: 20-70 µm	180	2.464	2.426
PSD: 20-70 µm	231	2.373	
PSD: 20-100 µm	129	2.517	
PSD: 20-100 µm	180	2.413	2.455
PSD: 20-100 µm	231	2.436	
PSD: 20-125 µm	129	2.590	
PSD: 20-125 µm	180	2.433	2.529
PSD: 20-125 µm	231	2.563	
PSD: 45-70 µm	129	2.148	
PSD: 45-70 µm	180	1.974	2.038
PSD: 45-70 µm	231	1.992	
PSD: 80-125 µm	129	2.669	
PSD: 80-125 µm	180	2.422	2.561
PSD: 80-125 µm	231	2.593	
Morph	129	2.020	
Morph	180	1.852	1.987
Morph	231	2.089	
Ox: 60 °C, 3 h	2	3.147	
Ox: 60 °C, 3 h	3	2.974	2.889
Ox: 60 °C, 3 h	4	2.547	
Ox: 150 °C, 3 h	2	3.516	
Ox: 150 °C, 3 h	3	2.767	2.918
Ox: 150 °C, 3 h	4	2.472	
Ox: 200 °C, 3 h	2	3.661	
Ox: 200 °C, 3 h	3	2.711	2.977
Ox: 200 °C, 3 h	4	2.558	
Ox: 200 °C, 6 h	2	3.484	
Ox: 200 °C, 6 h	3	3.034	3.078
Ox: 200 °C, 6 h	4	2.716	

D.5 Titanlegierung; Pulverkennwerte

Tabelle D.32: Ermittelte Pulverkennwerte der Partikelgrößenverteilung 10-45 μm

Proben-entnahme	kumulierte PSD Q3			Formkenngrößen		
	10 %	50 %	90 %	SPHT3	Symm3	b/l3
Neupulver	15,0	26,8	59,0	0,888	0,943	0,847
Überlauf	15,5	28,1	71,0	0,888	0,943	0,847

Tabelle D.33: Ermittelte Pulverkennwerte der Partikelgrößenverteilung 20-63 μm

Proben-entnahme	kumulierte PSD Q3			Formkenngrößen		
	10 %	50 %	90 %	SPHT3	Symm3	b/l3
Neupulver	29,1	41,2	50,4	0,868	0,937	0,848
Überlauf	30,0	41,2	50,1	0,870	0,938	0,851

Tabelle D.34: Ermittelte Pulverkennwerte der Partikelgrößenverteilung 45-80 μm

Proben-entnahme	kumulierte PSD Q3			Formkenngrößen		
	10 %	50 %	90 %	SPHT3	Symm3	b/l3
Neupulver	49,8	61,1	74,5	0,854	0,923	0,837
Überlauf	50,6	62,2	75,7	0,852	0,920	0,832

Tabelle D.35: Ermittelte Pulverkennwerte der Partikelgrößenverteilung 80-125 μm

Proben-entnahme	kumulierte PSD Q3			Formkenngrößen		
	10 %	50 %	90 %	SPHT3	Symm3	b/l3
Neupulver	95,2	114,2	131,7	0,898	0,894	0,839
Überlauf	99,9	118,1	135,8	0,894	0,891	0,831

Tabelle D.36: Ermittelte Fließfähigkeit des Neupulvers der Partikelgrößenverteilung 10-45 μm

RPM	Speeds		Reverse Speeds	
	Flow Angle [°]	Cohesion	Flow Angle [°]	Cohesion
2	43,5	19,9	40,5	22,6
4	41,3	20,5	42,0	22,1
6	36,3	22,9	41,8	23,2
10	37,7	25,9	41,0	25,6
20	38,7	28,3	42,0	35,1
40	38,1	29,5	36,5	29,4
70	38,5	48,2	34,6	52,9

Tabelle D.37: Ermittelte Fließfähigkeit des Neupulvers der Partikelgrößenverteilung 20-63 μm

RPM	Speeds		Reverse Speeds	
	Flow Angle [°]	Cohesion	Flow Angle [°]	Cohesion
2	31,2	5,8	31,1	2,2
4	32,8	5,6	32,1	5,3
6	33,9	10,4	32,4	11,4
10	34,0	16,0	31,4	18,5
20	39,3	16,5	42,7	18,6
40	53,4	19,7	54,7	21,5
70	75,7	25,1	75,5	23,7

Tabelle D.38: Ermittelte Fließfähigkeit des Neupulvers der Partikelgrößenverteilung 45-80 μm

RPM	Speeds		Reverse Speeds	
	Flow Angle [°]	Cohesion	Flow Angle [°]	Cohesion
2	37,7	12,2	38,1	10,9
4	36,7	10,5	35,7	11,0
6	38,6	11,2	38,9	10,6
10	37,9	14,6	36,4	15,6
20	44,0	16,2	40,4	13,6
40	51,9	13,1	54,2	14,7
70	71,9	18,5	74,3	17,8

Tabelle D.39: Ermittelte Fließfähigkeit des Neupulvers der Partikelgrößenverteilung 80-125 μm

RPM	Speeds		Reverse Speeds	
	Flow Angle [°]	Cohesion	Flow Angle [°]	Cohesion
2	32,4	2,3	32,5	2,6
4	32,1	2,4	32,2	2,5
6	35,2	3,6	36,0	3,6
10	37,7	6,0	38,8	6,0
20	40,4	7,3	40,5	7,5
40	54,2	8,8	51,3	7,6
70	64,9	11,1	66,3	11,5

Tabelle D.40: Ermittelte Fülldichte, Klopfdichte, Hausner-Faktor und Durchflussrate des Pulvermaterials der Partikelgrößenverteilung 10-45 µm

Messung	Fülldichte [g]	Klopfdichte [g]	Hausner-Faktor	Durchflussrate [s]
1	59,25	64,96	1,10	nicht messbar
2	59,26	64,97	1,10	nicht messbar
3	59,27	64,97	1,10	nicht messbar

Tabelle D.41: Ermittelte Fülldichte, Klopfdichte, Hausner-Faktor und Durchflussrate des Pulvermaterials der Partikelgrößenverteilung 20-63 µm

Messung	Fülldichte [g]	Klopfdichte [g]	Hausner-Faktor	Durchflussrate [s]
1	58,22	63,99	1,10	26,50
2	58,24	63,98	1,10	28,32
3	58,26	63,97	1,10	28,53

Tabelle D.42: Ermittelte Fülldichte, Klopfdichte, Hausner-Faktor und Durchflussrate des Pulvermaterials der Partikelgrößenverteilung 45-80 µm

Messung	Fülldichte [g]	Klopfdichte [g]	Hausner-Faktor	Durchflussrate [s]
1	53,67	56,79	1,06	23,03
2	53,67	56,80	1,06	23,13
3	53,68	56,79	1,06	23,43

Tabelle D.43: Ermittelte Fülldichte, Klopfdichte, Hausner-Faktor und Durchflussrate des Pulvermaterials der Partikelgrößenverteilung 80-125 µm

Messung	Fülldichte [g]	Klopfdichte [g]	Hausner-Faktor	Durchflussrate [s]
1	55,86	60,67	1,09	24,91
2	55,83	60,68	1,09	25,38
3	55,85	60,67	1,09	25,01

D.6 Titanlegierung: Parameterkombinationen

Tabelle D.44: Parameterkombinationen der Titanversuchsreihen zur Ermittlung des Einflusses verschiedener Partikelgrößenverteilungen auf die resultierende Spritzerbildung

Nummer	P_L [W]	v_S [mm/s]	h [mm]	Nummer	P_L [W]	v_S [mm/s]	h [mm]
1	304	1.250	0,15	19	304	1.200	0,15
2	304	800	0,15	20	304	1.225	0,15
3	304	825	0,15	21	304	1.250	0,15
4	304	850	0,15	22	304	1.275	0,15
5	304	875	0,15	23	304	1.300	0,15
6	304	1.250	0,15	24	304	1.325	0,15

7	304	900	0,15	25	304	1.350	0,15
8	304	925	0,15	26	304	1.375	0,15
9	304	950	0,15	27	304	1.400	0,15
10	304	975	0,15	28	304	1.425	0,15
11	304	1.000	0,15	29	304	1.450	0,15
12	304	1.025	0,15	30	304	1.475	0,15
13	304	1.050	0,15	31	304	1.250	0,15
14	304	1.075	0,15	32	304	1.500	0,15
15	304	1.100	0,15	33	304	1.525	0,15
16	304	1.125	0,15	34	304	1.550	0,15
17	304	1.150	0,15	35	304	1.575	0,15
18	304	1.175	0,15	36	304	1.250	0,15

D.7   Titanlegierung: Porositätswerte

Tabelle D.45:Resultierende Porositätswerte der Titanversuche mit einer Partikelgrößenverteilung
       von 10-45 µm

l [µm]	d_F [µm]	P_L [W]	v_S [mm/s]	h [mm]	E_V [J/mm³]	A_R [cm³/h]	Porosität [%]
60	100	304	1.250	0,15	27	41	0,0265
60	100	304	800	0,15	42	26	0,0388
60	100	304	825	0,15	41	27	0,0218
60	100	304	850	0,15	40	28	0,0133
60	100	304	875	0,15	39	28	0,0063
60	100	304	1.250	0,15	27	41	0,0116
60	100	304	900	0,15	38	29	0,0094
60	100	304	925	0,15	37	30	0,0052
60	100	304	950	0,15	36	31	0,0042
60	100	304	975	0,15	35	32	0,0082
60	100	304	1.000	0,15	34	32	0,0101
60	100	304	1.025	0,15	33	33	0,0035
60	100	304	1.050	0,15	32	34	0,0098
60	100	304	1.075	0,15	31	35	0,0304
60	100	304	1.100	0,15	31	36	0,0144
60	100	304	1.125	0,15	30	36	0,0057
60	100	304	1.150	0,15	29	37	0,0061
60	100	304	1.175	0,15	29	38	0,0098
60	100	304	1.200	0,15	28	39	0,0129

60	100	304	1.225	0,15	28	40	0,0069
60	100	304	1.250	0,15	27	41	0,0118
60	100	304	1.275	0,15	26	41	0,0096
60	100	304	1.300	0,15	26	42	0,0281
60	100	304	1.325	0,15	25	43	0,0374
60	100	304	1.350	0,15	25	44	0,0509
60	100	304	1.375	0,15	25	45	0,0355
60	100	304	1.400	0,15	24	45	0,0565
60	100	304	1.425	0,15	24	46	0,0613
60	100	304	1.450	0,15	23	47	0,0915
60	100	304	1.475	0,15	23	48	0,1462
60	100	304	1.250	0,15	27	41	0,0285
60	100	304	1.500	0,15	23	49	0,2705
60	100	304	1.525	0,15	22	49	0,2363
60	100	304	1.550	0,15	22	50	0,4130
60	100	304	1.575	0,15	21	51	0,3950
60	100	304	1.250	0,15	27	41	0,0163

Tabelle D.46: Resultierende Porositätswerte der Titanversuche mit einer Partikelgrößenverteilung von 20-63 µm

l [µm]	d_F [µm]	P_L [W]	v_S [mm/s]	h [mm]	E_V [J/mm³]	A_R [cm³/h]	Porosität [%]
60	100	304	1.250	0,15	27	41	0,0223
60	100	304	800	0,15	42	26	0,0593
60	100	304	825	0,15	41	27	0,0670
60	100	304	850	0,15	40	28	0,0317
60	100	304	875	0,15	39	28	0,0229
60	100	304	1.250	0,15	27	41	0,0121
60	100	304	900	0,15	38	29	0,0157
60	100	304	925	0,15	37	30	0,0134
60	100	304	950	0,15	36	31	0,0104
60	100	304	975	0,15	35	32	0,0273
60	100	304	1.000	0,15	34	32	0,0104
60	100	304	1.025	0,15	33	33	0,0068
60	100	304	1.050	0,15	32	34	0,0029
60	100	304	1.075	0,15	31	35	0,0056
60	100	304	1.100	0,15	31	36	0,0109
60	100	304	1.125	0,15	30	36	0,0252

60	100	304	1.150	0,15	29	37	0,0034
60	100	304	1.175	0,15	29	38	0,0036
60	100	304	1.200	0,15	28	39	0,2281
60	100	304	1.225	0,15	28	40	0,1382
60	100	304	1.250	0,15	27	41	0,0290
60	100	304	1.275	0,15	26	41	0,0305
60	100	304	1.300	0,15	26	42	0,0170
60	100	304	1.325	0,15	25	43	0,0243
60	100	304	1.350	0,15	25	44	0,3746
60	100	304	1.375	0,15	25	45	0,3287
60	100	304	1.400	0,15	24	45	0,2929
60	100	304	1.425	0,15	24	46	0,1307
60	100	304	1.450	0,15	23	47	0,1963
60	100	304	1.475	0,15	23	48	0,2039
60	100	304	1.250	0,15	27	41	0,0623
60	100	304	1.500	0,15	23	49	0,2270
60	100	304	1.525	0,15	22	49	0,3142
60	100	304	1.550	0,15	22	50	0,4720
60	100	304	1.575	0,15	21	51	0,4076
60	100	304	1.250	0,15	27	41	0,0481

Tabelle D.47: Resultierende Porositätswerte der Titanversuche mit einer Partikelgrößenverteilung von 45-80 µm

l [µm]	d_F [µm]	P_L [W]	v_S [mm/s]	h [mm]	E_V [J/mm³]	A_R [cm³/h]	Porosität [%]
60	100	304	1.250	0,15	27	41	0,0797
60	100	304	800	0,15	42	26	0,2129
60	100	304	825	0,15	41	27	0,1275
60	100	304	850	0,15	40	28	0,0655
60	100	304	875	0,15	39	28	0,0624
60	100	304	1.250	0,15	27	41	0,0504
60	100	304	900	0,15	38	29	0,0635
60	100	304	925	0,15	37	30	0,0297
60	100	304	950	0,15	36	31	0,0314
60	100	304	975	0,15	35	32	0,0175
60	100	304	1.000	0,15	34	32	0,0314
60	100	304	1.025	0,15	33	33	0,0326
60	100	304	1.050	0,15	32	34	0,0183

60	100	304	1.075	0,15	31	35	0,0137
60	100	304	1.100	0,15	31	36	0,0148
60	100	304	1.125	0,15	30	36	0,0134
60	100	304	1.150	0,15	29	37	0,0080
60	100	304	1.175	0,15	29	38	0,0076
60	100	304	1.200	0,15	28	39	0,0174
60	100	304	1.225	0,15	28	40	0,0268
60	100	304	1.250	0,15	27	41	0,0115
60	100	304	1.275	0,15	26	41	0,0178
60	100	304	1.300	0,15	26	42	0,0289
60	100	304	1.325	0,15	25	43	0,0281
60	100	304	1.350	0,15	25	44	0,0917
60	100	304	1.375	0,15	25	45	0,1119
60	100	304	1.400	0,15	24	45	0,1394
60	100	304	1.425	0,15	24	46	0,2005
60	100	304	1.450	0,15	23	47	0,3201
60	100	304	1.475	0,15	23	48	0,3548
60	100	304	1.250	0,15	27	41	0,0308
60	100	304	1.500	0,15	23	49	0,3401
60	100	304	1.525	0,15	22	49	0,6132
60	100	304	1.550	0,15	22	50	0,5764
60	100	304	1.575	0,15	21	51	0,5645
60	100	304	1.250	0,15	27	41	0,0227

Tabelle D.48: Resultierende Porositätswerte der Titanversuche mit einer Partikelgrößenverteilung von 80-125 μm

l [μm]	d_F [μm]	P_L [W]	v_S [mm/s]	h [mm]	E_V [J/mm³]	A_R [cm³/h]	Porosität [%]
60	100	304	1.250	0,15	27	41	0,9510
60	100	304	800	0,15	42	26	0,4195
60	100	304	825	0,15	41	27	0,2567
60	100	304	850	0,15	40	28	0,2140
60	100	304	875	0,15	39	28	0,1755
60	100	304	1.250	0,15	27	41	0,9654
60	100	304	900	0,15	38	29	0,1717
60	100	304	925	0,15	37	30	0,1379
60	100	304	950	0,15	36	31	0,0929
60	100	304	975	0,15	35	32	0,0765

60	100	304	1.000	0,15	34	32	0,0447
60	100	304	1.025	0,15	33	33	0,0444
60	100	304	1.050	0,15	32	34	0,0846
60	100	304	1.075	0,15	31	35	0,0544
60	100	304	1.100	0,15	31	36	0,0559
60	100	304	1.125	0,15	30	36	0,1178
60	100	304	1.150	0,15	29	37	0,1928
60	100	304	1.175	0,15	29	38	0,3701
60	100	304	1.200	0,15	28	39	0,3289
60	100	304	1.225	0,15	28	40	0,2873
60	100	304	1.250	0,15	27	41	0,5269
60	100	304	1.275	0,15	26	41	0,8437
60	100	304	1.300	0,15	26	42	0,9177
60	100	304	1.325	0,15	25	43	1,8648
60	100	304	1.350	0,15	25	44	1,4771
60	100	304	1.375	0,15	25	45	2,4716
60	100	304	1.400	0,15	24	45	2,1013
60	100	304	1.425	0,15	24	46	3,1454
60	100	304	1.450	0,15	23	47	3,4021
60	100	304	1.475	0,15	23	48	4,5897
60	100	304	1.250	0,15	27	41	0,6775
60	100	304	1.500	0,15	23	49	4,7250
60	100	304	1.525	0,15	22	49	5,8888
60	100	304	1.550	0,15	22	50	6,2048
60	100	304	1.575	0,15	21	51	6,4753
60	100	304	1.250	0,15	27	41	0,9429

D.8   Titanlegierung: Anzahl Spritzer

Tabelle D.49: Resultierende Spritzeranzahl in Abhängigkeit unterschiedlicher Partikelgrößenver-
teilungen

Partikelgrößenverteilung in µm	Bauteil- nummer	Schicht	Anzahl Spritzer	Mittelwerte
10-45	06	92	27.158	
10-45	06	100	29.656	28.502
10-45	06	111	28.691	
10-45	21	57	41.360	43.093
10-45	21	68	41.088	

10-45	01	/l	40.830	
10-45	36	119	33.052	
10-45	36	127	36.255	33.529
10-45	36	135	31.280	
20-63	06	92	27366	
20-63	06	100	23956	25.622
20-63	06	111	25544	
20-63	21	57	34290	
20-63	21	68	30191	32.952
20-63	21	76	34374	
20-63	36	119	22588	
20-63	36	127	20299	22.007
20-63	36	135	23134	
45-80	06	92	24623	
45-80	06	100	23524	24.051
45-80	06	111	24006	
45-80	21	57	26832	
45-80	21	68	25657	28.295
45-80	21	76	32397	
45-80	36	119	19802	
45-80	36	127	19850	19.540
45-80	36	135	18967	
80-125	06	92	32147	
80-125	06	100	27803	29.550
80-125	06	111	28700	
80-125	21	57	34198	
80-125	21	68	35636	37.334
80-125	21	76	42168	
80-125	36	119	28595	
80-125	36	127	24005	26.762
80-125	36	135	27687	

E Anhang (Strahlform)

E.1 Einzelspurqualitäten

Tabelle E.1: Resultierende Einzelspurqualität der Strahlformungsversuche bei maximaler Leistung je Laserindex

max. Leistung	Index						
	0	1	2	3	4	5	6
500	hoch	hoch	hoch	hoch	hoch	hoch	hoch
600	hoch	hoch	hoch	hoch	hoch	hoch	hoch
700	hoch	hoch	hoch	hoch	hoch	mittel	hoch
800	mittel	mittel	hoch	hoch	hoch	niedrig	mittel
900	mittel	niedrig	mittel	mittel	hoch	niedrig	mittel
1.000	niedrig	niedrig	niedrig	niedrig	mittel	niedrig	niedrig
1.100	niedrig	niedrig	niedrig	niedrig	mittel	niedrig	niedrig
1.200	niedrig	niedrig	niedrig	niedrig	niedrig	niedrig	niedrig
1.300	niedrig	niedrig	niedrig	niedrig	niedrig	niedrig	niedrig
1.400	niedrig	niedrig	niedrig	niedrig	niedrig	niedrig	niedrig
1.500	niedrig	niedrig	niedrig	niedrig	niedrig	niedrig	niedrig
1.600	niedrig	niedrig	niedrig	niedrig	niedrig	niedrig	niedrig
1.700	niedrig	niedrig	niedrig	niedrig	niedrig	niedrig	niedrig
1.800	niedrig	niedrig	niedrig	niedrig	niedrig	niedrig	niedrig
1.900	niedrig	niedrig	niedrig	niedrig	niedrig	niedrig	niedrig
2.000	niedrig	niedrig	niedrig	niedrig	niedrig	niedrig	niedrig
2.100	niedrig	niedrig	niedrig	niedrig	niedrig	niedrig	niedrig
2.200	niedrig	niedrig	niedrig	niedrig	niedrig	niedrig	niedrig
2.300	niedrig	niedrig	niedrig	niedrig	niedrig	niedrig	niedrig
2.400	niedrig	niedrig	niedrig	niedrig	niedrig	niedrig	niedrig
2.500	niedrig	niedrig	niedrig	niedrig	niedrig	niedrig	niedrig
2.600	niedrig	niedrig	niedrig	niedrig	niedrig	niedrig	niedrig
2.700	niedrig	niedrig	niedrig	niedrig	niedrig	niedrig	niedrig
2.800	niedrig	niedrig	niedrig	niedrig	niedrig	niedrig	niedrig
2.900	niedrig	niedrig	niedrig	niedrig	niedrig	niedrig	niedrig
3.000	niedrig	niedrig	niedrig	niedrig	niedrig	niedrig	niedrig
3.100	niedrig	niedrig	niedrig	niedrig	niedrig	niedrig	niedrig
3.200	niedrig	niedrig	niedrig	niedrig	niedrig	niedrig	niedrig
3.300	niedrig	niedrig	niedrig	niedrig	niedrig	niedrig	niedrig

Scangeschwindigkeit [mm/s]

3.400	niedrig	niedrig	niedrig	niedrig	niedrig	niedrig	niedrig
3.500	niedrig	niedrig	niedrig	niedrig	niedrig	niedrig	niedrig
3.600	niedrig	niedrig	niedrig	niedrig	niedrig	niedrig	niedrig
3.700	niedrig	niedrig	niedrig	niedrig	niedrig	niedrig	niedrig
3.800	niedrig	niedrig	niedrig	niedrig	niedrig	niedrig	niedrig
3.900	niedrig	niedrig	niedrig	niedrig	niedrig	niedrig	niedrig
4.000	niedrig	niedrig	niedrig	niedrig	niedrig	niedrig	niedrig

Tabelle E.2: Resultierende Einzelspurqualität der Strahlformungsversuche von Index 0 bei niedrigen Laserleistungen

Scangeschwindigkeit in mm/s	100 W	150 W	200 W	250 W	300 W
200	hoch	hoch	hoch	hoch	hoch
300	hoch	hoch	hoch	hoch	hoch
400	hoch	hoch	hoch	hoch	hoch
500	hoch	hoch	hoch	hoch	hoch
600	hoch	hoch	hoch	hoch	hoch
700	hoch	hoch	hoch	hoch	hoch
750	hoch	hoch	hoch	hoch	hoch
800	mittel	hoch	hoch	hoch	hoch
900	mittel	mittel	hoch	hoch	mittel
1.000	niedrig	mittel	hoch	hoch	mittel
1.100	niedrig	mittel	hoch	mittel	mittel
1.200	niedrig	mittel	hoch	mittel	mittel
1.250	niedrig	mittel	mittel	mittel	mittel
1.300	niedrig	mittel	mittel	mittel	mittel
1.400	niedrig	mittel	mittel	mittel	mittel
1.500	niedrig	niedrig	niedrig	mittel	mittel

Tabelle E.3: Resultierende Einzelspurqualität der Strahlformungsversuche von Index 4 bei niedrigen Laserleistungen

Scangeschwindigkeit in mm/s	100 W	150 W	200 W	250 W	300 W
200	hoch	hoch	hoch	hoch	hoch
300	hoch	hoch	hoch	hoch	hoch
400	hoch	hoch	hoch	hoch	hoch
500	hoch	hoch	hoch	hoch	hoch
600	niedrig	hoch	hoch	hoch	hoch
700	niedrig	hoch	hoch	hoch	hoch

	100 W	150 W	200 W	250 W	300 W
750	niedrig	mittel	hoch	hoch	hoch
800	niedrig	mittel	hoch	hoch	hoch
900	niedrig	mittel	mittel	hoch	hoch
1.000	niedrig	mittel	mittel	hoch	mittel
1.100	niedrig	niedrig	niedrig	niedrig	mittel
1.200	niedrig	niedrig	niedrig	niedrig	niedrig
1.250	niedrig	niedrig	niedrig	niedrig	niedrig
1.300	niedrig	niedrig	niedrig	niedrig	niedrig
1.400	niedrig	niedrig	niedrig	niedrig	niedrig
1.500	niedrig	niedrig	niedrig	niedrig	niedrig

Tabelle E.4: Resultierende Einzelspurqualität der Strahlformungsversuche von Index 6 bei niedrigen Laserleistungen

Scangeschwindigkeit in mm/s	100 W	150 W	200 W	250 W	300 W
200	hoch	hoch	hoch	hoch	hoch
300	hoch	hoch	hoch	hoch	hoch
400	niedrig	hoch	hoch	hoch	hoch
500	niedrig	mittel	hoch	hoch	hoch
600	niedrig	niedrig	hoch	mittel	hoch
700	niedrig	niedrig	hoch	mittel	hoch
750	niedrig	niedrig	hoch	niedrig	hoch
800	niedrig	niedrig	mittel	niedrig	mittel
900	niedrig	niedrig	mittel	niedrig	mittel
1.000	niedrig	niedrig	niedrig	niedrig	niedrig
1.100	niedrig	niedrig	niedrig	niedrig	niedrig
1.200	niedrig	niedrig	niedrig	niedrig	niedrig
1.250	niedrig	niedrig	niedrig	niedrig	niedrig
1.300	niedrig	niedrig	niedrig	niedrig	niedrig
1.400	niedrig	niedrig	niedrig	niedrig	niedrig
1.500	niedrig	niedrig	niedrig	niedrig	niedrig

E.2 Einzelspurbreiten

Tabelle E.5: Resultierende Einzelspurbreiten der Strahlformungsversuche bei 500 mm/s

in µm	Index 0	Index 4	Index 6
100 W	151	154	156
150 W	184	198	184
200 W	191	206	193
250 W	245	229	194
300 W	265	233	252

Tabelle E.6: Resultierende Einzelspurbreiten der Strahlformungsversuche bei maximaler Laser-leistung je Index und 500 mm/s

Index 0 (300 W)	Index 1 (350 W)	Index 2 (400 W)	Index 3 (500 W)	Index 4 (650 W)	Index 5 (800 W)	Index 6 (950 W)
265 µm	222 µm	245 µm	255 µm	290 µm	370 µm	416 µm

E.3 Geometrische Schmelzbadkennwerte im Querschliff

Tabelle E.7: Resultierende geometrische Schmelzbadkennwerte der unterschiedlichen Strahlfor-men bei verschiedenen Laserleistungen und Scangeschwindigkeiten im Querschliff

Index	P_L [W]	v_S [mm/s]	h_{ES} [µm]	h_{SB} [µm]	A_{ESF} [µm]	A_{SB} [µm]	d_{SB} [µm]	AV	AMG
0	300	500	93	143	16.094	21.284	257	2,76	0,57
0	300	750	92	87	13.538	10.323	189	2,05	0,43
0	300	1.000	96	67	12.234	6.590	157	1,64	0,35
0	300	1.250	103	50	12.267	4.386	148	1,44	0,26
0	300	1.500	57	22	5.502	1.551	106	1,86	0,22
4	300	500	93	59	15.396	9.537	250	2,69	0,38
4	300	750	87	43	13.485	5931	219	2,52	0,31
4	300	1.000	107	23	14.968	2403	186	1,74	0,14
4	300	1.250	114	11	14.206	1141	179	1,57	0,07
4	300	1.500	130	4	16.604	252	134	1,03	0,01
4	650	500	82	195	21.683	60.293	389	4,74	0,74
4	650	750	166	158	35.198	29.492	284	1,71	0,46
4	650	1.000	93	113	12.907	18.545	247	2,66	0,59
4	650	1.250	86	80	11.250	12.277	250	2,91	0,52
4	650	1.500	81	65	10.234	7.834	194	2,40	0,43
6	300	500	112	40	21.094	6.871	292	2,61	0,25
6	300	750	112	24	16.982	3.591	216	1,93	0,17
6	300	1.000	144	13	23.750	1.737	247	1,72	0,07

6	300	1.050	100	6	13.919	405	167	1,58	0,03
6	300	1.500	118	0	16.959	0	159	1,35	0,00
6	950	500	86	372	27.454	105.862	456	5,30	0,79
6	950	750	135	228	30.619	51.919	313	2,32	0,63
6	950	1.000	70	164	9.974	30.986	298	4,26	0,76
6	950	1.250	161	95	23.426	17.531	319	1,98	0,43
6	950	1.500	101	100	14.138	18.543	282	2,79	0,57

E.4 Anzahl Spritzer

Tabelle E.8: Resultierende Spritzeranzahl der Einzelspurversuche von Index 0 bei unterschiedlichen Laserleistungen und Scangeschwindigkeiten

	500 mm/s	750 mm/s	1.000 mm/s	1.250 mm/s	1.500 mm/s
100 W	90	57	30	31	27
150 W	183	113	57	32	31
200 W	231	137	108	78	54
250 W	243	226	128	105	86
300 W	310	182	144	126	83

Tabelle E.9: Resultierende Spritzeranzahl der Einzelspurversuche von Index 4 bei unterschiedlichen Laserleistungen und Scangeschwindigkeiten

	500 mm/s	750 mm/s	1.000 mm/s	1.250 mm/s	1.500 mm/s
100 W	70	53	36	37	35
150 W	85	54	34	42	36
200 W	159	69	51	38	27
250 W	190	95	52	36	42
300 W	309	124	100	67	59
650 W	6.350	5.176	4.641	5.027	3.416

Tabelle E.10: Resultierende Spritzeranzahl der Einzelspurversuche von Index 6 bei unterschiedlichen Laserleistungen und Scangeschwindigkeiten

	500 mm/s	750 mm/s	1.000 mm/s	1.250 mm/s	1.500 mm/s
100 W	88	53	38	24	23
150 W	92	51	53	35	33
200 W	132	71	41	37	29
250 W	167	88	64	40	32
300 W	248	84	82	51	38
950 W	12.628	13.323	10.199	6.802	6.858

Tabelle E.11: Resultierende Spritzeranzahl der Mehrspurversuche von Index 0 bei unterschiedlichen Laserleistungen und Scangeschwindigkeiten

	500 mm/s	750 mm/s	1.000 mm/s	1.250 mm/s	1.500 mm/s
100 W	9.937	5.767	4.695	4.309	4.916
150 W	19.381	11.105	6.314	4.536	4.007
200 W	22.026	14.932	9.451	6.589	5.386
250 W	20.178	15.134	11.234	8.566	7.197
300 W	20.576	19.335	14.214	10.330	8.733

Tabelle E.12: Resultierende Spritzeranzahl der Mehrspurversuche von Index 4 bei unterschiedlichen Laserleistungen und Scangeschwindigkeiten

	500 mm/s	750 mm/s	1.000 mm/s	1.250 mm/s	1.500 mm/s
100 W	8.098	5.943	5.448	5.435	5.183
150 W	8.882	6.935	5.856	5.234	5.317
200 W	15.375	8.531	6.487	5.394	5.193
250 W	25.819	12.461	8.288	6.591	5.618
300 W	35.521	13.602	11.390	8.279	7.014
650 W	612.412	497.901	421.314	352.875	315.151

Tabelle E.13: Resultierende Spritzeranzahl der Mehrspurversuche von Index 6 bei unterschiedlichen Laserleistungen und Scangeschwindigkeiten

	500 mm/s	750 mm/s	1.000 mm/s	1.250 mm/s	1.500 mm/s
100 W	7.161	5.489	5.301	4.889	4.749
150 W	8.325	6.586	5.883	5.339	5.268
200 W	10.505	7.562	6.528	5.907	5.560
250 W	15.153	9.210	7.264	6.322	5.803
300 W	30.456	9.488	8.906	7.253	6.715
950 W	1.590.088	823.555	599.620	516.357	537.064

Printed in the United States
by Baker & Taylor Publisher Services